金属元素与肠道微生物

Metal Elements and Gut Microbiota

主　编　陈承志　邹　镇
副主编　许商成　蒋学君

重庆大学出版社

图书在版编目（CIP）数据

金属元素与肠道微生物 / 陈承志，邹镇著．-- 重庆：
重庆大学出版社，2024.3
ISBN 978-7-5689-4225-6
Ⅰ．①金… Ⅱ．①陈… ②邹… Ⅲ．①金属元素－研
究②肠道微生物－研究 Ⅳ．① O614 ② Q939

中国国家版本馆 CIP 数据核字（2023）第 240749 号

金属元素与肠道微生物
JINSHU YUANSU YU CHANGDAO WEISHENGWU

主　编：陈承志　邹　镇
策划编辑：胡　斌

责任编辑：胡　斌　　版式设计：胡　斌
责任校对：刘志刚　　责任印制：张　策

*

重庆大学出版社出版发行
出版人：陈晓阳
社址：重庆市沙坪坝区大学城西路 21 号
邮编：401331
电话：（023）88617190　88617185（中小学）
传真：（023）88617186　88617166
网址：http://www.cqup.com.cn
邮箱：fxk@cqup.com.cn（营销中心）
全国新华书店经销
重庆长虹印务有限公司印刷

*

开本：720mm×1020mm　1/16　印张：20.25　字数：281 千
2024 年 3 月第 1 版　2024 年 3 月第 1 次印刷
ISBN 978-7-5689-4225-6　定价：88.00 元

本书编写组

主　审： 邱景富

主　编： 陈承志　邹　镇

副主编： 许商成　蒋学君

编　委：	程淑群	夏茵茵	高洁莹	尹　琦
	秦　霞	周丽晓	曾志俊	毛乐娇
	张　军	张弘扬	赵　枫	

序

人类的肠道中含有数万亿个微生物，它们可分布于肠道中的各个部位，数量几乎是人体细胞总数的十倍，是机体维持健康和预防多种常见疾病的重要基石。近些年来，肠道微生物的研究一直备受瞩目。虽然肠道中单个微生物看似十分简单，其基因也远不如人类基因组复杂，但肠道中的微生物包括上千种细菌、真菌或病毒等，基因的总数却是人类基因的百倍以上，对人体的消化、免疫和营养等诸多功能甚至疾病发生发展均可产生深远的影响。

从呱呱落地的婴儿到迟暮晚年的老者，肠道微生物始终都陪在人们身边，不离不弃，完全可以说是贯穿人类全生命周期的“中流砥柱”。值得关注的是，肠道微生物是一个动态变化的群体，不同人之间，相同的细菌仅占很小的比例，其数量、种类可因人而异，且常与饮食、生活行为方式、环境等许多因素休戚相关。庞大的肠道微生物群体不仅能够与宿主长期协同进化，发挥多种多样的功能，如生物屏障、物质代谢、免疫调节、毒物防御等，还可以帮助人体吸收食物中的营养、合成氨基酸等有益物质。因此，从健康的角度来说，肠道微生物的稳态平衡是人体健康的重要根基，一旦该平衡状态被破坏，势必导致一系列的健康损害问题，引发机体各类功能异常，甚至导致疾病。

金属元素在自然界中分布广泛，也是构成人类生命体的关键元素。在公共卫生与预防医学领域中，金属元素通常指环境中过量存在的重金属、类金属，如铅、锰、砷等，这些金属通常经消化道、呼吸道和皮肤等途径进入人体，能够诱发肠道微生物紊乱，从而导致各类疾病的发生。而在生命科学领域中，金属元素又是构成人体中诸多蛋白和发挥细胞信号转导、基因表达调控的关键因子，它们的缺失或过量也可能通过肠道微生物途径引起许多连锁性的病理生理反应。由此可见，金属元素与肠道微生物之间的关系极为错综复杂，迫切需要系统地归纳和总结，在纷乱无序中明晰相互作用的“底层逻辑”。

本书由陈承志、邹镇两位教授共同主编，从一个崭新的视角，系统介绍了不同金属元素与肠道微生物的研究现状，剖析了肠道微生物对主要金属元素吸收、分布、排泄及代谢的影响，探讨了肠道微生物及其代谢产物与金属元素的相互博弈，并阐述了肠道微生物的生理功能及主要相关疾病与金属元素之间的密切关系。本书汇集了目前国内外关于金属元素与肠道微生物最新前沿与进展，系统且完整地展现了金属元素与肠道微生物的前缘、今世及未来，以及它们之间的“休戚与共”又“双重博弈”的复杂关系，这对未来人们深入了解、熟悉和掌握金属元素与肠道微生物的相关性，探索相关疾病的防治策略，提供了新思路和新视角。

邱景富

2023 年 8 月

前　言

癸卯年桂月伊始，雨荷花开香满庭，芭蕉分绿与窗纱，行文落笔之时，不禁由感心生，细数过往十数载，与金属元素结缘，与肠道菌偶相识，韶光虽易逝，寒窗同风雨，从初知二者的惘然，到今时构思拙作，吾上下勇求索，终成此文八章，当实可谓之不易。

金属之史，最早可溯至公元前3000年，后历经黄金、青铜、铁器、合金等时代，绵延至今，承载不尽荣誉，续写璀璨辉煌。金属元素，乃妙趣横生之物，其名虽属含光泽、具延展、易导电热之物，然实多为人之本源，离之则不存。古时，万物常归分五类，金、木、水、火、土，其首之“金”，乃是今时之金属元素。方今，元素周期表所列金属元素数量独占鳌头，其功勋之卓著，不可不言表，其高位之广用，不可不称赞。常有言道，金属元素虽微少却功效大，与人之松柏之质、荣养之本、美意延年、孩童茁壮等皆连枝同气，形影相亲。然则，金属元素仍遵自然之律，量过犹则不及，必须恰如其分，方可益于康健，不然可引风邪生，数之大，种之多，不可不察也。

肠道菌，甚小之物，如恒河之沙，却以星星之火，燎原作为，当人之生态魁首。时下，肠道菌声名远扬，门不停宾，备受学者关注，研究更是日新月异，其功效愈发凸显，可接肠－脑、肠－肝、肠－肺等五脏六腑。人常察之，百病可生于肠菌，乃谓千里之堤，溃于蚁穴，是菌之乱，亦不可不防也。肠菌有三分，其一乃益生之菌，有促龙马精神之效，其二为致病之菌，可引病骨支离纱帽宽，其三为中性之菌，常不可惧，而量为其用。肠菌之益用处，早至东晋时期，医家葛洪绞粪汁，谓之黄龙汤，后至时珍名家，载入本草二十余剂，现今重塑肠菌，已蔚然成风，效益造福万千疾患。故有人言，人乃菌之合一，天作之合，人菌相应，方可保亥步回日。

著此之书，目的有三。其一，见微知著。观肠道菌之变，以察金属元素之效应。其二，领异标新。以推陈出新之法，剖析肠道菌与金属元素如何唇齿相依。其三，不落窠臼，以删繁就简之策，觅迹寻踪肠道菌与金属元素疾患防治之法。

苦心研磨终拙笔，感激之情，不胜言表。首谢，参与编撰之人，诸君之功之情，当涌泉以报之。再谢，倾力支持之人，涕零之际，无物感恩，唯借只纸片言，敬表谢意。

著此书时间匆促，吾辈才疏学浅，已尽力而为，恐多有不足，望诸家斧正赐教！

陈承志，邹镇

2023 年 8 月于渝州

目　录

第一章　总　论

1. 肠道微生物与金属元素

1.1 肠道微生物概述

常见人体微生物包括细菌、病毒、真菌，还有衣原体、支原体等，它们个体微小，结构简单，主要分布在人体的肠道、体表和口腔等部位。在某种意义上，人体是一个巨型的微生物加工厂，每年可产生约 10 亿 ~1 000 亿个微生物。微生物的种类及数量构成在不同部位的分布不尽相同，例如每平方厘米皮肤上聚居 1 000 万个微生物，而每平方厘米肠道上聚居着多达 100 亿个微生物。同时，人的牙齿、喉咙和食管也是微生物聚集的重要部位。

肠道微生物（gut microbiota）是人体肠道中一个庞大的微生物系统，与机体生理和营养代谢密切相关，在漫长的进化过程中，它们与宿主形成了休戚与共的关系。与人体长期处于共生关系的肠道内定植微生物数量约为 10 万亿个，是人体细胞数量的 10 倍，由肠道微生物编码的基因是人宿主细胞编码基因的 150 倍，且肠道微生物广泛参与了宿主的代谢与健康。

为了解人体生理状况与自身微生物之间的相互作用和关系，2007 年 12 月 19 日，美国国立卫生研究院（National Institutes of Health，NIH）人类路线图计划（Road Map Plan）正式启动一项新的基因工程——人类微生物组计划（Human Microbiome Project，HMP），旨在确定不同个体间是否存在共同的核心微生物组，并研究人体微生物组变化与健康状况之间的关系。研究人员

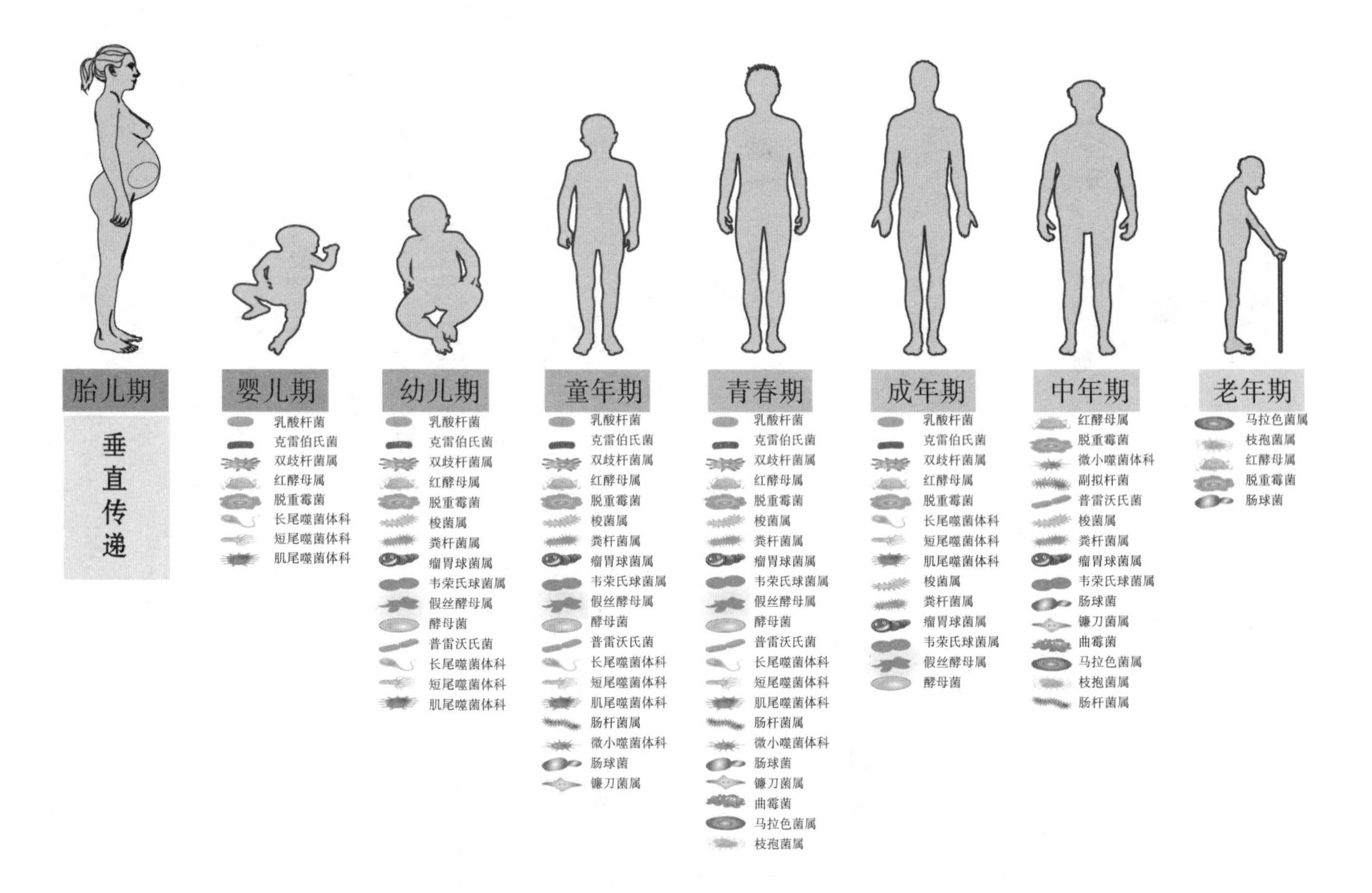
胎儿期
垂直传递
婴儿期
乳酸杆菌
克雷伯氏菌
双歧杆菌属
红酵母属
脱重霉菌
长尾噬菌体科
短尾噬菌体科
肌尾噬菌体科
幼儿期
乳酸杆菌
克雷伯氏菌
双歧杆菌属
红酵母属
脱重霉菌
梭菌属
粪杆菌属
瘤胃球菌属
韦荣氏球菌属
假丝酵母属
酵母菌
普雷沃氏菌
长尾噬菌体科
短尾噬菌体科
肌尾噬菌体科
童年期
乳酸杆菌
克雷伯氏菌
双歧杆菌属
红酵母属
脱重霉菌
梭菌属
粪杆菌属
瘤胃球菌属
韦荣氏球菌属
假丝酵母属
酵母菌
普雷沃氏菌
长尾噬菌体科
短尾噬菌体科
肌尾噬菌体科
肠杆菌属
微小噬菌体科
肠球菌
镰刀菌属
青春期
乳酸杆菌
克雷伯氏菌
双歧杆菌属
红酵母属
脱重霉菌
梭菌属
粪杆菌属
瘤胃球菌属
韦荣氏球菌属
假丝酵母属
酵母菌
普雷沃氏菌
长尾噬菌体科
短尾噬菌体科
肌尾噬菌体科
肠杆菌属
微小噬菌体科
肠球菌
镰刀菌属
曲霉菌
马拉色菌属
枝孢菌属
成年期
乳酸杆菌
克雷伯氏菌
双歧杆菌属
红酵母属
脱重霉菌
长尾噬菌体科
短尾噬菌体科
肌尾噬菌体科
梭菌属
粪杆菌属
瘤胃球菌属
韦荣氏球菌属
假丝酵母属
酵母菌
中年期
红酵母属
脱重霉菌
微小噬菌体科
副拟杆菌
普雷沃氏菌
梭菌属
粪杆菌属
瘤胃球菌属
韦荣氏球菌属
肠球菌
镰刀菌属
曲霉菌
马拉色菌属
枝孢菌属
肠杆菌属
老年期
马拉色菌属
枝孢菌属
红酵母属
脱重霉菌
肠球菌

已经开展了500多个细菌基因组的测序工作，这些参考细菌基因组主要来源于人体胃肠道（29%），其次是口腔（26%）和皮肤（21%），最终这个数据库包含900多种人体内细菌、真菌和病毒的基因组。分析结果显示，人体内的微生物具有惊人的多样性，即使孪生姐妹体内微生物群中细菌的相似程度也低于50%，而病毒的相似度更低。同时，研究人员还发现了一些新的基因和蛋白质，其中有些对人类健康发挥重要作用，有些与疾病密切相关。2010年，欧盟资助的“人类肠道宏基因组计划”开始迄今最大的肠道细菌基因研究，旨在探索人类肠道中的所有微生物群落，进而了解肠道细菌的物种分布，为后续研究肠道微生物提供重要的理论依据。

研究表明，拟杆菌门、厚壁菌门、变形杆菌门、梭杆菌门、肠杆菌门、放线菌门是机体肠道微生物的主要优势菌群，占人类微生物总数的90%。肠道微生物的组成和功能受到宿主遗传、饮食、年龄、出生方式和抗生素使用等因素的影响。肠道不仅是人体完成食物消化吸收的主要器官，也是人体内最大的免疫器官，为实现抵抗病毒和细菌等免疫功能的正常运行发挥着重要的作用。人体肠道为微生物提供了良好的栖息环境，肠道微生物亦具有一些人体自身不具有的代谢功能。

1.2 肠道微生物的种类

根据数量可将肠道微生物分为主要微生物和次要微生物。主要微生物是指数量大或种群密集度大的细菌，规模一般在10^9 cfu/g以上（cfu/g是菌落形成单位，是每克样品中含有的微生物菌落总数），包括类杆菌属、优杆菌属、双歧杆菌属等专性厌氧菌，它们通常属于原籍菌群。

次要微生物的数量在10^6~10^9 cfu/g或10^6 cfu/g以下，主要为需氧菌或兼性厌氧菌，例如大肠杆菌等，具有流动性大，有潜在致病性的特点，大部分属于外籍菌群或过路菌群。其中，乳杆菌是一种比较特殊的菌，虽然其在数量上归为次要微生物，主要分布在回肠中，但由于其具有较为重要的生物功能，因此在功能上归为主要微生物。

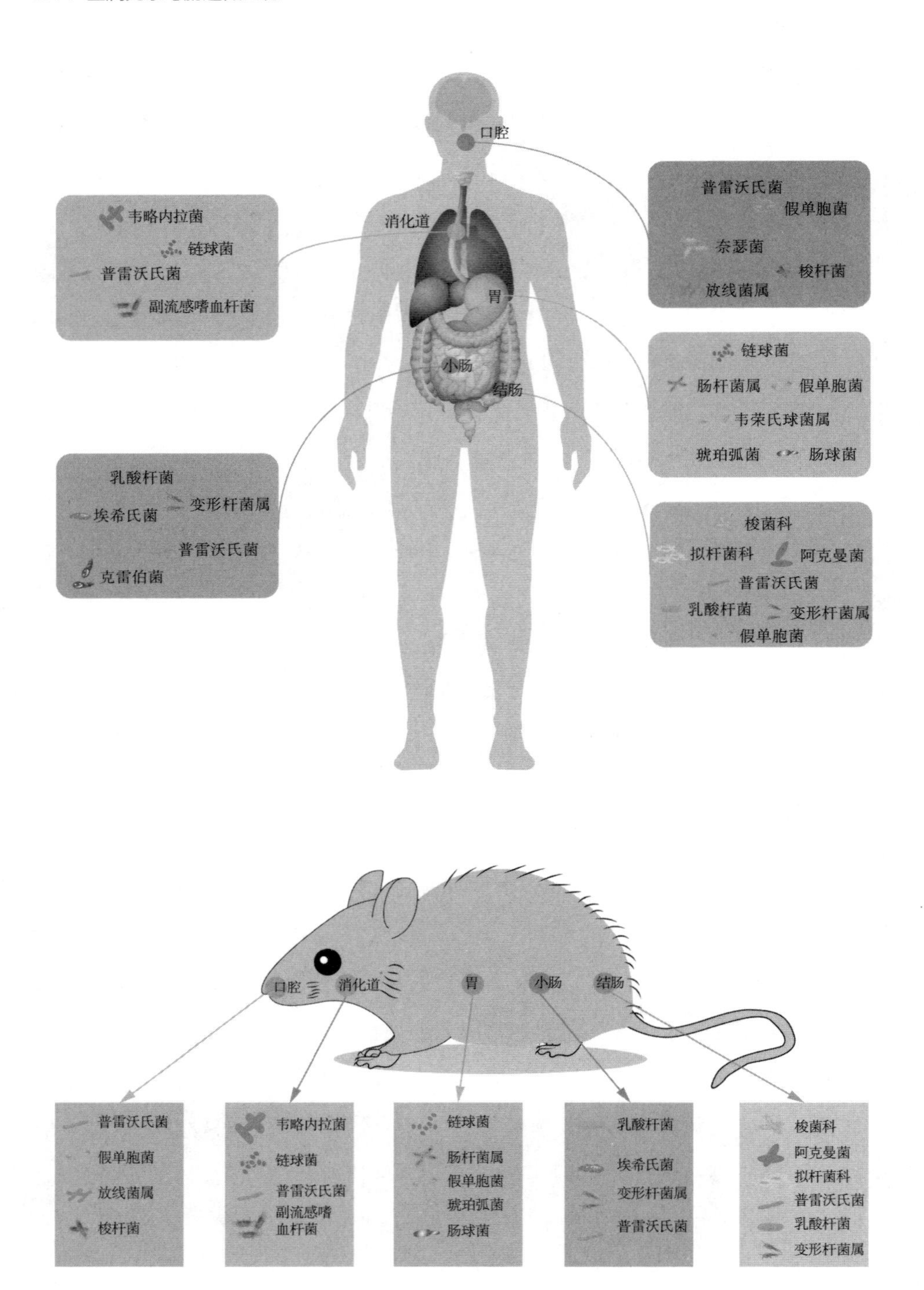
口腔
普雷沃氏菌
假单胞菌
奈瑟菌
梭杆菌
放线菌属
消化道
韦略内拉菌
链球菌
普雷沃氏菌
副流感嗜血杆菌
胃
链球菌
肠杆菌属
假单胞菌
韦荣氏球菌属
琥珀弧菌
肠球菌
小肠
乳酸杆菌
埃希氏菌
变形杆菌属
普雷沃氏菌
克雷伯菌
结肠
梭菌科
拟杆菌科
阿克曼菌
普雷沃氏菌
乳酸杆菌
变形杆菌属
假单胞菌
口腔
消化道
胃
小肠
结肠
普雷沃氏菌
假单胞菌
放线菌属
梭杆菌
韦略内拉菌
链球菌
普雷沃氏菌
副流感嗜血杆菌
链球菌
肠杆菌属
假单胞菌
琥珀弧菌
肠球菌
乳酸杆菌
埃希氏菌
变形杆菌属
普雷沃氏菌
梭菌科
阿克曼菌
拟杆菌科
普雷沃氏菌
乳酸杆菌
变形杆菌属

相关文献中还有另一种分类方法，将肠道微生物分为有益菌、中性菌和致病菌。人体在正常情况下，微生物菌群结构相对稳定，对宿主表现为不致病。体魄强健人体肠道内有益菌的比例达到 70%，普通人体肠道内有益菌的比例是 25%，便秘人群肠道内有益菌的比例减少到 15%，而癌症患者肠道内有益菌的比例仅为 10%。

1.3 肠道微生物的主要功能

1.3.1 代谢作用

肠道微生物不仅有丰富的基因目录，而且对人体的新陈代谢会产生持续的影响。肠道微生物会通过不同的途径影响人体的脂质代谢、胆汁酸代谢和糖代谢等。研究表明，肠道微生物通过影响胆固醇代谢而产生的初级和次级胆汁酸、三甲胺 N- 氧化物和短链脂肪酸（short chain fatty acid，SCFA）在维持心血管健康方面发挥着至关重要的作用。此外，肠道微生物可调节机体代谢综合征的发生与发展，其机制可能与胆汁酸代谢密切相关，肠道微生物参与了胆汁酸在肠道中的修饰过程，通过调节胆汁酸的代谢影响机体健康。

1.3.2 营养作用

营养作用是肠道微生物对人体的一项重要功能。益生菌是一种对宿主有益的肠道微生物，它存在于人体肠道内，通过产生各种有益物质对宿主产生积极的影响。肠道益生菌如双歧杆菌、乳酸菌等可以通过合成各种营养素，如 B 族维生素、维生素 K 和一些非必需氨基酸等，确保宿主的正常生长发育。研究表明，肠道微生物主要通过能量获取和营养物质供应等方面影响宿主的营养状况，调节肠道微生物有助于满足机体营养需求，进而改善机体营养不良或延缓相关疾病的发生。

1.3.3 保护作用

益生菌定植于肠道黏膜后可形成微生物屏障，并通过空间位阻效应阻止病原菌对肠道的黏附与入侵，使机体免受感染。这些肠道屏障发挥各自的作用，受到分子机制和各种生理功能的调控，同时其内部也具有联系，不同的信号

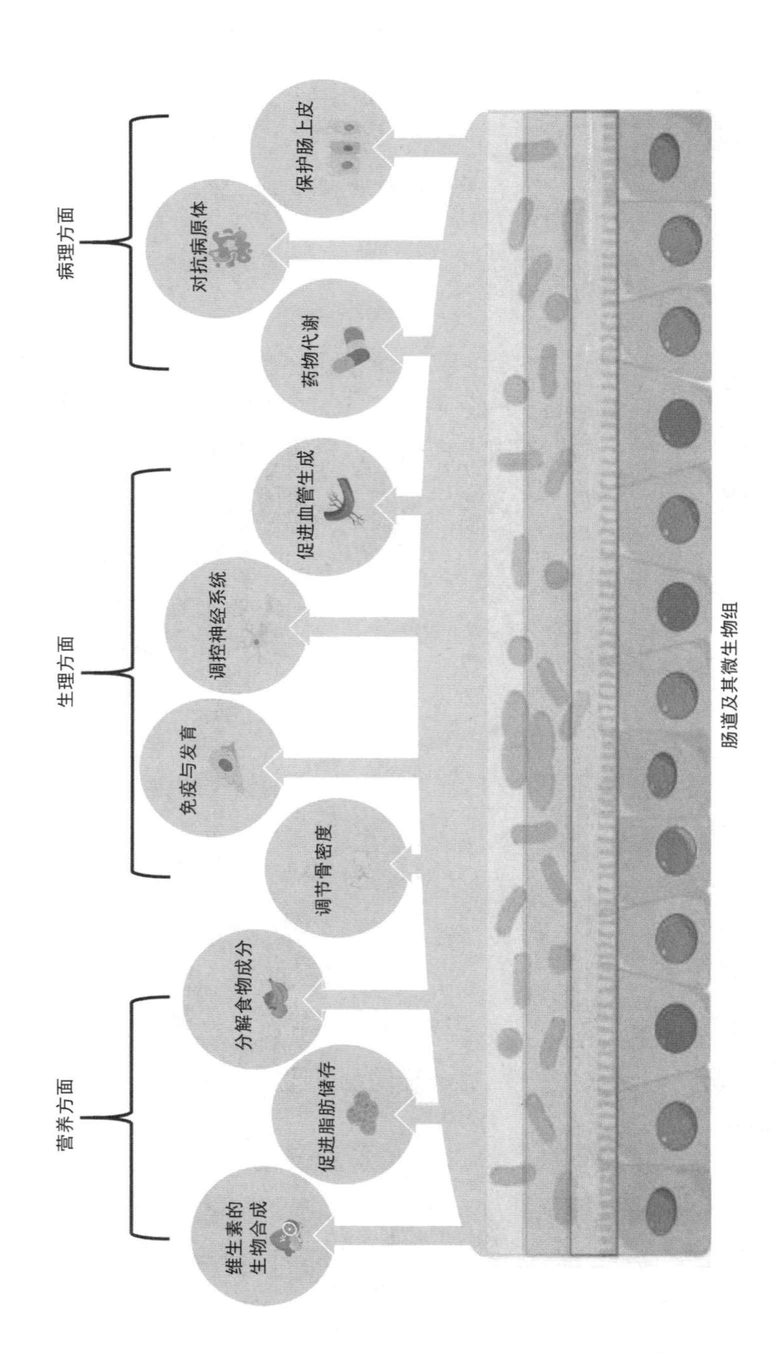
营养方面
维生素的生物合成
促进脂肪储存
分解食物成分
生理方面
调节骨密度
免疫与发育
调控神经系统
促进血管生成
病理方面
药物代谢
对抗病原体
保护肠上皮
肠道及其微生物组

可以将各种肠道屏障有机地串联在一起，从而共同发挥抵御外来病原体入侵的防护网作用。

1.3.4 微生物 – 肠 – 脑轴功能

微生物 – 肠 – 脑轴（microbiota-gut-brain axis，MGBA）是机体的一种双向通信神经内分泌系统，微生物代谢产物能够通过该系统影响大脑功能及机体应激反应。同样，来自大脑的神经信号可以影响胃肠道的运动、感觉和分泌方式，进而影响微生物稳态。肠道微生物主要通过释放细菌底物、发酵产物和肠道内分泌因子等，影响肠道与大脑通路中的激素释放、免疫功能、迷走神经功能，从而影响大脑的发育及功能。肠道微生物对宿主神经系统的发育、成熟后的大脑都有重要影响。研究显示，机体的内脏高敏感性、焦虑、学习与记忆损伤、精神分裂症和孤独症样行为等多种表现与肠道微生物组成的改变有关。此外，环境中的金属元素如铅、锰的暴露可以导致机体多系统多脏器功能损害的机制已经得到较为深入的研究，这些金属元素可经呼吸道、消化道及皮肤黏膜等途径进入机体产生毒性作用。近年来，环境中的金属元素暴露与机体肠道微生物的相关性备受关注，金属元素可改变机体肠道微生物的组成及多样性，特别是随着微生物 – 肠 – 脑轴理论的不断成熟，环境中金属元素可能通过干扰肠道微生物稳态介导机体神经毒性这一新的研究视角得到广大学者的重视。

1.4 金属元素概述

金属元素在人类生活环境中无处不在，与人类生活密切相关。目前，对人体而言，一共有 14 种必需的金属元素，包括 4 种常量金属元素，钠（Na）、钾（K）、镁（Mg）和钙（Ca）；10 种微量金属元素，铁（Fe）、铜（Cu）、锌（Zn）、锰（Mn）、钴（Co）、钼（Mo）、铬（Cr）、锡（Sn）、钒（V）和镍（Ni）。所谓生命必需元素，是指此种元素必须存在于大多数生物物种当中。当这种元素缺乏或过量时，机体将会处于一种亚健康状态，一旦这种元素在体内恢复到正常水平时，机体生物功能恢复正常。这些生命必需金属元素约占人体总重量的 1%，它们在机体内承担着各种各样的功能，对人体的健康尤为重要。

人体内的常见元素分为常量元素与微量元素。常量元素是指在有机体内含量占体重 0.01% 以上的元素，按需要量多少的顺序排列为：氧、碳、氢、氮、钙、磷、钾、硫、钠、氯、镁。这些元素在体内所占比例大，有机体维持正常生命活动时需求量较大，是构成有机体的必备元素。常量金属元素是指常量元素中的金属元素。人体内的常量金属元素包括钠、镁、钾、钙，在生活的各个方面都能找到它们的踪迹。例如，钠作为盐的主要成分，是人们必须每天都要摄入的。而微量金属元素在人体内含量极少，其质量不及体重的万分之一，虽然这些微量金属元素在体内含量极少，但却能起到重要的生理作用，例如人体必需的微量金属元素锌、铜、钼、铬、钴、铁等。

1.5 金属元素的生理功能

金属元素是构成人体的重要组成部分，也是酶和维生素的组成部分，具有维持血液的酸碱度和电解平衡，参与内分泌，促进性腺发育、生育能力及糖代谢，协助人体器官、组织把营养物质运往全身等多种生理作用，在人类的生命活动中起到至关重要的作用。

1.5.1 常量金属元素对人体的作用

（1）钠对人体的作用。钠离子是人体体液中浓度最大和交换最快的离子。钠离子的主要功能是调节渗透压，保持细胞中的最适水位。同时伴随“钠泵”作用，可将葡萄糖、氨基酸等营养物质输送至细胞内。此外，在神经信息的传递过程和保持血液与肾中的酸、碱平衡的过程中，钠都是必不可少的。

人体血钠的正常值为 135~145 mmol/L，如人体中的 Na^+ 浓度减少，低于正常值，则表现为循环功能不良，组织缺氧，常有昏睡或意识不清、血压下降、四肢厥冷等症状。应适当补充 Na^+ 浓度，可通过血液注射或输入 10% NaCl 溶液，并在饮食方面适当增加食盐（NaCl）的用量。如人体中 Na^+ 含量增高，大于 150 mmol/L，人体常表现为细胞脱水症状，皮肤黏膜干燥，显著口渴，伴随发热、昏睡、烦躁、腱反射亢进、肌张力增强等中枢神经系统症状。应及时补充5%葡萄糖液并大量饮水，避免高热，出汗多等现象的发生。

（2）钾对人体的作用。钾离子具有扩散疏水溶液的能力，起着稳定细胞内部结构的作用，也作为某些内部酶的辅基参与酶的激活。葡萄糖的新陈代谢作用需要大量的K^+，用核糖体进行蛋白质合成也需要高浓度的K^+。正常成年人血浆钾浓度为3.5~5.5 mmol/L，如低于3.5 mmol/L为低血钾，可使神经肌肉应激性降低，患者常表现为疲倦、精神萎靡、四肢无力，常引起心律失常、心悸等症状，胃腹运动功能不良，常出现食欲不振、腹胀等症状，中枢神经系统功能受影响而出现烦躁不安、倦怠等症状。血浆钾浓度在5.5 mmol/L以上时为高血钾，主要表现为心搏徐缓、极度疲乏、肌肉酸痛、肢体湿冷、苍白等症状。

（3）钙对人体的作用。钙是机体骨骼、牙齿、细胞壁的主要成分之一，Ca^{2+}是机体中许多生化过程和生理过程的“触发器”，能降低毛细血管及细胞膜的通透性和神经肌肉的兴奋性，并能触发肌肉收缩，释放激素和传递脉冲等，在促进血液凝结、调节心律、分泌乳汁等方面也起着十分重要的作用。Ca^{2+}含量过高或过低都不利于人体健康。人体长期缺钙可引起佝偻病、软骨病或骨质疏松等疾病。

1.5.2 重要的微量必需金属元素对人体的作用

（1）铁对人体的作用。铁是人体内含量丰富的微量元素，成人体内铁含量为2.5~4 g，其中约70%存在于血液，10%存在于肌肉，其余则贮存在肝、脾、骨髓等组织。铁主要的生理作用为参与血红蛋白、肌红蛋白的构成；参与机体能量代谢，是线粒体电子传递与氧化磷酸化过程的重要组成部分；参与其他一些含铁酶的组成，从而对核酸物质的代谢产生影响。

（2）铜对人体的作用。铜在人体内的主要作用是进行氧化－还原反应。铜是细胞色素氧化酶类的重要辅助因子，参与呼吸链电子传递过程，其中绝大部分铜能与超氧化物歧化酶结合。在机体血浆及组织间液中60%的铜以血浆铜蓝蛋白的形式存在。血浆铜蛋白的主要作用是参与铜的运输、抗氧化、输氧、影响肝内贮存铁的作用。铜也是结缔组织中弹力纤维与胶原交联作用的一个重要辅助因子。此外，铜代谢还与炎症反应、癌症肿胀血管生成、脂质代谢有关。

（3）锌对人体的作用。锌是锌酶的主要成分，锌酶广泛作用于生物体内碳水化合物、蛋白质、核酸物质的合成与代谢。锌是人体正常成长和发育必不可少的微量金属元素。在男性生殖系统的发育及生精作用、机体生长发育、促肾上腺皮质激素及类固醇激素受体的作用、胶原组织的合成及创伤愈合、维生素 A 代谢、视网膜定位、机体细胞及体液免疫功能、视觉反应中，锌都起着重要的作用。

（4）锰对人体的作用。锰是金属酶的一部分，参与丙酮酸羧化酶、乙酰辅酶 A 羧化酶、精氨酸酶等酶化过程，从而影响葡萄糖代谢和尿素代谢。同时，锰是合成糖胺聚糖、脂多糖、糖蛋白、透明质酸、硫酸软骨素等物质的重要因子，在软骨发育、维持结缔组织结构与功能的完整性方面发挥着重要作用。锰参与谷氨酸侧链 γ 羧化的过程，进而影响维生素 K 的作用，并参与小肠、肾与骨组织中钙的代谢。锰还与黑色素、多巴胺、脂肪酸及生物膜上磷脂酰肌醇的合成有关。

2. 肠道微生物与金属元素的关系

金属元素在人类生活环境中无处不在，与人类生产生活密切相关。人们在日常生活中会频繁地使用金属制品，导致金属元素成为人类环境暴露的一个持续来源，逐渐成为影响人类健康的主要因素之一。例如，环境中的砷、铅、汞、铝和镉等有害金属元素即使含量很低也可能有毒性作用，同时硒、铜、锌等人体必需微量元素摄入过量也会对机体造成损害。

数以万亿计的细菌存在于人类的肠道中，在维持机体的正常生理功能方面起着重要作用。肠道微生物群通常被称为“超级器官”，由 100 万亿个微生物组成，其物种多样性可能因人而异。肠道微生物除了参与食物消化和能量获取，还在神经发育、免疫反应、炎症和生物转化方面发挥重要作用。机体许多疾病的发生都与肠道微生物构成的改变有关，如肠道微生物失调可诱导肥胖、糖尿病和胰岛素抵抗等。多种外源物质可以改变肠道微生物群落组成，通过干扰关键代谢物的产生，从而在很大程度上影响肠道微生物和宿主之间的相互作用。同时，肠道微生物也反向参与调节外源物质对宿主的影响。肠道微生物又被称为机体的第二免疫系统，在与代谢、免疫和神经反应相关的多种生物功能中发挥着决定性作用。然而，微生物对环境污染物特别是金属非常敏感。越来越多的研究发现，金属可改变宿主肠道微生物的组成及其多样性，破坏肠道内微生物群平衡，影响机体的代谢活动，从而对人体健康产生各种影响。

金属和微生物之间存在持续的相互作用。金属暴露会阻碍肠道微生物群的生长并改变其门属结构。同时，肠道微生物试图通过改变生理条件、改变肠道通透性、增强金属代谢酶来解毒金属。金属可以通过改变多种代谢途径扰乱肝脏、肾脏和肺等内脏器官。此外，这些金属很难降解，它们的生物积累依赖于暴露时间和浓度以及微生物对金属的解毒能力。胃肠道中的金属残留可能影响与金属相互作用的肠道微生物群，后者是调节有毒金属吸收的肠道屏障的主要角色。肠道微生物组的解毒效果明显取决于饮食成分，从而决定了金属的生物可及性。

金属的生物可及性是指金属在模拟胃肠系统中可从基质中获得可被吸收的部分。人体肠道中存在的萨特氏菌属（*Sutterella parvirubra*）和氨基酸球菌属（*Acidaminococcus*）可降解含汞化合物，然而其功效取决于饮食中碳水化合物和蛋白质的含量。足够数量的、活的益生菌可以给宿主提供营养和健康。益生菌可以促进和恢复正常的肠道微生物，能够预防病原体入侵，并在维生素等重要营养物质的合成中发挥重要作用，其产生的次生代谢产物可维持结肠健康，增强免疫系统，还可以清除肠道系统中的毒素和其他有害成分。但金属暴露与肠道微生物群的关系是双向和交互的。金属元素的暴露会在功能水平上改变肠道微生物群的组成并显著改变其代谢特征，反过来，肠道微生物群也能充当物理屏障，并通过改变金属元素的 pH 值和氧化平衡来改变金属元素的吸收和代谢，并参与肠道和金属元素代谢的解毒酶或蛋白质的表达。此外，限制金属元素吸收的肠道屏障的完整性依赖于肠道上皮连接和黏液层中微生物群与宿主的相互作用。肠道微生物群对于限制金属元素的吸收和扩散至关重要，因为它们在金属元素的吸收和代谢中起着重要作用。例如，人体中汞的生物半衰期与啮齿类动物不同，这部分归因于物种之间微生物群的差异。因此，在评估口腔金属元素暴露的风险时，有必要考虑物种的肠道微生物群。肠道微生物群可以生物积累或结合金属元素，或通过各种酶促反应转化金属元素，从而促进金属元素的排泄并减少生物体对金属元素的暴露。肠道微生物群被认为是金属元素的主要接触者，因此，金属元素对肠道微生物群组成具有深远的影响。研究表明，机体在受到金属元素暴露后，其肠道微生物在门水平上的厚壁菌门和变形菌门的物种丰度表达降低，而拟杆菌门的物种丰度表达增加。

一个稳定和平衡的肠道微生物群对宿主是必要的，因为微生物群的任何改变都会显著影响宿主的健康，导致疾病的发生和发展。这种改变可能是微生物组成的改变、代谢产物的合成和能量途径的中断。金属元素与肠道微生物的相互作用已经在前面讨论过，而已知金属元素暴露的增加会损害宿主的健康。虽然有害金属的神经毒性得到越来越多科研人员的重视，并不断地向广度和深度推进，但目前国内外研究主要集中于有害金属本身对人体各系统产生的影响，而从肠道菌群探讨神经毒性，肠道微生物是否介导有害金属产生神经毒性的研究较少。随着肠－脑轴的确立，有害金属与肠道微生物的相关研究开始受到关注。从理论上讲，肠道微生物还有可能通过以下方式影响神经系统：①有害金属经过肠道微生物的生物转换产生神经毒性物质；②有害金属破坏肠道屏障完整性，产生炎症因子影响全身。不少研究已初步证实金属－肠道微生物－神经毒性这一途径的存在，而是否所有有害金属都通过这一途径影响神经系统还有待进一步研究证实。为了更好地研究有害金属、肠道微生物、神经毒性三者之间的关系，还应着重考虑实验设计、动物模型、金属剂量、暴露模式、测序技术、数据分析、质量控制措施以及微生物与宿主相互作用的复杂性等多方面因素，结合更多的人群队列调查，采用宏基因组学、转录组学、蛋白质组学，特别是代谢组学等新技术手段开展研究，为金属暴露人群提供科学的预防措施。因此，从全新的角度解释环境中的金属与人体健康的相关性，对人类健康保护意义重大。

3. 金属元素改善肠道微生物稳态

在膳食中适当补充金属元素可以改善机体肠道微生物的稳态，保持机体健康。在肠道的竞争环境中，有效的营养获取对于机体肠道微生物的持久性至关重要。铁作为辅助因子通过参与合成机体内细菌复制和生长的各种蛋白质和酶来发挥作用。研究报道，铁是肠道微生物群中大多数成员的重要微量营养素，如拟杆菌属、肠杆菌属等。镍对某些肠道微生物而言，也是其重要的营养素。研究者通过基因组学分析发现，很多微生物群落都将镍作为一种重要的金属元素使用。厚壁菌门下的梭状芽孢杆菌水平 38 种菌中，有 28 种菌以镍作为营养素；拟杆菌门下的 30 种菌中，有 6 种菌依赖镍作为营养素。此外，镍元素与一些酶的活性密切相关，且酶的活性会影响肠道微生物群落的变化。锰作为人体必需的金属元素，对肠道微生物而言也是必需的。例如，锰在维持肺炎链球菌的细菌毒性代谢调节中发挥关键作用；锰离子可以维持粪肠球菌的细菌毒力；锰离子可以增强鼠伤寒沙门氏菌对钙卫蛋白和活性氧依赖性杀伤的抵抗力，从而促进其在肠道定植；此外，锰离子也参与枯草杆菌菌落中细胞生物膜的形成。

有研究人员通过高通量测序检测缺硒（硒含量 0.1 pg/g）、足硒（硒含量 0.4 pg/g）和富硒（硒含量 225 pg/g）3 种剂量的饮食干预对小鼠肠道内微生物的影响，结果显示，通过富硒饮食干预小鼠 56 天后，小鼠肠道微生物种类变得更加丰富，在不同物种的肠道微生物中硒的作用表现出了较大的差异。属于细菌纲的微生物在肠道内发育时对硒元素的反应有所增加，而另枝菌属和拟孢子类微生物在肠道内发育时对硒元素的反应却有所下降，表明不同类型的微生物对硒有着不同程度的反应，并说明硒在不同微生物类群中的反应具有独立性。富硒饲料能在一定程度上增加小鼠体内肠道微生物的多样性，喂养含硒饲料的小鼠体内硒蛋白表达模式也发生了相应改变，同时一部分肠道微生物隔离了硒，从而限制了硒元素对小鼠的影响程度。此外，研究还发现硒元素的动态变化与体内其他微量元素的变化水平没有相关性。总之，膳食硒影响肠道微生物的组成和胃肠道的定植，进而影响动物体内硒的状态和硒保护体的表达。在另一项实验中，研究者用大鼠作为动物模型，研究 2 种不同浓度的硒膳食对大鼠结肠内的微生物群落产生的影响，发现添加硒的膳食可以大幅增加血浆内硒的含量和提高硒谷胱氨肽酶的活性。依据此法对比 22 种不同浓度的膳食硒得出的相关数据显示添加硒的膳食可以加强结肠内的酵解作用，从而有利于结肠的健康。既往研究表明，多种厌氧型的细菌都离不开硒。硒元素既可以与一些细菌的转运核糖核酸发生特异性结合，也可以与细菌蛋白特异性结合，因此硒在厌氧型细菌的代谢过程中起到重要作用。在人体或动物体内后肠缺少可以进行正常代谢的硒时，可以通过选择添加硒元素的膳食，与结肠中的微生物菌群发生作用，使硒可以选择形成硒转运核糖核酸或者硒蛋白，以这样的形式被吸收后，可以更好地调控机体后肠的健康。

补充铁元素会对肠道微生物起到明显的改善作用。一方面，铁决定了部分肠道微生物的增殖能力，还会影响肠道微生物代谢物的产生；另一方面，铁与肠道内的多种物质都可发生反应，产生一定毒性，促使肠道微生物利用多种解毒机制抵抗损伤。研究显示，肠道微生物具有铁依赖性机制，可以抑制宿主铁的运输和储存。通过微生物代谢物的高通量筛选，研究人员发现，肠道微生物产生的代谢物能抑制肠道铁吸收主要转录因子的表达，从而抑制宿主铁吸收；而通过抑制异二聚化作用，可以有效缓解全身铁负荷。

铜是人和动物必需的微量元素之一，对肠道微生物起着重要的调节作用。针对仔猪的研究报道，高剂量的铜可以抑制肠道中有害的微生物，促进有益微生物定植，改变肠道微生物的群落结构，进而促进仔猪的健康生长。研究表明，铜离子在极低的浓度范围内可破坏细菌细胞壁，引起细菌细胞内大量钾离子释放并抑制大肠杆菌呼吸代谢的磷酸戊糖途径从而杀死细菌。因此，硫酸铜有望作为肠道中的一种高效杀菌剂，降低哺乳动物细菌性腹泻，进而促进动物的生长发育。

锌作为机体代谢中的一种重要营养素，几乎存在于所有的生物组织中，肠道微生物环境对锌的代谢至关重要，适量的锌对几乎所有的细菌也都是必不可少的。因此，体内的锌水平必须受到严格的调控。针对猪的研究报道，锌元素主要通过抑制致病性大肠杆菌产生的外毒素溶血素的表达来抑制致病性大肠杆菌的产生，从而促进猪的肠道健康和黏膜完整性，进而改善猪的生长性能。此外，锌能通过调节猪体内肠道微生物群，减轻肠道的免疫损伤，增强抗炎因子的表达和维持黏膜完整性，降低猪仔断奶后腹泻的发生率。在小鼠动物模型中，锌能够减轻 α– 溶血素诱导的肠道屏障功能障碍和增加肠道通透性。动物在食用了锌生物强化小麦饲料后，其肠道微生物的 β 多样性增加，同时可以产生短链脂肪酸的乳酸菌物种丰度也增加，该结果表明摄入锌生物强化小麦为基础的饮食可以积极地重建动物的肠道微生物群。此外，预防性剂量的锌也被发现可以增加肠道中革兰氏阴性兼性厌氧微生物的数量和结肠中短链脂肪酸的浓度，以及整体肠道微生物的物种丰富度和多样性。相应地，研究提示通过增加肠道内短链脂肪酸的产生来降低肠道的 pH 值，可以显著促进锌的生物利用度和吸收。

同时，锌也是鱼类必需的微量元素之一，是 100 多种酶的组成成分或激活因子，参与核酸和蛋白质的合成、能量代谢、氧化还原等生化代谢过程，通过调节激素、酶和生长因子的活性参与骨细胞核酸和蛋白质的代谢进而影响鱼体的骨骼发育。有研究报道，一些鱼类摄取益生元后，可以促进其生长与存活，有益于丰富肠道细菌，提高免疫反应和降低对病原菌的敏感性。还有研究表明，饲料锌含量过高时会对长江鲟幼鱼肠道的 α 多样性、群落结构丰度及分类操作单元（operational taxonomic unit，OTU）数量产生影响。

临床上，抗生素被广泛用于治疗细菌性感染，但随着抗生素的滥用，会导致机体肠道微生物失衡，肠道屏障遭到破坏，并诱发细菌耐药性。所以寻找既可以对抗细菌感染，又不会破坏肠道微生物的治疗方案迫在眉睫。在一项应用 4，6–二氨基 –2– 嘧啶硫醇包被的金纳米颗粒治疗肠道中大肠杆菌诱导细菌感染的实验中，在厌氧环境中加入金纳米颗粒培养大肠杆菌后，评估金纳米颗粒的杀菌效果，结果表明金纳米颗粒能有效治疗细菌引起的感染。同时研究了口服给药 28 天后小鼠的微生物群落，并记录金纳米颗粒在小鼠体内的分布和生物标志物，以分析金纳米颗粒对小鼠的影响，结果表明金纳米颗粒比左氧氟沙星能更有效地治愈细菌感染，同时不会损害肠道微生物。金纳米颗粒作为口服抗生素的替代品显示出巨大的临床治疗潜力。此外，金纳米颗粒还可以用生物合成，如细菌、海洋巨藻和石榴籽油等，并用于细菌检测，不仅能放大信号，还具有光学特性，极大地提高了菌群检测的灵敏度。

总之，肠道微生物是一种高度复杂且动态的系统，可以调节微量元素的代谢和运输，并从食物来源同化或与宿主竞争以促进微量元素的可利用性，是寄主不可或缺的重要“器官”，在调节肠道健康以及降解金属等多种污染物方面起着至关重要的作用。

4. 金属元素破坏肠道微生物稳态

随着工业化进程的快速发展，金属的开采、冶炼及加工制造等工业活动日益增多，电器、电子产品的产量不断增大，导致含有金属元素的工业三废大量排放，使得大量金属污染物进入环境，造成严重的环境污染。金属元素具有蓄积性，在自然环境中难以降解，容易在大气、水、土壤中累积和迁移，并通过生物富集以及食物链等方式对人类健康产生持续性威胁。金属元素的毒性较高，部分金属在较低接触水平下即能对机体产生毒性损害作用，对公众卫生健康造成严重危害。

人体可以通过不同的途径接触到金属元素，如吸入含金属颗粒的空气污染物、饮用受污染的饮用水、接触金属含量超标的土壤或工业废物以及摄入受污染的食物等，过量的金属元素接触可能造成机体生长发育减慢、神经系统损伤、罹患癌症甚至死亡等多种严重后果。胎儿期和婴幼儿期是人体快速生长发育的阶段，对金属元素的毒性作用更加敏感，但其具体的致病机制尚未阐明。

近年来，也有不少国内外学者从影响肠道微生物多样性的角度来探讨金属暴露对机体的损伤。肠道微生物的组成是高度多样化的，这种多样性很容易受到环境、饮食、细菌/病毒感染和抗生素等外部因素的影响。研究表明，肠道微生物在人体健康和疾病中的作用越来越重要，在漫长的进化过程中，它们与宿主形成了密切的联系。例如膳食中的铁进入消化道后，除了小部分被小肠吸收外，剩余未被吸收的铁都随着食糜进入结肠，由于铁是大多数细菌生长和繁殖的关键元素，肠道中铁含量可影响肠道微生物的丰度和多样性，机体铁稳态可能会影响肠道微生物的稳态，从而进一步影响宿主的生理功能，如代谢途径和免疫反应等。有研究显示，给婴儿额外补充铁会对肠道微生物产生不良影响，可导致肠道病原体增多和炎症反应水平上升，增加腹泻的发生概率。研究表明，具有生理作用的铁元素能直接影响细菌在体内和体外的生态环境，进而影响细菌的作用体现。在人体研究中，不同剂量水平的铁可能会对肠道微生物的物种多样性产生不同的影响。正常情况下，结肠内的铁含量受到机体严格的调节，从而限制细菌获得铁的能力，但当膳食中的铁增加或缺少时，会影响结肠内未被吸收的铁含量，从而对结肠内肠道微生物的组成和代谢产生影响。铁缺乏可以导致肠道微生物多样性和优势菌丰度减少，增加乳酸菌数量，减少丁酸盐及产生丁酸盐的菌株数量。而动物实验表明，高钙饲料可造成雏鹅肾脏受损，诱发痛风，同时这种饲料因素造成的损伤与肠道肠球菌属、变形杆菌属等有害微生物丰度增高有关，特别是某些致病菌的易位（如变形杆菌）可直接导致肾脏损伤。

金属如镉和铅等可影响宿主肠道微生物的组成及其多样性，提示肠道微生物紊乱可能是金属暴露导致人群健康损害的机制之一。而且婴幼儿期是建立人体肠道微生物群的重要时期，金属暴露对其影响的风险可能更高。铅是典型的有毒污染物，通过污染空气、食物和水等途径影响人群健康。铅在消化道的吸收部位主要集中于小肠，大肠对铅也有部分吸收。铅神经毒性的机制比较复杂，可以穿过血脑屏障（blood brain barrier，BBB），在大脑中不断蓄积，损害前额叶大脑皮层、海马和小脑区域，对机体造成严重的伤害。与成人相比，铅更易被儿童吸收，影响中枢神经系统，年龄越小，器官发育不成熟，大脑越容易铅中毒。研究发现，铅暴露可使 C57BL/6J 小鼠体内肠道微生物的分类组成发生显著变化，造成编码肌酸酐酰胺水解酶的基因丰度明显增加，从而改变肠道微生物中氮代谢的相关途径和代谢物。小鼠分别暴露于 0.01 mg/L、0.03 mg/L、0.1 mg/L 的铅后，其肠道微生物的组成发生了巨大变化，与对照组相比，铅暴露小鼠体内拟杆菌和变形菌等机会致病菌的丰度增加而厚壁菌的丰度显著减少，破坏了肠道微生物的物种比例，这些条件致病菌常参与传染病的发生发展过程，且能够产生抗药性，提示慢性铅暴露可通过干扰肠道微生物的平衡而引起相关疾病。肠道微生物在调节宿主能量代谢中也起着关键作用，研究发现，铅暴露显著干扰肠道微生物的碳代谢，可能通过抑制糖异生过程而影响机体能量代谢。根据这些研究结果，推测长期暴露于含铅环境中可能会通过扰乱机体肠道微生物，影响机体代谢水平，从而导致生长发育障碍相关疾病的发生。

砷作为地球上普遍存在的类金属元素，广泛分布于水和土壤中，自然环境中的浓度极低。然而据估计，全球大约有 2 亿人因饮用被砷污染的水而暴露于高水平砷环境中。机体主要因摄入被砷污染的食物和饮水，或者参与砷的开采等而发生砷中毒。因此，肠道微生物可能最容易暴露于砷而受到损害，从而引发疾病。此外，饮用水中的砷还可通过胎盘对胎儿产生影响。砷的暴露会扰乱肠道微生物的组成和功能基因表达谱，从而影响宿主的健康。有研究通过饮水的方式将 C57BL/6J 小鼠暴露于 0.01 mg/L 砷，4 周后发现砷暴露显著改变了小鼠体内肠道微生物的构成，且肠道微生物的紊乱与其相关代谢物的变化密切相关，表明砷暴露扰乱了肠道微生物的丰度，并实质上改变了肠道微生物的代谢组学特征，导致宿主代谢物稳态受到干扰，最终导致甚至加剧相关疾病。据研究报道，与低砷暴露组儿童相比，高砷暴露组的儿童粪便中变形菌门丰度增加，且相关性分析结果表明，变形菌门的丰度与饮用水中砷含量呈正相关关系，此外，基因测序结果还发现 322 个与毒性和多药耐药性有关的微生物基因的表达上调程度与高暴露组儿童中的砷浓度呈正相关，从多方面揭示了砷的早期暴露与儿童肠道微生物的改变有关。然而关于砷诱发的肠道微生物失调对人体健康产生影响的机制尚未明确，有学者认为砷引起肠道微生物不同程度的失调可能会对宿主健康产生不同的影响，并可能导致儿童罹患不同的疾病。

镉是一种常见的有毒环境污染物，可对人体产生严重健康危害。已有研究表明，不同的镉暴露时间会对不同种属实验动物肠道微生物产生影响。研究发现，镉暴露可引起小鼠肠道内毛螺菌相对丰度升高，提示重金属接触引起疾病可能与其诱导肠道微生物平衡紊乱，从而引起炎症反应有关。除了影响肠道微生物的数量，金属镉还可通过对肠上皮黏膜等局部作用和全身作用来影响肠内稳态。镉暴露会减少肠道细菌的数量，并显著改变肠道微生物的 B/E 值（双歧杆菌 / 肠杆菌），还可影响短链脂肪酸的代谢。经口暴露镉可减少肠道细菌的多样性及改变菌群比例，并且该变化在脱离镉暴露后仍将持续很长一段时间。最近的研究表明，小鼠通过饮用水暴露于镉或铅后可导致小鼠肠道内毛螺菌科和疣微菌门的数量及相对丰度显著升高。目前对镉引起肠道微生物紊乱的机制尚未明晰，有研究提出长期摄入镉可诱导小肠和结肠发生氧化应激和炎症反应。长期暴露于镉可导致机体肠道微生物失调并对宿主的代谢活动产生影响，从而引起生长发育过程中的相应疾病。镉暴露还可以通过诱导肠道微生物紊乱影响机体代谢。镉暴露可能会降低由碳水化合物向短链脂肪酸（short chain fatty acid，SCFA）代谢过程中关键酶基因的数量，从而导致结肠中 SCFA 含量显著减少，SCFA 浓度降低可能会进一步导致肠道生理功能的恶化。研究已证实镉暴露会导致肠道微生物多样性的改变和细菌种群的特征性变化，此外，细菌群落的变化和生物机体抵抗镉毒性的能力有着密切的联系。镉对肠道功能的毒性影响包含两个方面，一方面镉影响肠道生理功能和结构，导致肠黏膜上皮细胞通透性增加和组织结构受到破坏，究其原因可能是镉破坏了肠上皮细胞的紧密连接，导致肠道对大分子的渗透性增加；另一方面镉引起肠道微生物数量和菌群多样性的改变、脂多糖（lipopolysaccharide，LPS）产生增加和屏障功能受损，从而引发机体全身炎症和内毒素血症。

锌的不足或过量表现出对肠道微生物组成和功能的抑制作用。动物和体外研究表明，缺锌可降低肠道微生物的群落多样性，降低与营养获取相关的细菌基因的预测水平，并通过降低紧密连接蛋白的表达而损害肠道的完整性。同时，严重的锌缺乏会导致肠道微生物群落的物种丰富度和多样性减少、有益短链脂肪酸减少，以及细菌微量营养素途径的表达改变等。此外，短链脂肪酸具有提高锌的溶解和利用的能力，从而提高宿主锌的状态，因此，短链脂肪酸的减少又会降低锌在体内的利用率。

第二章　金属元素与肠道微生物

第一节　铁元素与肠道微生物

1. 铁元素

铁制物件最早发现于公元前3500年的古埃及。铁的英文名称是iron，化学符号为Fe，平均相对原子质量为55.845。铁是元素周期表的第26号元素，位于第四周期第Ⅷ族。铁在生活中分布较广，占地壳含量的4.75%，仅次于氧、硅、铝，居地壳元素含量第四位。

铁是人体中含量最多的微量元素，成年人体内平均含铁3~5 g。作为第一过渡金属，铁是所有原核和真核生物生长和生存所必需的微量元素。通常情况下，机体内的铁绝大多数仅能从饮食中获得。正常饮食每天应含有13~18 mg铁，但其中只有1~2 mg铁可被机体吸收。铁的摄入应保持适当水平，铁缺乏或过量均会对机体产生有害效应。

铁的吸收主要发生在成熟的十二指肠细胞的顶端表面。铁可分为非血红素铁和血红素铁两种。其中，血红素铁主要来源于肉类蛋白的血红蛋白和肌红蛋白，而蛋黄、海带、紫菜、木耳、猪肝、猪血等食物中的铁则大部分是非血红素铁。非血红素铁通常以氧化铁（Fe_2O_3）的形式存在，不能被生物体直接利用，必须由一种铁还原酶，即十二指肠细胞色素B（duodenal cytochrome B，

DcytB）介导，将三价铁还原为二价态亚铁。还原转化后，亚铁（Fe^{2+}）主要通过二价金属转运体 1（recombinant divalent metal transporter 1，DMT1）进入肠上皮细胞。少部分铁以血红素铁形式存在，主要在十二指肠被直接吸收进入细胞。在肠上皮细胞内，铁常以铁蛋白的形式储存，并在衰老的肠上皮细胞脱落时从粪便中排出。此外，铁还能通过基底外侧铁转运蛋白 -1（ferroportin 1，Fpn1）从肠上皮细胞通过基底外侧膜转移至血浆。除十二指肠上皮细胞外，血浆中铁的来源是铁循环的网状内皮巨噬细胞。当铁进入循环时，它与血浆铁传递蛋白（transferrin，Tf）结合，并被运输到各个使用和储存部位。

铁蛋白是铁储存的主要形式，可存在于所有组织中，但主要分布在肝脏、脾脏和骨髓。人体内 65% 的铁在红细胞中以血红蛋白的形式存在，参与机体内氧气的运输，10% 在肌肉中以肌红蛋白和酶的形式存在，15%~20% 在肝、脾、骨髓、肠等组织器官中以铁蛋白和含铁血黄素的形式存在。铁的代谢主要涉及吸收、细胞利用、再循环和运输的精确调节过程，但机体内缺乏多余铁的有效排出机制。因此，维持铁稳态的关键是调节十二指肠对铁的吸收。机体每天摄入的铁还常与肠黏膜细胞脱落、月经和其他失血等形式的铁损失保持相对平衡状态。

2. 铁的生物学效应

铁是人体不可或缺的微量元素，也是合成血红蛋白的主要原料之一，是许多酶发挥作用的辅助因子，同时还参与体内氧气运输、DNA 合成、细胞生长与分化、免疫调节及其他代谢功能等诸多生理过程。重要的是，人体内大多数细菌的生长也需要铁的参与。

2.1 铁参与氧的运输和储存

氧主要通过人的呼吸进入肺泡，随后透过气血屏障进入血液，与血红蛋白（hemoglobin，Hb）结合，通过血液循环运输至人体的各个组织和细胞。血红蛋白主要由1个珠蛋白和4个血红素组成。血红素是由卟啉中四个吡啶环上的氮原子与1个Fe^{2+}结合形成的螯合物。血红蛋白中的铁可参与氧的运输、交换和组织呼吸过程。血红蛋白的主要任务是运输氧，这就决定了氧与血红蛋白的结合必须是可逆的。当血液流经氧分压较高的肺泡时，血红蛋白与氧结合成氧合血红蛋白，而当血液流经氧分压较低的组织时，氧合血红蛋白又解离成血红蛋白和氧。但值得注意的是，血红蛋白与氧的结合并不是氧化反应，氧合血红蛋白中的铁仍为Fe^{2+}。

2.2 铁参与金属酶合成及其活性作用

铁与金属酶的合成与活性密切相关。例如，铁能参与细胞色素氧化酶、过氧化物酶、过氧化氢酶、单胺氧化酶等多种酶的合成，并且与乙酰辅酶A、琥珀酸脱氢酶、细胞色素C还原酶等的活性紧密相关。其中，过氧化氢酶（catalase，CAT）是一种含铁血红素酶；过氧化物酶（peroxidase，PX）也是一类含铁的酶，且多数以含Fe^{3+}卟啉为辅基，这类酶可以有效清除体内氧化过程中产生的过氧化氢、有机过氧化物等有害物质，保护机体组织细胞免受损伤破坏；单胺氧化酶（monoamine oxidase，MAO）是一种含铁的黄素蛋白酶，是神经递质的灭活酶，被认为与抑郁症的发病及缺铁性贫血引起的幼儿智商偏低等有关。

2.3 铁维持正常造血功能

铁是造血过程中必需的微量元素之一。红细胞生成除要求骨髓造血功能正常外，还要有足够的造血原料，制造红细胞的主要原料为蛋白质和Fe^{2+}，红细胞中含铁约占机体总铁的2/3，铁在骨髓造血细胞中与卟啉结合形成高铁血红素，再与珠蛋白合成血红蛋白。机体绝大多数回收铁（约25 mg/d）主要用于血红蛋白合成。

2.4 铁参与免疫和抗氧化过程

铁是维持机体内细胞和体液免疫正常功能的关键元素。铁缺乏和过量都会引起免疫系统的受损。研究发现，缺铁可引起巨噬细胞游走和抑制因子减少，吞噬细胞活性受损，外周淋巴细胞对抗原的反应下降等，进而影响机体的免疫功能。另有报道显示，在预防新生儿疾病时，给出生 2~6 天新生儿注射铁剂，当注射到 4~6 天时，80% 的新生儿发生大肠杆菌感染，其中部分新生儿甚至发生败血症，但未注射铁剂的新生儿无感染发生，说明体内铁过量也可使免疫功能受损，增加感染的风险。同时，铁对机体的抗氧化能力也有十分重要的生理意义。铁不仅是过氧化氢酶的重要组成部分，还能通过参与抗氧化酶的合成影响总体抗氧化能力。更有研究发现，铁可以调节超氧化物歧化酶的活性，进而影响其抗氧化活性。

2.5 铁参与能量代谢

铁是机体内多种代谢酶激活过程中不可或缺的活化元素，在包括线粒体呼吸、激素合成和细胞代谢等多种酶促代谢反应中均发挥重要作用。并且，铁还参与琥珀酸脱氢酶、细胞色素还原酶、黄嘌呤氧化酶、乙酰辅酶 A 和过氧化氢酶等多种代谢酶介导的能量代谢反应。铁还是一种参与 DNA 合成、电子转移、ATP 生成以及中和有害氧化物质的辅助因子。例如，细胞色素是以铁－卟啉复合体为辅基的血红素蛋白，可通过结构中铁价态 Fe^{2+} 与 Fe^{3+} 的可逆变化而进行电子传递，对调控细胞呼吸和能量代谢产生关键影响。此外，机体能量的释放会随着铁在体内细胞线粒体中集聚程度的提高而增大。重要的是，在生化反应发生的主要器官，如肝、肾等组织脏器中的细胞线粒体中聚集的铁含量相对丰富，提示其在参与机体能量代谢中的关键作用。

3. 铁与肠道微生物的关系

铁是肠道微生物中大多数细菌的重要微量营养素，在肠道的竞争环境中，有效的铁获取对于微生物的繁殖和生存至关重要。同时，铁还参与肠道细菌复制、生长过程中各种蛋白质和酶的合成。由此可见，宿主的铁状态和膳食铁的利用率显著影响肠道微生物的生态稳定。

目前，肠道微生物获取铁的机制可能包括：①铁载体的形成；②细胞表面铁还原酶将游离铁（Fe^{3+}）还原为亚铁（Fe^{2+}），易于细菌利用；③产生细胞毒素和溶血素，从宿主细胞释放铁储存。此外，未被机体吸收的铁（主要是血红素和 Fe^{3+}）还可从小肠进入结肠，被微生物群或病原体获取利用。有趣的是，结肠铁的吸收也可能是营养免疫的一部分，其主要通过抑制肠道病原体的生长和毒性而发挥免疫调节功能。然而，也有一些肠道微生物的繁殖不需要铁，例如肠内乳酸菌生长通常不需要铁。

3.1 铁代谢对肠道微生物的影响

越来越多的研究结果显示，铁的生物利用度和吸收与肠道微生物紧密相关。例如，有研究发现膳食中的铁代谢可以影响肠道微生物群的组成，并增加对肠道病原体感染的敏感性。而且，许多病原体的毒性与铁水平相关。口服铁不仅会显著改变生物体的微生物群组成，还被发现能够促进肠道细菌性病原体的生长和增强其毒性，从而导致腹泻和肠道炎症。反之，缺铁也会影响肠道微生物组成，并可进一步通过影响机体对铁的摄取以增强致病性病原体的营养免疫力。在一项针对非洲儿童和婴儿的临床试验中，研究者发现铁强化可引起致病性大肠杆菌丰度增加，有益菌如乳酸菌科和双歧杆菌数量减少，促使婴幼儿出现更具致病性的肠道微生物群，而与补充铁相比，限制膳食铁含量显著降低了肠道微生物的丰度。也有研究报道饮食限制铁可能会扰乱肠道细菌群落的构成，增加大肠杆菌、变形杆菌和肠杆菌科相对丰度，并驱动炎症性疾病的发展。若从生命早期断乳阶段开始就限制膳食铁同样会引起粪便微生物群的组成变化，导致微生物丰度降低。在接受铁强化食品的初始肠道病原体负担较低的婴儿中，也观察到肠杆菌科细菌的减少，而补充铁则可增加肠毒素性大肠杆菌和沙门氏菌等致病菌的丰度。还有研究证实，铁的强化会对肠道微生物群产生不利影响，增加病原体的丰度，并诱发婴儿的肠道炎症。由此可见，宿主的铁代谢显著影响体内肠道微生物群的类型，并与部分疾病的发生发展息息相关。

3.2 肠道微生物对铁代谢的影响

肠道微生物同样能够影响宿主铁代谢。已有研究显示，无菌小鼠肠上皮细胞中的铁含量较低，在被肠道细菌定植后，上皮细胞铁的储存量相对增加，说明铁的代谢需要肠道微生物参与。而且，外源性补充植物乳杆菌、双歧杆菌、乳酸乳球菌、嗜酸乳杆菌、布氏乳杆菌和卡氏乳杆菌等益生菌也可增加宿主的铁吸收。重要的是，肠道中有益的共生微生物甚至能够通过竞争肠道中的铁以阻止潜在有害微生物的生长。铁的摄取还对沙门氏菌、志贺氏菌或致病性大肠杆菌等多数肠道革兰氏阴性菌表达其自身毒力和定植起到十分重要的作用。许多病原体的生长需要铁，并拥有从肠道内环境中摄取铁的强大机制。例如，部分细菌可通过分泌铁载体，促使其与铁结合并运输至细菌体内，进而促进细菌对铁的吸收。其中，肠皮素是一种经典的儿茶酚酸型铁载体，主要由沙门氏菌和共生大肠杆菌等肠杆菌科细菌分泌。肠皮素的分泌一方面可保障宿主在正常（非炎症）内环境中维持铁稳态的平衡；另一方面，肠道微生物也可为宿主提供各种有益的代谢物（如 B 族维生素等），进而影响细菌对铁的吸收。值得注意的是，通过口服铁补充剂或铁强化的饮食治疗铁缺乏症不仅可以调节肠道铁浓度，还可能影响细菌对铁的利用率，继而对细菌生长和菌群结构组成产生影响。由于肠道微生物组成存在明显的个体差异以及肠道细菌对铁的需求不同，宿主的铁状态与肠道微生物二者关系密切且复杂，更多机制仍需进一步探索。

4. 铁与肠道微生物相关疾病的关系

4.1 肠道微生物与缺铁性贫血

缺铁性贫血（iron deficiency anemia，IDA）是常见的微量营养素缺乏症，主要病因是机体铁代谢或饮食中缺乏必需的铁，或者是由于机体后天或遗传的原因无法吸收所摄入的铁。世界卫生组织（World Health Organization，

WHO）报告显示，全球约 50% 的贫血病例由铁缺乏症引起，常见于发展中国家的育龄妇女和儿童，尤其是孕期妇女对铁需求增加，更容易出现缺铁性贫血。

目前观点普遍认为，缺铁性贫血会明显降低肠道微生物群的相对丰度和多样性，并主要体现在以下两个方面：①宿主铁稳态的改变可能会影响肠道腔内铁含量，从而影响肠道微生物群的组成。有动物实验显示，缺铁大鼠盲肠的肠道代谢物丁酸盐和丙酸盐浓度相当低，且肠道微生物群组成有很大的改变。并且当铁含量下降时，这种肠道微生物群落的失衡还可能会增加发生肠道感染的概率。相似的结果也在人群流行病学调查中得到印证。一项对印度南部年轻女性的调查也发现，粪便低铁水平与肠道中低乳酸菌水平密切关联；②肠道微生物代谢产物可能对铁的吸收有促进作用，例如短链脂肪酸和其他有机酸的产生可能导致肠腔内环境的 pH 值下降，并通过将铁还原为可溶性的亚铁形式、将元素铁溶解为电离形式，以及将铁从蛋白质复合物中释放出来而促进铁的吸收。据此，有学者将益生菌生产的含醋酸产品引入饲料中，发现可显著提高动物对铁的吸收。值得注意的是，未被吸收的铁会破坏肠道微生物群，并导致保护性菌和致病菌比例的变化。因此，临床上通常建议采用静脉注射进行补铁治疗。

4.2 肠道微生物与铁相关炎症性肠病

炎症性肠病（inflammatory bowel disease，IBD）是一种常见的胃肠道慢性炎症性疾病，其致病机制迄今尚未明确。传统观点认为，炎症性肠病的病因主要涉及免疫学、遗传和环境等因素。但最新报道发现，炎症性肠病的发生发展和肠道微生物的紊乱密切相关。

贫血被认为是炎症性肠病最常见的代谢性并发症，约 13%~90% 的病例可出现贫血。炎症性肠病缺铁最常见的原因是肠道黏膜炎症增加，引发胃肠道失血和肠道吸收不良，导致铁摄入量减少，故患者也通常伴有缺铁和慢性疾病贫血。目前普遍认为，机体剩余未被吸收的铁会引起肠道黏膜受损，并改变肠道微生物组成。因此，肠道微生物群改变与紊乱的黏膜屏障的相互作用是炎症性肠病的显著特征之一。口服补铁可以显著改变贫血和炎症性肠病患者的粪便代谢组，提示这可能与肠道微生物功能的紊乱有关。相似的结果在动物模型中也得到验证。予以缺铁小鼠灌胃补充铁可以导致有益微生物群的减少和肠道病原体的增多。在炎症性肠病的动物模型中，肠腔内高浓度的铁或血红素铁会显著改变肠道微生物群落，进一步引起变形菌门的增多和结肠炎。总之，炎症性肠病中铁代谢引起肠道微生物组成和功能的变化在其炎症的发生发展过程中发挥着重要作用，以铁在肠道微生物代谢中的调节作用为切入点探究炎症性肠病的治疗策略可能具有较好的临床应用前景。

4.3 肠道微生物与铁相关 2 型糖尿病

大量研究表明，铁过量和铁缺乏均可显著影响 2 型糖尿病（type 2 diabetes，T2D）的发生发展进程。一方面，铁可通过与肌肉、肝脏和脂肪等主要胰岛素敏感组织中的葡萄糖代谢的相互作用影响机体胰岛素水平；另一方面，铁能够经微生物－肠－脑轴途径直接控制肝脏的糖异生和葡萄糖摄取，以响应胰岛素及其他激素和营养物质的输入。此外，铁在宿主－微生物群相互作用中亦扮演着重要角色，并可能影响宿主的能量代谢，进而促进肥胖和胰岛素抵抗。

2 型糖尿病患者痴呆风险是正常健康人的 1.5~2.5 倍。有一些观点认为，这种现象可能与肠道微生物代谢物含量改变有关。例如，肠道微生物产生的胆汁酸，能够对胰岛素信号传导产生显著影响。当机体铁缺乏时，肠道微生物代谢产物丙酸和丁酸随着细菌组成的变化而显著降低，微生物多样性减少。而补充硫酸亚铁部分重建了原始的肠道微生物群组成，并使动物的代谢活性完全恢复。在这种情况下，铁的状态可以通过其与肠道微生物群的联系来调节葡萄糖稳态，进而改善神经损害效应。最近的一项研究表明，肠道胆汁盐导致多个与铁清除和代谢有关的基因表达水平增加，并抵消了大肠杆菌对铁螯合剂的抑制作用，发挥神经保护效应。由此可见，健康的肠道微生物不仅有助于维持铁和葡萄糖稳态，并在减少与 2 型糖尿病相关的认知功能障碍中发挥重要作用。

4.4 肠道微生物与铁相关结直肠癌

结直肠癌发展的常见危险因素，如炎症性肠病、肥胖、高脂和高蛋白质饮食等，都与微生物群的改变息息相关。这意味着结直肠癌患者肠道内细菌种群的变化，可能包括致病性癌症相关细菌的增加和保护性抗癌细菌的丢失。已有研究表明，铁过量与结直肠癌发病风险密切相关。口服补铁可以通过增加结肠铁的利用率来促进致病菌的生长和产生潜在的毒性。国外一项研究评估了铁对促进致病菌的作用，并分析了高铁和低铁培养基中流行肠道病原体的生长情况。结果发现，随着鼠伤寒沙门氏菌的生长增加，结直肠癌细胞的黏附和侵袭显著增加，而无菌小鼠较正常小鼠致癌突变和肿瘤形成的频率则明显降低，表明结肠致病性细菌的存在可能促进结直肠癌的发生和进展。该研究同时比较了健康志愿者和结直肠癌患者的肠道微生物群，结果发现结直肠癌患者的主要致病菌群，如含有聚酮合酶致病的大肠杆菌、肠毒素脆弱拟杆菌和核梭杆菌等的丰度明显升高，而有益的细菌菌株，如产生丁酸的菌株，在结直肠癌患者中含量明显不足，这也与结直肠癌患者粪便中丁酸含量减少相呼应。

铁对几乎所有细菌的生存和复制都至关重要。例如，红肉中的血红素铁被证明会增加黏蛋白降解细菌——嗜黏蛋白阿克曼菌的丰度，导致肠道屏障功能损害，进而引发结直肠疾病，甚至癌症。由于慢性肿瘤诱导的失血、慢性炎症性疾病导致的铁稳态损害和铁吸收减少，结直肠癌患者常出现缺铁性贫血。口服铁是目前针对结直肠癌患者贫血最常见的治疗方法之一。然而，口服铁除了产生腹痛、消化不良、腹泻等多种胃肠道副作用，还有可能增加致病细菌的数量。况且许多致病菌还有能增强铁摄取的机制，以帮助其生长和毒性。与口服铁剂相似，研究发现膳食血红素在小鼠模型中具有恶化结肠炎，促进腺瘤的形成与发展的作用。因此，口服铁是否可用于治疗结直肠癌贫血症状仍有待深入探讨。

第二节 锌元素与肠道微生物

1. 锌元素

锌是一种自远古时就被人类认知的古老元素。我国是世界上最早发现并使用锌的国家，锌的英文名称 zinc 和化学符号 Zn 均来源于拉丁文 zincum。锌的相对原子质量为 65.38，位于元素周期表中第 30 号，第四周期第Ⅱ B 族，通常以二价化合物（Zn^{2+}）状态存在于自然界。

锌是人体必需的微量元素之一，广泛分布于人体各个器官与组织。其中，85% 的锌存在于骨骼肌和骨骼组织，11% 存在于皮肤和肝脏，其余存在于其他各个组织，前列腺和眼睛中锌的浓度较高。血浆中的锌约占人体锌总量的 0.1%。锌的膳食来源是红肉和家禽、海鲜（如牡蛎、螃蟹、龙虾），以及少量的乳制品、豆类、坚果、全谷物、强化早餐谷物等。锌的吸收主要发生在十二指肠远端和空肠近端，经血液循环到达机体各组织器官，过量的锌可通过尿液或粪便排出体外。据估计，健康成人体内的锌总量为 1.4~2.3 g，人体微量元素中锌的含量仅次于铁。

2. 锌的生物学效应

2.1 锌的生理学意义

锌是一种过渡金属，是机体内的一种微量元素，是维持机体正常生理功能所必需的、含量第二丰富的微量金属元素，具有十分广泛的生理功能。

2.1.1 锌参与体内各种酶的合成和功能发挥

作为机体氧化还原酶、转移酶、水解酶、裂解酶、异构酶和连接酶 6 大类 300 多种酶（如胸腺嘧啶核苷酸酶、RNA 聚合酶、DNA 聚合酶、碱性磷酸酶、醇脱氢酶、超氧化物歧化酶等）的辅助因子，锌不仅参与这些酶类的结构组成和生物活性的功能发挥，还与细胞膜的稳定、基因表达的调控和细胞信号转导等诸多生理过程有关。而且，人体中超过 2 000 余种转录因子的功能发挥也和锌密切相关。除此之外，锌在脂肪、碳水化合物、蛋白质、核酸和细胞膜的代谢中发挥着重要作用，甚至在细胞凋亡、基因转录、神经传导中，锌也具有重要的调节功能。

2.1.2 锌参与抗氧化和抗炎免疫反应

大量研究均已证实，锌具有较强的抗氧化和抗炎作用，被誉称为免疫细胞的“第二信使”。几乎所有免疫细胞的功能活性都高度依赖于锌。而且，与炎症细胞因子基因表达有关的一系列转录因子和黏附分子的功能发挥也都需要锌的参与。锌在先天性和适应性免疫功能中亦发挥重要作用。锌不但影响机体各个方面的功能，还参与免疫发育、内分泌调控等机体几乎所有新陈代谢的过程，也被称为“智慧之源”和“生命之花”。

2.2 锌的病理意义

在正常生理状态下，锌始终处于一定浓度范围内并保持动态平衡，即锌稳态。一旦锌稳态被打破，机体将出现不同程度的病理生理反应。据WHO估计，全球多达 1/3 的人口因锌不足而导致各种疾病的发生。目前观点认为，锌缺乏症通常与老年或患有各种不同慢性疾病人群的饮食摄入不足或肠道功能受损有关，也与素食主义等特定的饮食结构有关。

2.2.1 锌缺乏导致免疫失调

锌的缺乏和免疫功能失调之间存在密切关系。锌作为免疫反应的调节器发挥作用，若调节过程中受到干扰可能会改变锌的有效利用率，进而影响与先天和适应性免疫有关细胞的生存、增殖和成熟。有学者以孕期动物为受试对象，深入研究发现产前等特殊敏感窗口期即便是少量锌缺乏，也会导致受试动物淋巴器官体积变小和免疫球蛋白减少。而当人体缺锌时，机体免疫功能会明显下降，对病毒的抵抗能力也将随之降低。临床上锌缺乏的患者更容易出现一系列的免疫异常症状，如淋巴细胞减少、T 辅助细胞与毒性 T 细胞的比例降低、自然杀伤细胞活性降低和细胞毒性增加等。

2.2.2 锌缺乏导致性激素紊乱

锌是生殖系统所必需的一种基本的微量元素。研究发现，生长发育阶段的锌缺乏会导致激素失衡，诱发生长迟缓，并影响性腺的发育和成熟。锌在主要性激素，特别是睾酮的生产、储存和运输中起着至关重要作用。睾丸锌缺乏与性腺功能减退、第二性征异常等生殖问题呈显著正相关。此外，锌缺乏还可导致生殖损伤，造成生殖细胞凋亡。反之，补充锌则可增加机体的抗氧化能力而减轻该类损伤。据调查数据显示，低锌饮食会导致精子质量降低，诱发特发性男性不育，锌含量低于 5~7 ppm 就会引发男性和女性的生殖功能受损。

2.2.3 缺锌对大脑的影响

锌是大脑中最普遍的金属元素之一，主要参与神经发生、神经元迁移和分化的调节，从而塑造认知发育等能力，对大脑正常功能的维持至关重要。动物研究表明，啮齿类动物锌缺乏会增强抑郁样症状，而在妊娠等大脑发育敏感期缺锌还可导致后代的特定损伤。

2.2.4 缺锌的其他影响

研究显示，锌缺乏小鼠较正常小鼠更易发生福氏志贺氏菌感染，进而导致腹泻、生长障碍和代谢紊乱，而补充锌则可减轻上述症状，并改善体重生长情况，促进代谢稳态的恢复。慢性锌缺乏还可能导致葡萄糖耐受不良和糖尿病前期综合征。

尽管锌在健康促进方面至关重要，但过量的锌摄入同样可能导致毒性损害效应，包括代谢功能障碍和氧化损伤等，一些营养品的滥用会引起慢性锌过量，导致如视神经炎症等神经退化改变。由此可见，合理、严格控制和维持体内的锌水平，对防止健康损害和疾病预防具有十分重要的生理意义。

3. 锌与肠道微生物的关系

肠道是调节人体内锌稳态的主要器官。锌主要在十二指肠和小肠吸收，大便是内源性锌的基本排泄途径，另有部分由尿、汗、头发排出。同时，锌对肠道微环境的健康至关重要。锌是人体内多种酶的辅助因子，并与肠道微生物群保持着紧密的互动关系。大量研究结果显示，锌可对肠道微生物群的组成产生影响，而且细胞内和细胞外的锌浓度均会不同程度地影响肠道微生物群的行为和功能。

3.1 锌对肠道屏障的影响

肠道屏障主要由生物屏障、机械屏障、化学屏障和免疫屏障组成。其中，生物屏障由大量的正常微生物群形成，其正常功能对维持肠道微生态平衡至关重要。肠道中部分微生物群不仅可以有效防止病原细菌感染，并且有助于机体消化吸收等功能，同时也是抵御有毒金属健康威胁的有效屏障。

机体缺锌会导致肠道屏障的功能损害。一些研究表明，急性和慢性缺锌都会对小肠上皮的结构和功能造成致命性损伤。例如，机体长期缺锌可导致炎症细胞浸润，上皮多核淋巴细胞不受控制地迁移，从而导致黏膜损伤，破坏肠道免疫屏障。此外，锌缺乏还伴随黏膜坏死和溃疡以及黏膜细胞凋亡、炎症、水肿和绒毛结构改变。严重缺锌的肠炎患者还会出现绒毛萎缩和肠道细胞坏死等情况。缺锌也可导致酒精诱导的肠道潘氏细胞功能障碍，α－防御素生成减少，肠道微生物群组成和肠道屏障完整性受损。缺锌饮食喂养未成年大鼠 28 天后，大鼠小肠长度显著减少，空肠形态发生改变，包括绒毛缩短和狭窄，吸收面减少，单位面积绒毛数量增加等，而这些损害效应均可以通过补充锌得到改善。除此之外，膳食锌补充可以增加肠道通透性，并防止由于热应激、营养不良和炎症性肠病所导致的肠道完整性损伤。有报道显示，膳食中补充 100 mg/kg 乳酸锌可显著增加断奶仔猪十二指肠的绒毛高度，降低十二指肠、空肠、回肠的隐窝深度，从而改善肠上皮的形态和功能。此外，锌补充能通过消化和吸收黏膜层的增殖改变肠道功能，减少绒毛凋亡，影响免疫系统反应，并减少致病性感染和连续腹泻事件等。由此可见，锌是维持肠道黏膜完整性和正常肠道屏障功能的必需微量金属元素。

3.2 锌对肠道微生物群的影响

肠道微生物对锌的代谢至关重要，适量的锌对几乎所有的细菌也是必不可少的。因此，人体内的锌含量必须受到严格的调控。锌缺乏或过量均会对肠道微生物群组成和功能产生不利影响。缺锌不仅可降低肠道整体菌群的多样性，降低与营养获取相关的细菌基因表达水平，还能通过降低紧密连接蛋白表达而损害肠道完整性。同时，严重的锌缺乏会对肠道微生物种群的组成产生有害影响，例如引起菌群分类丰度和多样性的显著减少，有益短链脂肪酸含量降低，以及细菌微量营养素途径相关基因表达改变等。值得注意的是，短链脂肪酸具有提高锌溶解和利用的作用，可显著提高宿主锌的利用率，因此短链脂肪酸的减少会降低锌在体内的利用。

此外，研究还发现，锌可以通过抑制致病性大肠杆菌产生的一种外毒素溶血素的水平，减少大肠杆菌的数量，进而保障黏膜完整性和肠道通透性以改善哺乳动物的生长性能。在哺乳期的猪中也观察到相似的现象，锌补充通过调节肠道微生物群，减少肠道组织损伤，增强抗炎因子和黏膜完整性，从而降低断奶后腹泻发生率。而且，食用锌生物强化小麦饲料的动物增加了其肠道微生物的 β 多样性，同时增加了有益菌株乳酸菌的丰度，充分表明强化锌的饮食可以很好地重组哺乳动物的肠道微生物群。在其他动物模型中，预防性剂量的锌（如氧化锌）可增加肠道中革兰氏阴性兼性厌氧菌群的数量，结肠中短链脂肪酸的浓度，以及整体的物种丰度和多样性。相应地，肠道腔内环境的改变，如通过增加短链脂肪酸的产生而降低肠道 pH 值，也可促进锌的生物利用度和吸收的显著增加。在一项对巴基斯坦儿童的初步研究中发现，锌缺乏症儿童的典型特点是大肠杆菌丰度较低，链球菌、拟杆菌、葡萄珠菌、巨杆菌和梭状芽孢杆菌等的相对数量减少。而锌对肠道微生物多样性的影响还表现为埃希氏菌的数量减少，双歧杆菌和乳酸菌的数量增加。同样地，有研究者发现，在补充氧化锌后，肠道微生物群如厚壁菌门的成员，特别是乳酸菌水平显著增加。

虽然补充锌可以减少致病性感染，提高机体免疫等各项生理功能，但并不代表锌的补充可以不受剂量的约束，短期的过量锌亦可能增加肠道中耐药基因和耐药细菌的丰度值。例如，有报道发现锌的使用量与哺乳动物体内耐甲氧西林金黄色葡萄球菌的数量呈显著正相关，它能抵抗甲氧西林及其他 β-内酰胺类药物，具有很强致病性，可引起多种感染。

4. 锌与肠道微生物相关疾病的关系

肠道是锌吸收的主要器官。锌摄入量不足和 / 或生物可利用性不足是锌缺乏症的主要病因和危险因素。人体内锌含量的水平与肠道微生物群落的丰度和功能密切相关，也是保障机体正常生理功能的重要前提。因此，锌与肠道微生物相关疾病之间的联系及其相互作用效应也引起越来越多的关注。

4.1 锌与肠道微生物相关精神性疾病

4.1.1 抑郁症

抑郁症是一种常见的精神障碍，已有研究表明锌含量可能与抑郁症发生发展密切相关。低锌状态可导致重度抑郁症和双相抑郁症等一些不良情绪障碍的发生。锌是肠道细菌所必需的微量金属元素，锌的缺乏会通过影响肠道微生物群的变化，干扰肠 – 脑轴的正常生理作用，直接引发抑郁症。最近的一项研究报道，抑郁症大鼠模型中肠道微生物群的丰度和多样性明显降低，拟杆菌门、厚壁菌门、变形菌门和放线菌门的丰度均发生了显著改变，相似结果也在重度抑郁症患者的粪便样本中得以印证。重要的是，在这些抑郁患者和动物的血液中均观察到不同程度的低锌状态。并且，该现象还发现于生命的一些关键时期，例如低锌状态的怀孕小鼠肠道微生物群失调和炎症水平与产后抑郁息息相关。上述结果提示，低锌可导致肠道微生物群失调，进而诱发抑郁症状。

4.1.2 孤独症谱系障碍

孤独症谱系障碍（autism spectrum disorder，ASD）是一组由环境和遗传因素共同引起和影响的异质性疾病，其发病机制较为复杂，目前尚未形成定论。有研究表明，肠道微生物群紊乱是缺锌和孤独症谱系障碍之间关联的重要因素。在孤独症谱系障碍患者中，与年龄匹配的健康对照组相比，患者组缺锌症的发生率显著增加，并且常伴随肠道微生物群紊乱。而且，给予孤独症谱系障碍患者纳米氧化锌补充可显著改善其肠道微生物群的多样性，主要表现为变形菌门丰度的增加以及厚壁菌门和放线菌门数量的相对减少。在小鼠模型中也发现，怀孕期间缺锌小鼠的后代表现出类似孤独症样行为，并与肠道微生物的组成和丰度的改变密切相关。

4.2 锌与肠道微生物相关胃肠道疾病

4.2.1 重症急性胰腺炎

肠道细菌可通过受损的黏膜进入人体，引起细菌易位（bacterial translocation，BT），即内源性细菌（或其产物）通过肠道黏膜屏障在肠道内定植，到达肠系膜淋巴结和其他远处部位。现有观点认为，重症急性胰腺炎（severe acute pancreatitis，SAP）感染是胃肠道细菌易位的结果。也有一些研究发现，大肠杆菌是与急性胰腺炎感染相关的最常见的细菌，与重症急性胰腺炎组相比，锌治疗重症急性胰腺炎组的大肠杆菌数减少，双歧杆菌和乳酸杆菌等有益菌的数量明显增加。而且，锌可以降低肠道通透性、细菌易位、内毒素血症和重症急性胰腺炎的严重程度。在重症急性胰腺炎的进展过程中，锌也可以改变肠道微生物群的组成，降低炎症因子白细胞介素 –1 β 和肿瘤坏死因子 –α 的表达。

4.2.2 炎症性肠病

研究表明，氧化锌（锌含量 2 000 mg/kg）可通过改变肠道微生物群（如增加乳酸菌）改善哺乳动物的肠道炎症反应。长期低锌暴露还可以通过减少短链脂肪酸和减少微生物多样性，增加机体对结肠炎的易感性。同时，炎症性肠病患者粪便中常发现菌群 α 多样性水平降低和短链脂肪酸含量下降。而适量地补充锌会通过多种机制在肠道中发挥抗炎作用，包括降低氧化应激、增强组织再生能力和促进免疫调节等，以增加肠道微生物群的多样性，提高短链脂肪酸的水平，进而保护肠道正常生理功能。

4.3 锌与肠道微生物相关脓毒症

脓毒症被定义为一种基于宿主对感染的过度反应的器官衰竭状态，也可以被认为是与感染相关的全身性炎症反应综合征的一种形式，其发病机制复杂，且尚存在争议。肠道细菌被认为是脓毒症感染的主要原因。在动物模型中，通常采用特定的细菌菌株（包括人类分离物）暴露来诱发脓毒症。另一种建模方式，则是利用盲肠结扎穿刺（cecal ligation and puncture，CLP），即通过粪便菌群导致腹腔内的脓毒症。值得注意的是，脓毒症患者和临床前研究模型已经发现低锌水平与脓毒症的敏感性之间存在明确的直接联系。并且，补充锌可能是增加肠道微生物群多样性，增强机体免疫功能，抵抗脓毒症的有效方法。在家禽和养猪业中，锌也一直被广泛用于减少动物胃肠道细菌感染、腹泻和死亡，并极有可能与改善肠道微生物稳态密切相关。

第三节 钛元素与肠道微生物

1. 钛元素

含钛矿物最早发现于 1791 年的英格兰康沃尔郡。钛的英文名称是 titanium，化学符号 Ti，平均相对原子质量为 47.867。钛是元素周期表第 22 号元素，位于第四周期第Ⅳ B 族。钛是一种稀有金属，在自然界中存在分散且难以提取。钛是地壳中分布最广和丰度最高的元素之一，占地壳质量的 0.16%，居第九位。由于其高抗拉强度，重量轻，耐腐蚀和耐温性等独特的物理化学特性，钛被广泛应用于飞机、航天器、油漆、涂料、医疗材料、纸浆和化工等众多产业。

钛是一种高度丰富的非必需微量元素，普遍存在于人类生产生活中。钛的化合物主要包括二氧化物、四氯化物和三氯化物，其中二氧化钛（TiO_2）约占所有钛消耗量的 95%。经过处理，二氧化钛俗称钛白粉，是一种白色的无味粉末，不易溶于水。作为钛最常见的形式，二氧化钛已被广泛应用于工业产品、食品添加剂和个人护理产品（如防晒霜和牙膏）等生活领域，每年使用量达数百万吨。二氧化钛不仅能给牙膏和一些药物提供亮度，并可作为食品添加剂用于各种非白色食品中作为风味增强剂，包括脱水蔬菜、坚果、种子、汤、芥末、啤酒和葡萄酒等。

钛可通过口腔、皮肤、吸入、植入物溶解等途径被人体吸收。其中，食物是普通人群接触钛的最主要来源。人可以通过饮食每天摄入约 0.2~0.7 mg/kg 的二氧化钛（50 kg 的成年人约摄入 10~35 mg 二氧化钛）。钛进入人体后可经胃肠道进入血液循环或淋巴系统，进而运输到其他组织和器官，并在肺、肝、肾、脾中累积。研究显示，一般人群肺内钛的浓度最高，其次是肾脏和肝脏。肺中相对较高的钛水平可能与大气或生活环境中吸入钛污染粉尘滞留有关。钛排泄的主要途径是粪便，占总吸入量的 92%~97%。

口腔、胃和小肠中的消化酶和 pH 值水平可能会改变二氧化钛的理化性质，包括形成“蛋白质电晕”，影响其体内的吸收效率。研究表明，二氧化钛主要通过穿过小肠绒毛的上皮细胞吸收，这一过程通过杯状细胞相关通道和肠细胞间的细胞旁紧密连接空间的被动扩散实现。而口腔中二氧化钛通过渗透黏膜层并进入口腔上皮，其吸收率与穿透深度受颗粒大小的影响，粒径越小，穿透深度越深。

2. 钛的生物学效应

钛不是人体必需的金属元素，并且没有明显的有益作用。机体主要以二氧化钛的形式摄入。随着纳米技术的蓬勃发展和纳米材料的广泛应用，纳米二氧化钛的接触人群也随之增加。在生产生活领域，纳米二氧化钛广泛用于化妆品、药膏、食品填色剂和营养品等。在纳米医学领域，纳米二氧化钛载体则通过静脉内注射和皮下注射进入人体，将药物传输到靶器官。一般情况下，纳米二氧化钛进入动物或人体主要有3个途径：吸入暴露、胃肠道暴露和皮肤暴露。其中，吸入和经口暴露被认为是接触纳米二氧化钛最多的途径。然而，目前关于纳米二氧化钛的安全性始终存在争论，但已有一些研究表明其对机体健康可产生不良的生物学效应。

2.1 肺部毒性效应

一般认为二氧化钛粉尘具有化学惰性，毒性不大，但也有学者认为二氧化钛粉尘可致肺部纤维化病变。有报道发现，大鼠在粒径小于等于2 μm的二氧化钛粉尘中暴露6个月后，全肺胶原蛋白和血清铜蓝蛋白水平明显升高，肺部可见粉尘灶和早期纤维化表现。另有研究显示，啮齿类动物在一次性大剂量染尘后，肺部可见肺间质细胞增生和粉尘灶，并能诱发动物肺部炎症反应。流行病学调查结果亦发现，钛白厂工人长期吸入二氧化钛粉尘后出现咳嗽、咳痰、胸闷、呼吸困难等症状，胸片显示肺纹理增加、增粗，肺内有广泛分布的类圆形小阴影，形态不规整，密度较低等肺部影像学改变。重要的是，二氧化钛颗粒诱发的肺部炎症程度明显低于纳米级颗粒，这可能与胃中低pH值增加纳米二氧化钛溶解，提高生物利用度和进入体循环有关。

2.2 脑部毒性效应

研究发现，纳米二氧化钛可以透过血脑屏障，并在大脑中蓄积，导致一系列神经损伤效应。例如，纳米二氧化钛暴露导致脑组织氧化应激水平显著升高，促进一氧化氮的大量产生，同时引发炎症反应和乙酰胆碱酯酶、谷胱甘肽等水平降低，从而导致组织出现病理性损伤。而且，纳米二氧化钛的暴露还可能通过多巴胺能神经元等方式，增加罹患帕金森病的风险。

2.3 致癌效应

二氧化钛的致癌性目前仍存在争议。实验研究结果显示，高浓度二氧化钛细颗粒和纳米颗粒染毒两年后能诱发大鼠呼吸道肿瘤，主要为细支气管肺泡癌和鳞状细胞癌，并且染毒大鼠的肺炎、气管炎和鼻炎等发病率均略有增加。在相同质量浓度下，纳米二氧化钛比细颗粒具有更大的致癌效应。体外实验结果也同样发现，纳米二氧化钛暴露诱导人肺癌细胞株 A549 细胞产生明显氧化损伤，并诱导凋亡小体和微核的形成。基于这些发现，国际癌症研究机构将二氧化钛列为吸入后可能对人类致癌的物质。

2.4 生殖发育毒性效应

钛的生殖发育毒性作用已被广泛报道。纳米二氧化钛暴露不仅能够导致小鼠睾丸重量降低、血清睾酮水平下降，还可诱导精子组织病理学改变。孕期二氧化钛母鼠的新生幼崽中与细胞凋亡、大脑发育和氧化应激相关的基因表达显著改变。而且，在斑马鱼和线虫等模式生物中也观察到类似效应。例如，长期暴露于纳米二氧化钛会使斑马鱼的繁殖能力明显受损，导致产卵数量减少、卵巢组织学改变和基因表达改变；二氧化钛暴露的秀丽隐杆线虫繁殖、产卵大小也表现出明显的浓度依赖效应。此外，研究还发现，钛暴露与不良生殖结局相关，包括胎儿窘迫、早产和神经管缺陷等。母亲接触钛是婴儿低出生体重的可能原因，并影响整个婴儿期的死亡率、后期发育和疾病风险。我国的一项病例对照研究发现，低水平血清钛与低出生体重呈负相关，提示高水平钛可能是低出生体重的危险因素。相似的结果也出现在美国东北部的人群调查中，即大规模暴露于空气中的钛与低出生体重风险的增加有关。

2.5 其他毒性效应

研究发现，二氧化钛暴露能够影响乙酰胆碱和 5- 羟色胺的含量，影响血管舒缩功能。而且，二氧化钛能够沉积在肝脏和脾脏，导致长期的蓄积暴露风险。在啮齿类动物中的研究表明，长期二氧化钛暴露会损害肝功能，影响总胆固醇和甘油三酯的代谢。研究还发现，许多患者植入含钛医疗材料后，骨区中存在高浓度钛蓄积，成骨细胞的活力显著降低。并且，这些钛还可以运输到其他器官或组织，并引起炎症、过敏反应等短期损害效应，或产生超敏反应、染色体畸变等长期影响。

3. 钛与肠道微生物的关系

研究显示，进入机体的绝大多数二氧化钛（约 99%）通过粪便排出之前，均在肠腔内停留或蓄积。而且，二氧化钛在肠道中的迁移主要通过细胞旁吸收、经肠吸收以及潜在的细胞旁连接等途径。体内研究表明，二氧化钛可以显著诱导肠道微生物群紊乱，但目前尚不完全清楚其是如何与肠道微生物群相互作用并最终导致群落结构和数量发生改变。部分原因可能是纳米级二氧化钛在胃肠道中的高表面活性和低吸收率引发了肠道微生物群变化，继而导致肠道内稳态的改变，最终影响宿主健康。

3.1 钛对肠道屏障的影响

实验动物研究结果显示，即使是低剂量水平的二氧化钛暴露也会破坏肠道微生物群构成和丰度，导致低级别的肠道炎症，并影响肠道健康状况。一方面，二氧化钛暴露可导致紧密连接蛋白表达降低，进一步削弱肠道屏障，而且随着时间的推移，损伤的肠道黏膜还可能增加二氧化钛的吸收，并使损害效应进一步恶化。另一方面，二氧化钛暴露所致的肠道微生物群紊乱还与其颗粒大小密切相关，纳米级的二氧化钛因比表面积更大，接触范围更广，引发的紊乱效应亦更为明显，尤其是对肠道屏障的破坏力也较普通二氧化钛更为严重。

3.2 钛对炎症及免疫的影响

越来越多证据表明，二氧化钛可以改变肠道微生物群，导致结肠 pH 值和某些共生细菌的变化，并引发显著的炎症反应。而且，肠道中二氧化钛的存在还可能通过改变常见肠道微生物群的组成，导致机体炎症相关代谢功能的改变。报道显示，二氧化钛被肠上皮细胞吸收后，可通过溶酶体膜通透直接诱导炎症，最终诱发肠上皮细胞的直接 DNA 损伤。并且，纳米二氧化钛还降低了小鼠肠系膜淋巴结中的 CD4+ 细胞和巨噬细胞数量，增加了中性粒细胞明胶酶相关脂蛋白水平，最终加重小鼠慢性结肠炎症状。

3.3 钛对肠道微生物群的影响

研究发现，暴露于不同粒径的微米或纳米二氧化钛都可导致厚壁菌门显著增加，拟杆菌门显著减少，且受试物的改变与脂质、多糖代谢紊乱密切相关。其中，厚壁菌门主要参与机体能量吸收，拟杆菌门则介导多糖代谢，而厚壁菌门与拟杆菌门比例的增加，可能导致机体从食物中获取能量的能力增加，并产生低水平炎症反应。既往普遍观点认为，在肥胖和炎症性肠病动物模型中，厚壁菌门 / 拟杆菌门比例升高，因此，二氧化钛对肠道微生物群的改变可能会增加罹患肥胖和炎症性疾病的风险。

3.4 钛对短链脂肪酸水平的影响

短链脂肪酸是人体重要的微生物代谢物，在宿主健康中起着关键作用。报道显示，纳米二氧化钛会影响结肠中微生物群，并干扰短链脂肪酸的产生。食用二氧化钛或纳米二氧化钛处理饮食的小鼠都表现出了较低水平的短链脂肪酸。由于短链脂肪酸主要由拟杆菌门和厚壁菌门产生，因此二氧化钛诱导的短链脂肪酸水平降低极有可能是拟杆菌门丰度降低所致。同时，短链脂肪酸还被认为是调节先天和适应性免疫细胞生成和功能的重要因子，因而二氧化钛引发的短链脂肪酸水平的降低可能会进一步导致免疫功能失调。

4. 钛与肠道微生物相关疾病的关系

4.1 肠易激综合征

肠道微生态失调是肠易激综合征的显著特征。研究显示，肠易激综合征患者的拟杆菌门丰度减少，厚壁菌门与拟杆菌门比例增加，且梭状芽孢杆菌门丰度增加。这与二氧化钛暴露动物所致的肠道微生物群的变化相契合。例如，研究发现，与对照组相比，二氧化钛处理小鼠的厚壁菌门丰度显著增加，拟杆菌门丰度明显减少。而且，除了细菌丰度的改变，不同剂量二氧化钛处理小鼠还伴随有短链脂肪酸水平的降低，黏液相关基因表达减少，结肠隐窝长度改变和炎症反应增加。重要的是，这些损伤效应在肠易激综合征模型中更为显著，提示二氧化钛暴露可能增加肠易激综合征的易感性或加重其炎症表型。也有观点认为，二氧化钛还可能通过破坏肠道微生物稳态，影响正常肠道屏障完整性和肠道免疫功能，从而参与介导肠易激综合征的病理生理过程。

4.2 炎症性肠病

实验表明，长期通过饮食摄入纳米二氧化钛会导致成年期体重下降，肠道微生物群失调，对胃肠道产生不良影响。而且，纳米二氧化钛可通过肠道微生物途径影响活性 T 细胞和巨噬细胞等免疫细胞的比例，诱发结肠直肠炎症。纳米二氧化钛暴露小鼠的肠道细菌丰度也发生了改变，表现为益生菌、双歧杆菌和乳酸菌减少。在小鼠模型中，慢性暴露纳米二氧化钛可进一步加重慢性结肠炎，引起 CD4+T 细胞和调节性 T 细胞等免疫细胞的显著减少。也有研究发现，长期接触纳米二氧化钛后，虽然微生物群落的多样性并没有受到显著影响，但一些特定类群丰度下降，特别是双歧杆菌和乳酸菌等益生菌数量的锐减，亦可能破坏肠道功能，引发慢性炎症反应。而且，益生菌数量的减少还会促进纳米二氧化钛的吸收，触发免疫应激，进而加剧免疫炎症反应。另有研究显示，纳米二氧化钛暴露导致肠道隐窝长度减少，引起

CD8+T 细胞和巨噬细胞的浸润以及炎症细胞因子的表达增加，表明其对体内肠道稳态和结肠炎症的影响。这类炎症呈持续状态，并破坏肠道细胞，降低屏障的完整性，从而导致屏障功能受损。同时，肠道微生态的改变也会进一步影响肠道的通透性，损害整体肠道健康。

第四节　铜元素与肠道微生物

1. 铜元素

铜是元素周期表第 29 号元素，位于第四周期Ⅰ B 族，是一种过渡元素，化学符号 Cu。铜是一种主要分布于地壳和海洋中的金属，其中地壳中的含量约为 0.01%，在个别铜矿床中，铜的含量可以达到 3%~5%。自然界中的铜，多数以化合物形式存在于土壤、沉积物、岩石和水体中，常见价态为 Cu^{+} 和 Cu^{2+}。早在史前时代，人类就开始采掘露天铜矿，并用获取的铜制造武器、工具和其他器皿，铜的使用对早期人类文明的进步影响深远。现如今铜仍被广泛应用于电气、轻工、机械制造、建筑工业、国防工业等众多领域。

铜是人体必需的微量元素之一，正常人体内含铜总量约为 100~150 mg，其中 50%~70% 集中在肌肉和骨骼，20% 分布于肝脏，5%~10% 在血液，还有少量以铜酶的形式存在。铜广泛存在于各种食物中，如谷类、豆类、坚果、肝、肾、贝类等。2022 年版《中国居民膳食指南（2022）》推荐成人铜的推荐摄入量（recommended nutrient intake，RNI）是每天 0.8 mg，孕妇、青少年的需要量稍高，孕期推荐摄入量是每天 0.9 mg，乳母的推荐摄入量是每天 1.4 mg。

2. 铜的生物学效应

2.1 铜在机体的代谢

人类和其他哺乳动物主要从饮食中获取铜。食物中的铜可被肠内细胞吸收。值得注意的是，细胞外的铜离子以 Cu^{2+} 的形式存在，可直接与二价金属离子转运蛋白 1（divalent metal transporter 1，DMT1）结合。然而，这些铜离子不能直接被细胞使用。胞外的 Cu^{2+} 在铜离子转运蛋白 1（copper transporter 1，CTR1）的介导下以一种高亲和力的方式转运至胞内，与 CTR1 结合后，部分铜离子将通过细胞质、线粒体和高尔基体途径靶向形成不同的铜蛋白类。各种铜蛋白通过反面高尔基网（trans-Golgi network，TGN）上的铜转运蛋白质 α（ATP7A）或铜转运蛋白质 β（ATP7B）将铜离子分泌到细胞内。

在肠内细胞中，铜可以通过囊胚外侧膜上的 ATP7A 直接泵入血液，这些铜离子能够运输至肝脏，并以 CTR1 依赖的方式被肝细胞吸收。在肝细胞中，铜蓝蛋白（ceruloplasmin，CP）在反面高尔基网与铜离子合成和组装，并与结合的铜离子一起释放到血液。为了应对铜含量的升高，肝细胞中的 ATP7B 也从高尔基体转移到溶酶体，并将铜离子导入其管腔，ATP7B 与自噬受体蛋白 p62 合作触发胞外作用，将多余的铜释放入胆汁，然后排出体外。此外，也有观点认为，顶端膜上的 ATP7B 可直接将铜离子泵入胆汁，以便再循环或通过消化道排出。

体内铜主要通过跨浓度梯度保持动态平衡，以防止过多铜积累。然而，一旦该动态平衡被打破，机体生理功能便将受到损害。一方面，铜缺乏会影响铁的吸收，导致贫血。而且，缺铜会使人体内重要的酶活性降低，导致骨骼生成障碍，从而造成骨质疏松。此外，铜缺乏还会引发脱发症及白化病等，常见的白癜风与血清中缺少铜离子密切相关。也有研究发现，周围神经病变，非酒精性脂肪性肝病的发病机制与铜摄入不足有关。另一方面，过量的铜摄入或铜排泄障碍可通过自由基介导途径导致氧化组织损伤，产生显著的多脏器毒性作用。

2.2 铜的生理作用

2.2.1 构成含铜酶与铜结合蛋白的成分

人体中许多关键的酶都需要铜的参与才能活化。其中，铜主要用于酶的修饰基，如细胞色素 C 氧化酶和铜氧化酶等，并协助维持酶的结构完整性，从而确保体内正常的氧化还原反应。已知的含铜酶包括超氧化物歧化酶、亚铁氧化酶 I（即铜蓝蛋白）、硫氢基氧化酶、赖氨酸氧化酶和酪胺氧化酶等。铜结合蛋白主要有铜硫蛋白、白蛋白、转铜蛋白和凝血因子V等。

2.2.2 抗氧化作用

体内含铜蛋白如金属硫蛋白（metallothionein，MT）和铜锌超氧化物歧化酶（Cu/Zn-SOD）均具有较强的抗氧化作用。其中，Cu/Zn-SOD 是人体内的一种十分重要的生物活性物质，能有效清除新陈代谢过程所产生的自由基等有害物质，并将有害的超氧自由基转化为过氧化氢，随后被过氧化氢酶和过氧化物酶分解。

2.2.3 促进结缔组织形成

铜主要通过赖酰氧化酶促进结缔组织中胶原蛋白和弹性蛋白的交联，并以此构成强壮、柔软的结缔组织的基本单位。因此，铜在皮肤和骨骼的形成、骨矿化、心脏和血管系统的结缔组织完善中起着重要作用。

2.2.4 维护中枢神经系统

大量研究显示，铜参与多种中枢神经系统生理功能的调节。例如，含铜的细胞色素氧化酶能够促进髓鞘的形成。在脑组织中含铜的多巴胺 β 羟化酶可以催化多巴胺转变成去甲肾上腺素。重要的是，缺铜还被发现可导致脑组织萎缩，灰质和白质变性，神经元数量减少，导致精神发育停滞和运动障碍等不良结局。

2.2.5 其他作用

研究显示，铜参与铁的代谢和红细胞生成，从而维持正常的造血功能。

此外，铜还能促进正常黑色素形成及维护毛发正常结构等。

3. 铜与肠道微生物的关系

胃肠道是外源性铜蓄积的主要靶器官之一，因此铜暴露可能会对肠道组织和微生态环境产生直接影响。有研究显示，饮食摄入过量的铜不仅会导致未被吸收的铜在粪便中大量积聚，还可通过增加或抑制肠道内某些细菌的数量，导致肠道微生物区系优势菌改变，并进一步引发炎症反应等不利影响。

大量报道显示，铜可以改变肠道细菌的丰度和多样性。例如，水体中铜暴露引起鲤鱼幼体肠道微生物区系阿克曼氏菌丰度降低，乳杆菌、芽孢杆菌和反式葡萄球菌等短链脂肪酸产生菌的丰度显著下降，而假单胞菌和不动杆菌的丰度有所增加。而且，铜暴露还扰乱了与免疫相关的肠道微生物区系组成，从而增加了病原体入侵的风险。另有研究显示，当啮齿类动物暴露于高剂量铜时，盲肠微生物区系的细菌数量显著减少，棒状杆菌数量显著增加，同时显著改变肠道微生物的 β 多样性。类似效应在纳米级氧化铜暴露的动物中得以印证，纳米氧化铜颗粒暴露不但降低了肠道微生物区系的多样性，还增加了肠道中变形杆菌的丰度。

但也有报道提出截然不同的效应，即补充铜可通过降低潜在病原体肠杆菌、大肠杆菌和链球菌的相对丰度，从而改善动物的生长性能、饲料摄入量和矿物质吸收。添加结合型铜或无机铜（如硫酸铜）可以显著减少致病菌（如梭状芽孢杆菌、肠球菌）的数量。并且，铜源的不同溶解性和生物有效性可能会以不同的方式影响肠道微生物区系。如添加氧化铜比添加硫酸铜能更有效地减少链球菌科细菌数量，促进具有良好特性的消化链球菌科细菌生长。

由于铜在细胞内的积累可能会导致细菌中的蛋白质损伤和细胞损伤，因此铜除了改变肠道微生物的丰度，还能够对抗菌活性产生影响。然而，铜的抗菌性取决于其氧化还原状态，即在厌氧条件下，还原状态的亚铜比氧化型的铜具有更强的抗菌作用。值得注意是，铜的过度使用还可调节病原菌对其毒性的耐铜性，从而增强了这些病原菌的毒力。因此，过量的铜暴露可能会在各种致病细菌中诱导毒性和铜耐药性的发展。越来越多的证据显示，铜可能会改变肠道微生物区系和病原菌的抗药性，表明铜可能会促进和增加感染多重耐药细菌的风险。而且，饲料中添加含铜抗生素可能会促进抗生素耐药性的发展，因其与抗生素耐药基因和可移动遗传元件存在显著相关性。

4. 铜与肠道微生物相关疾病的关系

4.1 肝豆状核变性

肝豆状核变性（hepatolenticular degeneration），又称威尔逊病（Wilson disease，WD）是一种常染色体隐性遗传的铜代谢障碍性疾病。该疾病由 ATP7B 纯合或复合杂合突变引起。ATP7B 主要介导铜排入胆汁，并为血液中主要的铜运输蛋白——铜蓝蛋白合成提供铜。过量的非铜蓝蛋白结合的铜被释放到循环中，继而在其他组织中病理性堆积，特别是大脑，可能会导致某些神经症状和精神障碍。目前，青霉胺是治疗肝豆状核变性的首选药物，它是青霉素的代谢副产物，主要源于螯合铜的微生物群，因此肠道微生态可能有助于青霉胺的治疗作用。同时，也有研究表明，肝豆状核变性患者肠道微生物区系存在明显紊乱，主要表现为微生物生态系统中细菌密度的降低和多样性的丢失。此外，肝豆状核变性患者肠道微生物群中运输和代谢功能基团较健康志愿者明显减少，也进一步印证了其与肠道微生物群之间的紧密关联，提示肠道微生物区系失调可能是肝豆状核变性患者代谢紊乱的原因之一。基于此，目前有一些观点认为，粪便移植和微生物区系相关的代谢物有望用于预防或治疗肝豆状核变性。

4.2 恶性肿瘤

双硫仑（disulfiram，DSF）是新近从许多传统药物筛选中发现的一种抗肿瘤药物。双硫仑在体内可代谢为二噻碳威（diethyldithiocarbamate，DTC），并与 Cu^{2+} 结合形成 DTC-Cu 络合物（CuETs），通过阻断肿瘤细胞中废弃蛋白的降解途径抑制肿瘤的生长，并导致肿瘤细胞凋亡。有报道发现双硫仑 /Cu^{2+} 处理可导致肿瘤组织坏死区增大，而抗生素与双硫仑 /Cu^{2+} 协同作用可使肿瘤坏死面积明显增加。该研究还显示，双硫仑 /Cu^{2+} 促进了肿瘤小鼠肠道微生物区系的转化，而抗生素联合双硫仑 /Cu^{2+} 处理明显改变了肠道微生物组成，引起肠道益生菌阿克曼氏菌的丰度增加，降低条件致病菌弯曲杆菌、螺杆菌科和芽孢杆菌的相对丰度，从而显著抑制肿瘤生长。

4.3 炎症性肠病

研究显示，铜暴露组小鼠肠道的益生菌，如乳酸菌、双歧杆菌和肺杆菌的丰度明显降低，表明过量的铜破坏了肠道屏障，并通过肠道微生物区系紊乱而增加肠道通透性，从而引起炎症反应。在大鼠模型中，研究者还发现生命早期铜暴露后白藜芦科细菌的丰度显著增加，而产丁酸细菌乳螺科、瘤胃球菌和瘤胃杆菌的丰度则随着铜浓度的增加而降低，提示生命早期铜暴露可能导致肠道微生物区系失衡和功能障碍，导致肠道炎症，并进展为炎症性肠病。

4.4 孤独症谱系障碍

大量研究证实，孤独症谱系障碍患者和健康人的肠道菌群存在显著差异。重要的是，一项对中国孤独症儿童的微量元素和肠道微生物区系的分析结果显示，铜元素和拟杆菌属、副杆菌属、苏特氏菌属、乳螺旋菌属、芽孢杆菌属、嗜血杆菌属、乳球菌属、乳杆菌属和环状螺旋菌属的改变可能与孤独症谱系障碍的发生显著相关。但关于铜如何通过肠道微生物途径影响自孤独症谱系障碍的发生发展目前尚不明确。部分观点认为，铜可能通过抑制部分有益肠道细菌的增殖，经微生物－肠－脑轴途径导致孤独症谱系障碍。

第五节　镉元素与肠道微生物

1. 镉元素

镉是元素周期表第 48 号元素，位于第五周期ⅡB 族，化学符号为 Cd。镉是一种稀有金属元素，在自然界中广泛存在并主要分布于地壳表面。镉元素常以硫酸盐、氯化物、氧化物、碳酸盐等形式存在、分布在硫镉矿中，也有少量存在于锌矿。自然环境中的镉元素通常来源于人类常见的工业生产活动，如采矿、电镀、生产颜料、制造塑胶稳定剂、镍镉电池和电子产品制作等。其中，镉的最主要应用领域为镍镉电池行业。

镉不是人体必需元素，而是一种环境金属污染物，存在于土壤、水、海产品、蘑菇、可可粉等与人类密切接触的媒介。镉可以通过食物、水和空气等途径进入人体，其在体内生物半衰期较长，即使是低剂量的镉，也会在体内长期积累，导致一系列慢性疾病。WHO 将镉列为重点研究的食品污染物，国际癌症研究机构（International Agency for Research on Cancer，IARC）也将其归类为人类致癌物。

2. 镉的生物学效应

镉经消化道的吸收率与镉化合物的种类、摄入量及是否共同摄入其他金属有关。进入人体的镉，能在体内形成镉硫蛋白，通过血液循环到达全身，并有选择性地蓄积于肾、肝组织。其中，肾脏可蓄积吸收量的 1/3，是镉中毒的重要靶器官。此外，镉还能在肝、脾、胰、甲状腺、睾丸和毛发中蓄积。镉的排泄途径主要是粪便，也有少量从尿中排出。健康成年人的血镉含量很低，接触镉后会升高，但停止暴露后又可迅速恢复正常。

镉一般与含羟基、氨基、巯基的蛋白质分子结合，抑制机体酶系统，从而影响肝、肾器官中酶系统的正常功能。而且，镉还会损伤肾小管，导致尿糖、尿蛋白和氨基酸尿等临床症状，并使尿钙和尿酸的排出量增加。慢性镉中毒最典型的例子是日本著名的公害病——痛痛病，其主要致病机制是镉暴露抑制了维生素 D3 的活性，影响了十二指肠中钙结合蛋白的生成，导致骨骼的生长代谢受阻，破坏骨质上钙的正常沉积，从而造成骨骼疏松、萎缩、变形等。而且，缺钙还会提高肠道对镉的吸收率，进一步加重骨质软化和疏松。另有一种观点认为，镉暴露可影响骨胶原的正常代谢，当镉中毒后，镉取代了胶原蛋白和弹性蛋白形成过程中关键酶活性中心上的锌或铜，导致这些酶活性丢失。例如，赖氨酸氧化酶的活性中心是铜，是形成胶原纤维的基础，而当镉中毒发生时，酶活性中心的铜被镉取代，导致酶活性显著下降，进而影响胶原蛋白的形成。

3. 镉与肠道微生物的关系

肠道微生物被认为是介导镉毒性效应的重要作用靶点。研究发现，镉暴露可在科和属水平上引起肠道微生物发生特异性变化。镉不仅能明显抑制肠道微生物的生长速度，还可显著降低肠道细菌总数。有观点认为，镉暴露主要通过增加机体脂质代谢，干扰低密度脂蛋白的含量，从而导致肠道微生物群多样性降低和成分变化。

镉对哺乳动物肠道微生物的影响因暴露时间、剂量和受试对象等因素的不同存在明显差异。例如，有报道显示，镉暴露可以导致拟杆菌的生长受到明显抑制，而菌丝的生长没有受到影响，且镉可对乳杆菌和双歧杆菌等益生菌产生明显的抑制作用。在科水平上，随镉暴露剂量的增加，盲肠菌群的相对数量增加，而乳杆菌科的比例下降。此外，口服镉试验降低了大鼠肠道细菌多样性，并改变了非米氏杆菌与类杆菌的比例。但也有研究发现，镉暴露小鼠的粪便细菌变化并不明显。

镉暴露同样也会引起水生生物的肠道微生物改变。研究发现，鲤鱼暴露于不同浓度的镉时，梭菌的丰度随着镉浓度的增加而降低；在属水平上，鲤鱼肠道中以蜡样杆菌为主，镉暴露后肠道中蜡样杆菌和益生菌阿克曼氏菌的丰度下降，另一些耐镉细菌的比例在镉暴露后增加，如高浓度镉暴露会增加鲤鱼体内厚壁菌门的丰度，并与宿主的代谢紊乱密切相关。同样，暴露于含镉水溶液 30 天后，鲫鱼肠道微生物亦发生显著变化，随着镉暴露浓度的增加，气单胞菌数量显著减少，而气单胞菌可能对健康鱼类肠道的消化功能产生显著影响，并与肠炎的发生呈明显负相关，这表明镉暴露可能破坏了鱼类肠道的屏障功能。此外，镉暴露还影响中华大蟾蜍优势菌门的相对丰度，如变形杆菌、拟杆菌和细菌的相对丰度降低，而厚壁菌门丰度增加。镉摄入使产生丁酸盐的细菌数量减少，导致盲肠 pH 值增加和粪便中短链脂肪酸减少。镉暴露还会降低细菌与拟杆菌的比例，增加肿瘤坏死因子-α 并使参与短链脂肪酸细菌新陈代谢的基因发生改变。

肠道生物多样性发生改变的同时，镉暴露也会改变肠道细胞的通透性。体内研究表明，镉会导致体内组织器官的还原型谷胱甘肽耗竭，使基质内脂质过氧化物堆积，抑制超氧化物歧化酶活性，从而改变膜的通透性，使肠道细胞坏死。而且，镉暴露显著影响肠上皮细胞活性，并通过破坏紧密连接影响细胞旁的通透性。体外研究发现，镉暴露诱导了 HT-29 细胞单层紧密连接蛋白的不规则分布，显著降低了空肠和结肠中 ZO-1、ZO-2、occludin 和 claudin-1 的 mRNA 表达，并与肠道通透性增加导致血液内毒素水平升高密切相关。

长期接触镉可引起肠道组织学改变，表现为绒毛短而粗，且有一定的融合和坏死区。而肠道形态学的改变常伴随肠道中炎症因子的改变，如肿瘤坏死因子-α、干扰素-γ、白介素-17 和白介素-10 在蛋白质和 mRNA 水平上的显著增加，并使乳酸菌计数减少。此外，氯化镉处理还导致显著的绒毛损伤和炎症细胞渗入小鼠近端肠道固有层，并与巨噬细胞炎症蛋白-2 mRNA 表达增加有关。由此可见，镉不仅会直接引起肠道微生物群丰度和构成改变，还可能通过改变肠道通透性和破坏肠道组织形态，诱发炎症或应激反应间接破坏肠道微生态环境。

4. 镉与肠道微生物相关疾病的关系

4.1 炎症性肠病

沙门氏菌、单核细胞增多性乳杆菌和肠出血性大肠杆菌等肠道病原体是破坏肠道黏膜屏障的主要病原菌。已有研究证实，镉暴露可增加机体对沙门氏菌感染的易感性，并伴有杯状细胞丢失，表明镉极易破坏肠道黏膜屏障。与同等剂量的仅用鼠伤寒沙门氏菌处理的小鼠相比，染有鼠伤寒沙门氏菌的镉处理小鼠的死亡率显著增加，同时，镉暴露显著增加了鼠伤寒沙门氏菌的肝组织负荷。通常，鼠伤寒沙门氏菌感染仅引起一般病理变化，而镉暴露显著增加肠道炎症强度，肠组织明显出血，内毒素和肿瘤坏死因子-α 水平也明显升高。此外，镉暴露还可增加单核细胞增多性李斯特菌和肠出血性大肠杆菌感染的易感性。与同等剂量的单核细胞增多性李斯特菌和肠出血性大肠杆菌感染组相比，单核细胞增多性李斯特氏菌和肠出血性大肠杆菌感染的镉处理组小鼠的死亡率和体重减轻效应显著增加，并且摄入镉还显著增加了肝组织中单核细胞增多性李斯特菌或肠出血性肠炎的负担，增强了肠道炎症强度。

4.2 内毒素血症

内毒素血症是由于血中细菌或病灶内细菌释放出大量内毒素至血液，或输入大量内毒素污染的液体而引起的一种病理生理表现。脂多糖（LPS）是革兰氏阴性细菌细胞壁外壁的组成成分，其产生毒性是通过 LPS 在细菌周围形成一层保护屏障以逃避抗生素的作用，产生炎性细胞因子，引发内毒素血症、脓毒症等。已有研究发现，镉和内毒素毒性之间存在交互作用。一方面，镉与 LPS 联合暴露引起大鼠诱发脂质过氧化、亚硝酸盐应激和炎症反应，而且镉暴露会引起细菌种群及其相对丰度的显著变化，导致内毒素的产生，同时肠道通透性增加，干扰了LPS介导的信号转导通路，导致LPS水平升高和内毒素血症。另一方面，内毒素和镉之间的相互作用可能既有拮抗作用，也有协同作用，这取决于剂量和靶向过程。镉诱导的肠道通透性增加也可能导致细菌移位到组织中，细菌的进一步溶解可能与内毒素血症的加重有关。同时，随着镉引起的巨噬细胞炎症反应，细菌易位的增加可能会导致感染的易感性增加。此外，镉也会通过抑制炎症因子NF-κB途径扰乱巨噬细胞对内毒素的炎症反应，从而降低对感染剂的抵抗力。

4.3 阿尔茨海默病

阿尔茨海默病（Alzheimer's disease，AD）是一种常见的进行性神经退行性疾病。目前观点认为，载脂蛋白E4变异体（ApoE4）是阿尔茨海默病已知的高危遗传因素。研究发现，敲入ApoE4基因的雄性小鼠更容易受到镉的毒性影响，导致类似阿尔茨海默病的神经损害。重要的是，近来的一项研究首次发现，人体镉暴露后的肠道生物失调是由宿主ApoE4基因和性别共同调节的现象，并在携带人类ApoE4等位基因的雄性小鼠中发现了不同的肠道微生物标志物。而且，在ApoE4基因敲入的雄性小鼠中，低剂量和高剂量的镉均显著降低其肠道微生物产生的乳酸水平，而乳酸含量降低与阿尔茨海默病标志物β-淀粉样蛋白的产生以及神经元和少突胶质细胞数量的减少之间存在密切关联。

第六节　铅元素与肠道微生物

1. 铅元素

铅是人类较早冶炼并使用的金属之一，位于元素周期表第四周期ⅣA族，第82号元素，化学符号为Pb。铅是一种略带蓝色的银白色金属，自然界中存在很少量的天然铅，在地壳中含量较低，仅有 0.001 6%。铅具有熔点低、耐蚀性高、X 和 γ 射线等不易穿透、可塑性好等优点，因此铅的化合物及其合金被广泛应用于蓄电池、电缆护套、机械制造、船舶制造、轻工、氧化铅等行业。

铅是一种对人体危害极大的有毒重金属，是常见的工业和环境毒物，进入机体后对神经、造血、消化、肾脏、心血管和内分泌等多个系统均可造成损害。摄入铅过多还会引起铅中毒。人体内正常血铅水平为 <100 μg/L，体内约 5% 的铅储存于血液和软组织，95% 分布于如骨骼、牙齿等骨性组织。铅可残留在水果和蔬菜的表层皮、松花蛋、膨化食品和一些彩印包装的食物，以及常见的日用品如化妆品、染发剂、油漆、蜡笔和玩具。此外，来自于汽车的尾气中也含有铅。

2. 铅的生物学效应

2.1 铅在体内的代谢

铅主要是通过胃肠道、呼吸道和皮肤 3 种途径进入人体。其中约有 90% 的铅来自于食品摄入。铅在体内分布有 3 种模式，即血液、软组织和骨组织，其中血液和软组织为交换池，骨组织为储存池。交换池中的铅经过 25~35 天转移至储存池中，以不溶性的磷酸盐形式沉积于骨骼。储存池中的铅与交换池中的铅维持着相对动态平衡。此外，铅也有 3 条途径可排出体外，约 2/3 的铅经肾脏随小便排出，剩余的 1/3 通过胆汁分泌排入肠腔，然后随大便排出，另有极少量的铅通过头发及指甲脱落排出体外。

2.2 铅对神经系统的影响

大量研究显示，过量的铅会对机体各个系统造成损害。神经系统是铅最敏感和最主要的靶器官，主要受累中枢神经系统和周围神经系统。其中，铅对周围神经系统的影响在成人中更加明显，表现为铅中毒后视觉运动功能、记忆和反应功能受损、语言和空间抽象能力、感觉和行为功能改变，出现疲劳、失眠、烦躁、头痛及多动等临床症状。而铅对儿童的影响主要集中于中枢神经系统。铅暴露可使儿童脑组织产生细胞水肿、出血、脱髓鞘变性、海马结构萎缩等病理改变，引起谵妄、抽搐、昏迷等前性脑病症状，严重者可出现癫痫或留下严重后遗症甚至死亡。并且，长期低水平的铅暴露还会损害神经网络的早期形成和后期成熟，该影响往往发生在中枢神经系统发育的三个环节，即脑细胞的增殖、神经纤维的延伸和突触的形成，其中突触的形成模式与学习能力有关，这也是铅暴露儿童出现学习认知功能障碍的主要原因之一。

2.3 铅对消化系统的影响

胃肠道是机体摄入铅的主要途径，也是铅吸收的主要器官。铅暴露可直接作用于平滑肌，抑制其自主运动，并使其张力增高引起腹痛、腹泻、便秘和消化不良等胃肠功能紊乱。除此之外，铅也有明显的肝脏毒性，通常在急性铅中毒时，肝功能、氧化酶系及细胞色素 P450 的水平呈现明显下降，从而进一步引发肝脏正常解毒功能受损，出现组织病理学的改变等。

2.4 铅对造血系统的影响

铅主要通过抑制血红素合成途径中的各种关键酶来抑制血红蛋白的合成，从而直接影响造血系统。而且，铅还会增加细胞膜的脆性，进而缩短循环中红细胞的寿命。上述两个病理生理过程的综合后果都将导致贫血的发生。目前研究认为，铅通过下调参与血红素合成的三种关键酶，以剂量依赖的方式显著影响血红素合成途径，主要包括 δ– 氨基乙酰丙酸脱水酶（ALAD）、催化 δ– 氨基乙酰丙酸（ALA）形成胆色素原的胞浆酶、氨基乙酰丙酸合成酶（ALAS）、催化氨基乙酰丙酸形成的线粒体酶以及催化铁插入原卟啉形成血红素的线粒体酶铁络合酶。

2.5 铅对生殖系统的影响

铅具有明显的生殖毒性、胚胎毒性和致畸作用。大量研究显示，即便是低水平的铅暴露也可影响宫内胎儿的生长发育过程，造成畸形、早产和低出生体重等危害。而且，铅对男性和女性的生殖力均可造成不良影响。其中，男性出现的主要症状包括性欲下降、精子生成异常、精子活力和数量减少、染色体损伤、前列腺功能异常和血清睾酮变化等；女性则容易发生不孕、流产、胎膜早破、先兆子痫、妊娠高血压综合征和早产等不良妊娠结局。

2.6 铅对心血管系统的影响

研究发现，血管疾病与机体铅负荷增加密切相关。铅中毒患者主动脉、冠状动脉、肾动脉及脑动脉均可出现变性，而且在因铅中毒死亡的儿童中亦发现有心肌变性。此外，铅中毒能导致细胞内钙离子的过量聚集，促使血管平滑肌的紧张性和张力增加，引起高血压与心律失常。流行病学调查显示，低水平的铅暴露会导致缺血性冠心病等心血管系统疾病的患病风险显著升高。

2.7 铅对其他系统的影响

铅可作用于淋巴细胞，使机体对内毒素的易感性增加，抵抗力降低，引起呼吸道、肠道反复感染。而且，铅还能够抑制维生素 D 活化酶、肾上腺皮质激素与生长激素的分泌，导致儿童体格发育障碍。人体内铅大部分沉积于骨骼，通过影响维生素 D3 的合成，抑制钙的吸收，并作用于成骨细胞和破骨细胞，引起骨代谢紊乱，诱发骨质疏松。

3. 铅与肠道微生物的关系

研究表明，铅暴露不仅改变肠道菌群组成和多样性，还能影响其相关组织形态和代谢功能。一方面，铅暴露可直接导致肠道局部氧化应激和炎症，引起明显的肠道形态改变。另一方面，铅暴露还能损伤肠道上皮细胞的紧密连接功能，扰乱肠道黏蛋白的合成和分泌，最终破坏肠道屏障，影响肠道正常代谢功能。

铅暴露对肠道微生物群有很强的干扰作用，会显著降低肠道微生物多样性。例如，有报道发现长期口服不同剂量的铅 15 周后会导致小鼠肠道微生物群的失调和代谢紊乱。有趣的是，小鼠在慢性铅暴露后，在门水平上，盲肠内容物中拟杆菌门和厚壁菌门的相对丰度下降，而变形菌门或放线菌门的相对丰度不变，粪便中的厚壁菌门丰度显著降低，与盲肠内容物不同的是，粪便中拟杆菌门水平有所增加；在属水平上，盲肠内容物中副杆菌的水平显著增加，而脱盐杆菌水平下降。即便给予小鼠 3 天急性的铅暴露同样会引起肠道微生物的相对丰度改变，如出现罗尔斯通菌属、粪芽孢菌属、节肢假丝酵母菌、粪球菌属和颤螺菌属明显下降和乳杆菌相对丰度增加。但在模式生物果蝇中却发现了截然不同的现象，铅暴露促使乳杆菌显著减少。成年斑马鱼在铅暴露1周后，肠道黏液分泌显著增加，肠道中约有30种微生物发生了变化，其中变形菌门和梭杆菌门水平下降，厚壁菌门和拟杆菌丰度明显上升。而且，慢性铅暴露也引起了肠道内短链脂肪酸的代谢紊乱，主要表现为异丁酸水平的显著升高，以及如瘤胃球菌、拟杆菌属和颤螺菌属等具有产单链脂肪酸能力细菌的丰度发生改变。

人群实验发现，子宫内和出生后的铅水平主要与 5 种肠道微生物属显著相关，分别是念珠菌属、马拉色菌属、青霉菌属、酵母菌属和曲霉属。即第二和第三孕期牙齿铅水平较高与 1 月龄时念珠菌丰度显著降低相关；第二孕期和出生后铅水平与 1 月龄曲霉菌丰度呈负相关；出生后铅水平与 6 个月龄时青霉菌的丰度呈负相关；孕中期和出生后较高的牙齿铅水平与 1 月龄和 6 月龄的马拉色菌丰度显著相关；孕中期较高的牙齿铅水平与 1 个月龄的酵母菌丰度显著相关。

铅暴露条件下，肠道微生物群的某些代谢功能还可能与特定的细菌密切相关，如双歧杆菌和乳杆菌。这两种菌具有良好的铅结合和抗性能力以及缓解铅毒性的能力，在维持宿主健康方面发挥着重要作用。而且，已有研究发现，采用植物乳杆菌或凝结芽孢杆菌等益生菌可有效减轻铅的健康损害效应。

根据肠道微生物区系的预测功能谱，铅暴露以剂量依赖的方式调节氨基酸代谢、核苷酸代谢、细胞凋亡、外源物质代谢和毒物降解等途径。这些铅暴露的毒性效应会进一步破坏肠道屏障功能，增加肠道通透性，从而为铅从腔室渗透到循环系统提供异常的跨细胞和旁细胞途径。正常的肠道屏障功能对抑制肠道铅吸收具有十分重要的意义。也有研究显示，口服铅暴露会损害小鼠肠道紧密连接蛋白的功能，如引起紧密连接蛋白 occludin 和 ZO-1 表达显著降低，导致肠道微生物区系失调，并引发肠道炎症。并且，在 HT-29 细胞中也观察到了同样的变化。紧密连接蛋白 occludin 水平的降低可能有以下 3 个方面的原因，一是铅暴露后细胞质中 occludin 在葡萄糖调节蛋白 78（GRP78）的协助下激活细胞内非受体蛋白酪氨酸激酶 Src，导致 occludin 过度磷酸化；二是铅显著调节胆汁代谢，并激活参与这些紧密连接蛋白正常表达的胞外调节蛋白激酶（ERK1/2）依赖的信号转导；三是炎性细胞因子如肿瘤坏死因子 -α、白细胞介素 -6 等的升高，进一步增加了紧密连接的通透性。

4. 铅与肠道微生物相关疾病的关系

4.1 炎症性肠病

肠黏膜屏障功能障碍与炎症性肠病的发生发展密切相关。研究发现，铅暴露对动物和人体肠黏膜屏障组成成分具有明显的毒性效应，可引起肠黏膜屏障功能障碍。铅暴露人群肠道微生物 α 多样性、β 多样性和丰度与尿铅水平的增加显著相关，且尿铅与变形杆菌的定殖显著增加有关。肠道微生物群组成的紊乱可能通过影响短链脂肪酸的生成、免疫反应、脂质代谢和胆汁酸代谢，从而引起紧密连接蛋白的表达下降和肠上皮细胞组织结构损伤。铅暴露还可引起肠上皮细胞核染色质聚集、线粒体肿胀和嵴断裂等组织结构损伤，下调紧密连接蛋白的表达并干扰其分布，引起促炎症相关基因的表达改变，最终引起肠道上皮组织损伤和肠道炎症。此外，铅暴露还可能通过损伤肠黏膜屏障，引起细菌内毒素释放入血，诱导外周血炎症性应答的发生，给肠道健康带来不利影响。由此可见，铅可能是诱发炎症性肠病的高危暴露因素。

4.2 脂肪肝

脂肪肝是指由于各种原因引起的肝细胞内脂肪堆积过多的病变，是一种常见的肝脏病理改变。研究表明，小鼠暴露于0.1 mg/L 铅 15 周后会增加肝脏甘油三酯和总胆固醇水平。在成年雄性斑马鱼中，铅暴露 7 天后也会引起上述变化。最近的一项研究表明，铅暴露的小鼠模型可发生肝脏脂肪变性。铅不仅会导致肝脏脂肪变性，还会导致全身脂质代谢异常。铅暴露的小鼠模型（2.2 mg/kg，2 个月）和铅暴露的日本鹌鹑模型（250 ppm，49 天）均会引发肝脏脂肪变性和脂代谢紊乱。其中，短链脂肪酸水平降低和次级胆汁酸代谢异常被认为是慢性铅暴露所致脂肪肝的重要原因之一。而短链脂肪酸的主要来源恰恰是肠道微生物。因此，慢性铅暴露所致的脂肪肝可能与其诱发的肠道微生物紊乱有关。部分研究亦证实，靶向干预附球菌和环状螺旋菌可能是治疗慢性铅暴露所致脂肪性肝病的新策略。

4.3 神经功能障碍

环境中铅暴露的不良影响主要损害神经系统。铅引起的神经毒性主要涉及神经元功能障碍、信号转导改变和行为障碍。大脑某些部分的进行性退化可能是铅暴露的直接后果，主要症状包括迟钝、易怒、注意力不集中、头痛、肌肉震颤、记忆力丧失和幻觉等。极高浓度铅暴露时会出现更严重的表现，包括精神错乱、缺乏协调性、抽搐、瘫痪、昏迷和共济失调。既往研究显示，即便低水平的铅暴露也会显著影响儿童的智商以及行为、注意力。而且，胎儿和幼儿尤其容易受到铅对神经系统的影响，如铅暴露引起周围神经病变、神经运动功能减弱、肌无力等。还有研究发现，铅暴露后小鼠脑组织中乙酰胆碱酯酶（acetylcholinesterase，AChE）活性明显降低，在给予绿原酸处理后，脑组织 AChE 活性显著增强，并且对铅引起的肠道微生物区系组成变化有显著的逆转作用，使螺杆菌比例从 2.95% 提高到 11.24%，毛螺菌科比例从 7.09% 降低到 2.68%，还可显著提高铅暴露小鼠血清中醋酸、丙酸和丁酸等短链脂肪酸的浓度。这些结果充分表明，绿原酸对铅暴露的小鼠具有神经保护作用，而这种保护作用很可能与肠道微生物群多样性的改变密切相关。

第七节　砷元素与肠道微生物

1. 砷元素

砷（As）是环境中一种普遍存在的类金属元素，位于化学元素周期表中第四周期Ⅴ A 族。砷元素是地壳的构成元素，并在自然界中广泛分布于岩石、土壤和水环境。砷主要以硫化物矿的形式（如雄黄 As_4S_4，雌黄 As_2S_3 等）存在于自然界，单质则以灰砷、黑砷和黄砷三种同素异形体存在。砷可分为有机砷和无机砷，均存在三价和五价两种价态，在生物体内砷价态可互相转变，其中三价砷的毒性较五价砷高。砷及其化合物主要用于合金冶炼、农药医药、颜料制造等工业，还常作为杂质存在于原料、废渣、半成品及成品。在上述涉及砷的作业中，如防护不当吸入含砷空气或摄入被砷污染的食物或水，均可诱发急、慢性砷中毒。砷可以经呼吸道、消化道和皮肤吸收进入人体。正常成人体内砷总量为 15~20 mg，主要分布在头发、指甲、骨骼和皮肤。摄入体内的砷可进入血液，再经循环系统运输至全身各组织，并主要随尿液排出。

2. 砷的生物学功能

研究表明，适量的砷有助于血红蛋白的合成，能够促进机体的生长发育。而且，砷还能参与蛋白质的代谢，影响人体血清碱性磷酸酶和 γ- 谷氨酸转移肽酶等酶活性，从而抑制皮肤老化，增强免疫力等。动物实验也显示，砷缺乏会抑制生长并引起生殖功能异常。然而，目前对砷的研究主要集中在其健康危害效应，原因是随着环境污染的加重，人体所摄入的砷已经远超正常生理含量，砷的过量摄入会严重危害人类健康，损害皮肤、呼吸、消化、泌尿、心血管、神经、造血等多个系统。

2.1 砷的致癌性

砷是国际癌症研究机构明确的致癌物。流行病学研究表明，砷的甲基化活性较高与皮肤癌等皮肤病风险增加有关。慢性砷中毒能够引起皮肤损害，其中皮肤色素沉着和色素缺失多出现在皮肤皱褶处；皮肤角化过度和皲裂则以手掌和足跖部为主，皮肤角化、皲裂处易形成溃疡，合并感染，甚至演化为皮肤癌。凡饮水砷含量在 50 μg/L 以上，患肺癌、皮肤癌和泌尿系统癌症的风险显著增加。国外的一项流行病学调查发现，慢性砷暴露与多种不同癌症发生之间存在剂量依赖关系，而且即便脱离高砷暴露，膀胱癌和肺癌的风险增加还将持续至少 30 年。

2.2 砷对神经系统的影响

急性砷中毒临床表现最初主要为恶心、呕吐、腹痛和严重腹泻等症状，随着砷毒性不断蓄积，可进一步发生脑病和周围神经病。与急性砷中毒相似，慢性砷中毒同样能够引起的神经病变，其造成的神经损害一般需要长达数年时间才能恢复，且很少能完全康复。值得注意的是，急慢性砷中毒均被发现能够引起儿童如孤独症谱系障碍等一系列神经行为异常，这可能与儿童处于发育期间的神经系统更容易受损有关。除中枢神经系统功能障碍外，肢体感觉异常也是砷暴露的常见症状，在某些情况下甚至可能发展为广泛性多发性神经病。研究表明，砷暴露对神经系统的损害机制主要包括直接损伤神经元、破坏神经递质的合成与释放、损伤脑血管内皮和线粒体结构破坏等。同时，砷暴露还可干扰谷氨酸的运输，影响胆碱能受体表达，并降低多巴胺含量等。

2.3 砷对心血管系统的影响

长期砷暴露可严重损害心血管系统，导致血管一氧化氮合成减少，引发内皮功能障碍，促进动脉粥样硬化形成。同时，砷还可促使血小板聚集、灭活一氧化氮合酶，并上调白细胞介素 -1、肿瘤坏死因子 -α、血管内皮生长因子和血管细胞黏附分子的表达，并进一步促使动脉粥样硬化的发生和发展。

2.4 砷对生殖系统的影响

砷可通过胎盘。已有研究发现，脐带血中的砷浓度和母体砷浓度基本一致。一项妊娠末期孕妇服用砷的个案报道，对分娩后 12 小时内死亡的尸体进行解剖发现其肺泡出血，并且脑组织、肝脏组织和肾脏组织中砷浓度极高。另一项针对铜精炼厂工作或居住在工厂附近妇女的流行病学调查发现，这些妇女体内砷浓度显著升高，且发生流产及生产先天畸形儿的概率较高，是健康人群的 2 倍，而多次生产皆分娩先天畸形儿的概率是一般妇女的 5 倍。但由于这些妇女共同暴露于砷、铅、镉、二氧化硫等环境污染物，因此不能排除其他化学物质对研究结果的影响。中国科学院城市环境研究所的一项报道显示，在日常生活环境中，低剂量砷暴露可能影响男性精子质量，造成男性不育，说明砷暴露与男性生殖功能受损之间亦存在显著关联。

2.5 砷对造血系统的影响

急性和慢性砷暴露均可影响造血系统，引起骨髓造血功能抑制和全血细胞数量下降，主要表现为白细胞、红细胞、血小板数量下降，其中红细胞体积可能正常或较大，还可能出现嗜碱性斑点，但嗜酸性粒细胞数量呈明显上升。

3. 砷与肠道微生物的关系

3.1 肠道微生物改变砷的形态及抗砷作用

肠道微生物在机体砷代谢中发挥十分重要的作用，可诱导砷硫醇化和甲基化。有研究利用体外模型观察人体肠道微生物对砷生物代谢的影响，并在模型中发现各种有机砷的形成，说明肠道微生物可以将砷代谢为甲基化砷和甲基化硫代砷。也有报道发现，类杆菌属、梭状芽孢杆菌属和泽泻属等菌属，均具有甲基化砷的功能。

普通类杆菌通常有一个由 8 个连续基因组成的抗砷操纵子，具有三价砷响应转录抑制因子和无机砷解毒的功能。同样，泽泻杆菌和嗜银杆菌的含量可与三价无机砷、五价无机砷和总砷的形成呈正相关，表明这些菌种具有较高的抗砷能力。此外，脱铁杆菌和约翰逊乳杆菌也被证明携带砷抗性基因。此外，有研究发现，抗砷细菌或砷危害修复细菌能转变为优势细菌，可作为网络模块的核心细菌；一些微生物的砷转化基因（arsC、arsR、arsA、acr3 和 aoxB）存在差异，表明肠道微生物群发生了变化，用以抵御砷危害。

除此之外，研究发现肠道微生物可能有助于粪便砷排泄和解毒。例如，双歧杆菌和乳酸杆菌可用于缓解砷中毒，诱导某些微生物和宿主基因之间的交互作用以减轻砷对机体的负面影响。国外一项研究结果显示，微生物群保护小鼠免受砷诱导的死亡，微生物组的紊乱或缺失都会增加宿主砷的生物积累和毒性。还有报道显示，急性砷暴露期间，在动物体观察到的第一反应是防御反应，其特征是含有抗砷基因的细菌数量增加，抑或是参与砷解毒机制的细菌数量增加。

3.2 砷改变肠道微生物的组成

肠道微生物已被证明在砷暴露所致的多种疾病中发挥重要作用。一方面，砷暴露会显著改变肠道微生物结构，减少其多样性，并扰乱碳水化合物代谢和短链脂肪酸合成等过程，从而对宿主产生诸多不利影响。另一方面，砷暴露会破坏肠道微生物组成，并改变可能影响宿主代谢的重要微生物功能途径，如碳水化合物代谢（特别是丙酮酸发酵）、短链脂肪酸合成和淀粉利用。而且，砷暴露的小鼠总砷负荷和尿液中砷水平显著增加，粪便砷含量明显降低，表明肠道微生物在宿主砷负荷及生物转化中发挥重要作用，肠道微生物极有可能限制砷的吸收。此外，小鼠砷暴露还可引起结肠微生物种群、代谢表型以及组织和血清中砷代谢物水平的变化。给予小鼠雌黄（As_2S_3）后，肠道微生物群原有结构发生显著改变，保护性细菌如乳酸菌属等丰度明显减少，从而导致炎症的易感性。低剂量砷会促使抗炎性细菌如紫单胞菌属、瘤胃球菌属和粘放线菌属等增多，以抵消菌群失调造成的轻度炎症。反之，高剂量的砷则导致菌群紊乱，引起变形菌门数量增多，加剧肠道炎症，继而诱发水肿等病理反应。相似的现象也发生在其他动物模型中，例如砷暴露可引起大鼠肠道损伤、肝脏炎性细胞浸润和囊泡脂肪变性；砷暴露的鸭子肠道微生物群落也可表现出显著的 α 多样性降低和细菌组成改变。并且，砷对肠道病原菌丰度的影响及损伤效应具有明显的剂量 / 时间依赖效应，同时砷暴露还可相应引起微生物砷转化基因的表达发生剂量 / 时间依赖性增加。然而，目前关于砷和肠道微生物的研究多采用饮水方式暴露，这可能会导致研究结果受到剂量、时间、砷的价态及形式等多种因素的影响。此外，也有一些研究发现，肠道致病菌与砷浓度的增加呈正相关，而共生肠道细菌则与砷浓度的增加呈负相关。

4. 砷与肠道微生物相关疾病的关系

4.1 结肠癌

砷极易改变肠道微生物的组成，而肠道微生物失调与多类疾病有关，其中以肠道肿瘤最为常见。研究显示，砷暴露引起肠道微生物组高度改变和含核苷酸多胺蛋白 2（NOD2）显著消耗，树突细胞（CD11a、CD103、CX3CR1）和巨噬细胞（F4/80）数量增加，炎症细胞因子（TNF-α、IFN-γ、IL-17）和消耗的抗炎细胞因子（IL-10）增加以及结肠癌标志物 β- 连环蛋白增加。慢性砷暴露还会使 NOD2 的含量显著下降，NOD2 的耗竭可能允许细菌直接与肠道树突状细胞接触，从而扰乱免疫系统，导致炎性细胞因子的分泌，最终导致结肠癌标志物的激活。

4.2 肝细胞癌

肝脏是机体内砷代谢的主要器官。研究表明，与常规饲养的小鼠相比，肠道微生物紊乱的小鼠尿总砷水平显著升高，尿中甲基砷酸 / 二甲基砷酸的比例、砷代谢和毒性的生物标志物明显增加，但粪便总砷水平降低。重要的是，砷暴露还会改变抑癌基因 p53 信号通路基因的表达，并且肠道微生物紊乱的小鼠肝脏 S- 腺苷甲硫氨酸（S-adenosyl-methionine，SAM）水平显著降低，与肝细胞癌相关的多个基因的表达也发生改变。由此可见，肠道微生物紊乱会增加砷的毒性作用，并可能增加砷诱发小鼠肝细胞癌的风险。

4.3 心血管疾病

砷暴露和肠道微生物相关心血管疾病的发生密切相关。研究发现，气单胞菌科和柠檬酸杆菌属与颈动脉内膜中层厚度（carotid intima-media thickness，IMT）存在显著关联，并且柠檬酸杆菌和饮水砷含量呈现明显的相关性，表明肠道微生物可能在动脉粥样硬化的发生发展中扮演重要角色，尤其是在砷暴露水平较高的个体中。也有研究结果显示，无机砷和氟化物联合暴露对大鼠肠道微生物和心血管不良效应的影响更为显著，而且微生物的改变与心功能指数之间存在强相关性，提示肠道微生物紊乱可能是无机砷和氟化物协同诱发不良心血管效应的重要机制。因此，基于肠道微生物探寻无机砷和氟化物相关心血管疾病标志物可能具有广阔的应用前景。

第八节　镍元素与肠道微生物

1. 镍元素

镍是元素周期表第 28 号元素，位于第四周期第Ⅷ族，元素符号 Ni，它是人体所必需的生命元素，在通常情况下以二价氧化态（Ni^{2+}）存在于环境和生物系统。镍资源储量十分丰富，镍在地球中含量仅次于硅、氧、铁、镁，居第 5 位。镍在人类物质文明发展过程中发挥着十分重要的作用。早在公元前 235 年，我国就开始使用镍矿物制造硬币。公元前 200 年，我国相继发明和使用了白铜，即铜镍合金。1751 年，瑞典科学家亚历克斯・弗莱切尔・克朗斯汀（Alex Fredrik Cronstedt）研究红砷镍矿（NiAs）时，提取并分离出了一种新的金属，并于 1754 年宣布并命名为镍（nickel）。镍的吸收部位主要在小肠，吸收率不高，吸收后经粪便排泄，少量从尿液排出。体内的镍可广泛分布于骨骼、肺、肝、肾、皮肤等器官。

镍的来源十分广泛，尤其是植物性食品中镍的含量比动物性食品高，如丝瓜、蘑菇、茄子、洋葱、竹笋、海带等；动物性食品中的肉类和海产类镍含量较高，如鸡肉、羊肉、牛肉、鲫鱼、黄鱼、虾等。人类每天的镍需要量估计在 5~50 μg，但从未有镍缺乏报道，因为通过食物摄入的镍已经超过了需要量。摄入过多的镍产生一系列的健康危害。研究发现，氧化镍、硫酸镍和羰基镍等是多器官毒物，可累及机体多种重要器官，导致各种各样的毒效应。流行病学调查发现，镍开采、冶炼和炼油厂工人患肺癌和鼻癌的风险显著增加。在高等动物中已知镍的几种显著毒性作用分别是过敏、致癌以及心血管和肾脏疾病。高镍暴露环境中，女性生育能力降低，易导致胎儿畸形和基因突变，代谢综合征患病率上升，同时糖尿病和高血压的患病比例也出现明显增加。

金属镍几乎没有急性毒性，一般的镍盐毒性也较低，但羰基镍却能产生很强的毒性。羰基镍以蒸气形式由呼吸道迅速吸收，也能由皮肤少量吸收，前者是作业环境中毒物侵入人体的主要途径。羰基镍在低浓度时人有不适感，在浓度为 3.5 $\mu g/m^3$ 时能明显闻到有如灯烟的臭味。吸收羰基镍后会引起急性中毒，10 分钟左右就会出现初期症状，如头晕、头疼、步态不稳，时有恶心、呕吐、胸闷；在接触 12~36 小时后再次出现恶心、呕吐、高烧、呼吸困难、胸部疼痛等后期症状。接触高浓度羰基镍时甚至可发生急性化学肺炎，最终因肺水肿和呼吸道循环衰竭而死亡。人接触致死量后，常在 4~11 天内死亡。另有报道镍中毒的特有症状主要是皮肤炎、呼吸器官障碍及呼吸道癌。

2. 镍的生物学功能

镍为三大铁系元素（其余两种为铁和铬）之一，它们之间有着类似的作用，既相互协调，又相互制约。人体所需的镍并不多，但是在人体内的作用不可忽视，是维持健康不可或缺的营养元素。但需要注意的是，孕妇以及对镍过敏的人应尽可能避免接触镍，否则会影响胎儿和自身健康。

目前，人们对镍的了解还不够全面，但就已知的来讲，镍的生理功能为促进人体对同系元素铁的吸收和利用，同时增强红细胞的造血功能，可预防缺铁性贫血；镍还能促进胰岛素分泌，调节体内血糖含量，保证心血管系统功能正常运行。此外，镍也能够提高机体免疫力，对 DNA 和 RNA 的合成有一定积极的影响。

2.1 镍对造血功能的影响

镍能促进红细胞再生，具有刺激造血功能的作用。长期接触镍及其化合物的工人，血常规检查发现红细胞计数偏高。镍在铁的吸收过程中起重要的协同作用，能明显提高铁的吸收，这是因为镍可使三价铁转化为二价铁，从而促进铁的吸收利用，以便参与血红蛋白的生成及细胞色素和各种酶的合成。早在 20 世纪 70 年代，国外的研究就发现，饮食中镍的摄入量不足会减缓生长，降低大鼠血液中的红细胞计数、红细胞比容和血红蛋白水平，镍的摄入量会影响身体各器官中铁、铜和锌的含量，并对铁的吸收产生影响。而且，镍会影响维生素 B12 和叶酸的代谢，从而影响造血过程。有研究发现，孕妇的镍含量与红细胞参数以及血清维生素 B12 和叶酸浓度存在明显相关性。同样，镍与机体蛋氨酸－叶酸循环、铁稳态和细菌合成维生素 B12 相关。最近的一项研究表明，饮食中的镍和叶酸相互作用，影响大鼠的叶酸和蛋氨酸代谢。生理条件下，镍可以影响 5- 甲基四氢叶酸（MTHF）、四氢叶酸（THF）或其他叶酸辅酶的浓度，也可能直接作用于蛋氨酸合成酶（methionine synthase，MS）、亚甲基四氢叶酸还原酶或其他参与叶酸代谢的酶。此外，镍与维生素 B12 在刺激红细胞生成方面也具有协同作用，并参与调节蛋氨酸循环，从而抑制同型半胱氨酸的产生，因此，镍可以减轻氰钴胺缺乏的症状，包括高同型半胱氨酸血症。

2.2 镍对免疫系统的影响

镍可以通过 T 细胞的特异性激活提高机体免疫力。镍激活免疫反应过程中主要涉及 T 细胞受体（T cell receptor，TCR）与呈现结合抗原的主要组织相容性复合体（major histocompatibility complex，MHC）的相互作用。已有研究表明，镍可逆地与 MHC Ⅱ结合，刺激 T 辅助细胞，进而促进 B 淋巴细胞产生抗体。镍与 MHC Ⅱ的结合和 T 细胞的刺激通常需要额外的 MHC 结合肽的存在。然而据报道，在没有与 MHC 结合的多肽的情况下，镍诱导了 TCR 和 MHC 之间的交联。除了 T 细胞驱动的免疫，镍还通过释放非特异性细胞因子来激活先天免疫反应。免疫级联的激活始于镍与 Toll 样受体 4（Recombinant Toll Like Receptor4，TLR4）的相互作用。TLR4 是一种存在于巨噬细胞、成纤维细胞和树突状细胞质膜上的蛋白质。镍直接与 TLR4 结合并诱导其二聚化，导致其与辅助受体 MD2 相互作用，随后通过 NF-κB 和 MAPK 等通路激活细胞因子合成的信号转导。

2.3 镍对内分泌系统的影响

镍能干扰脑垂体功能，使肾上腺皮质功能低下，甲状腺结合碘的功能降低，从而影响内分泌系统。镍也能干扰组织代谢，使肝、肾、睾丸、肾上腺等组织变性、肺防御功能降低，进而抑制生长。此外，二价镍盐还能抑制抗体、干扰素的合成和活性。另有研究表明，镍在一定浓度范围内可直接刺激卵泡颗粒细胞和肾上腺皮质细胞的内分泌功能。

2.4 镍对 DNA、RNA 及分子构象的影响

镍接触可能会特异性地调节基因表达，既可以模拟缺氧，也可以诱导趋化因子和细胞因子。镍能与 DNA 中的磷酸酯结合，稳定 DNA 的双螺旋结构，从而影响 DNA 合成、RNA 复制及蛋白质合成。除此之外，动物实验证明，缺镍可使肝细胞中的固缩核和线粒体发生肿胀，导致超微结构异常。另有一些研究提示，镍在维持大分子结构稳定性、膜稳定性和细胞的超微结构方面有重要作用。

此外，镍可作为神经镇静剂治疗头痛、神经痛和失眠。并且，镍能缓解肺心病、哮喘及心肺功能不全患者的相关症状。

3. 镍与肠道微生物的关系

3.1 镍是肠道微生物的营养素

肠道微生物群的改变是一些疾病产生的原因。对一些微生物来说，镍是其重要的营养素，而对另外一些微生物而言，镍却是外源性毒物，这也是不同组学研究之间肠道微生物群存在明显差异的原因。通过比较基因组学分析，人们发现很多菌都将镍作为一种重要的金属元素，如拟杆菌门下的梭菌纲的38种菌中有28种以镍作为营养素；硬壁菌门下的30种菌中有6种依赖镍作为营养素。此外，肠道微生物群变化和酶的活性密切相关，且一些酶的活性与含镍的分子密切相关。也有观点认为，镍的二价阳离子是细菌必不可少的营养物质，肠道细菌需要纳摩尔浓度的微量金属元素，但微摩尔或毫摩尔浓度的镍对肠道细菌则产生毒性效应。

3.2 镍破坏肠道微生物多样性

镍暴露可以改变共生肠道微生物区系的平衡。例如，相关研究测定口服镍后小鼠肠道微生物群落组成和丰度信息，发现口服镍后小鼠肠道微生物群落结构发生了变化。同样，通过灌胃暴露镍可以显著改变肠道微生物区系组成，并表现出明显的剂量依赖性，特别是肠杆菌家族和变形杆菌门。

有学者使用氯化镍（$NiCl_2$）对肉鸡进行实验，发现日粮中添加 $NiCl_2$ 会减少包括双歧杆菌、乳杆菌在内的分类微生物区系的数量，增加大肠杆菌、肠球菌的数量，抑制肠道发育，降低细胞因子表达水平，增加细胞凋亡，并降低回肠和盲肠中的微生物多样性。其可能机制主要是镍取代金属蛋白的基本金属、镍与非金属酶的催化残基结合、镍与酶的催化部位外的结合以变构方式抑制其酶活性，并间接造成氧化应激和各种组织中自由基的产生。有研究评估了单独或联合口服适当益生菌的低镍饮食对系统性镍过敏综合征患者镍敏感性和尿菌群失调标志物的影响，结果发现，与健康受试者相比，SNAS 患者的微生物区系的组成和功能发生了变化，表现为有益微生物（乳杆菌和双歧杆菌）数量的锐减、潜在有害微生物的扩张和微生物整体多样性的丧失。

4. 镍与肠道微生物相关疾病的关系

4.1 系统性镍过敏综合征

在致敏受试者中，摄入的含镍化合物除了造成典型的全身性皮肤损害，还可能引起类似炎症性肠病特征的胃肠道症状，主要包括恶心、发热、腹痛、腹泻和便秘，这种临床表现被称为系统性镍过敏综合征（systemic nickel allergic syn–drome，SNAS）。SNAS 是一种急性过敏性疾病，与免疫系统失调有关，在十二指肠固有层和上皮中产生大量促炎症的 CD4+ T 淋巴细胞以及 Th2 型细胞因子（如白细胞介素 –5 和白细胞介素 –13）。镍的全身吸收可能会引起全身反应，包括湿疹、脉管炎、黏膜、呼吸道、麻风和胃肠道症状。现有观点认为，SNAS 的形成可能与镍引发的肠道微生物紊乱有关，也与其破坏肠道的免疫微环境密切相关。

4.2 克罗恩病

克罗恩病（Crohn disease，CD）是一种肠道炎症性疾病，以跳跃性肠道损害为特征，常由环境因素、肠道微生物群和遗传背景之间的复杂相互作用导致。有研究揭示了镍颗粒在克罗恩病患者肠道组织中的定位，并提示镍颗粒可能参与了克罗恩病的发病机制。同步辐射诱导的 X 射线荧光光谱和 X 射线吸收精细结构分析表明，镍颗粒沉积在克罗恩病组织标本中，经镍颗粒刺激后，THP–1 细胞出现丝状足突形成和含有脂小体的自噬空泡。镍颗粒还可导致携带 IBD 易感蛋白 A20/TNFAIP3 突变的小鼠感染结肠炎。以上证据均表明，镍颗粒摄入是导致克罗恩病发病的环境因素之一，巨噬细胞中的自噬障碍可能会加剧对镍定位的反应。此外，镍颗粒还加剧了缺乏骨髓细胞特异性 Atg5 的小鼠中葡聚糖硫酸钠诱导的结肠炎。总之，摄入镍颗粒可能会通过扰乱肠道微生物群的构成和数量，引发一系列病理生理反应，进而促使克罗恩病恶化。

第九节 汞元素与肠道微生物

1. 汞元素

汞是元素周期表第 80 位元素，位于第六周期第Ⅱ B 族，元素符号 Hg，俗称水银，是常温常压下唯一以液态形式存在的金属。汞在自然界中分布量极少，因此被认为是稀有金属，主要以汞元素（金属汞）、无机汞（汞盐）和有机汞 3 种形式存在。天然的硫化汞又称为朱砂，因具有鲜红的色泽而被人们用作红色颜料。殷墟出土的甲骨文上涂有丹砂，可以证明我国在很早时期就使用了天然的硫化汞。我国古文献记载早在公元前 7 世纪或更早就已经取得了大量的汞，这是因为当时一些王侯在墓葬中灌输了水银。西方化学史资料显示，曾在埃及古墓中发现一小管水银，据历史考证是公元前 16 世纪—前 15 世纪的产物。金属汞在一般情况下会以汞蒸气的形式被呼吸道吸收，但难以被皮肤与消化道吸收。

在接触汞的行业里，短时间吸入高浓度汞蒸气（Hg 浓度 >1 mg/m^3）或摄入可溶性汞盐可致急性中毒，多由于在密闭空间内工作或意外事故造成。在生活中，常见到的是慢性汞中毒，是长期摄入汞或者其化合物所导致的中毒，主要表现为易兴奋症、震颤及口腔炎。由于汞及其化合物的大量使用，导致环境中汞污染严重。2017 年 8 月 16 日《关于汞的水俣公约》对中国生效，其中明确“自 2026 年 1 月 1 日起，禁止生产含汞体温计和含汞血压计”。2017 年 10 月 27 日，世界卫生组织国际癌症研究机构公布汞和无机汞化合物属于 3 类致癌物。2019 年 7 月 23 日，汞及汞化合物被列入《有毒有害水污染物名录（第一批）》。

汞及其化合物中毒后的主要症状表现为头晕、失眠、乏力、头痛以及口腔炎，部分情况下伴有腹痛、心悸、胸闷、呕吐、皮疹以及腹泻。若为吸入性汞中毒，则应立刻远离中毒现场，将中毒者挪动至通风处，保持呼吸畅通，并尽快就医。若误食含汞化合物，则应尽快催吐，并口服豆浆、牛奶或蛋清以吸附毒物，并及时送医就诊。

2. 汞的生物学功能

日常生活中，人们接触的汞种类主要包括3类：金属汞、无机汞、有机汞。金属汞又称元素汞，主要存在于水银温度计、体温计、血压计中，具有挥发性，一般不易被肠胃吸收，但肠胃蠕动异常会使金属汞在肠胃中停留时间过长，可能发生汞中毒。无机汞存在于消毒剂（红药水）和牙科银粉中，若误食高剂量无机汞，不仅会引起肠胃道黏膜损伤而大量出血，引发休克，还会伤害肾脏，导致急性肾衰竭，甚至造成死亡。在环境中，汞会被细菌转化为有机汞，有机汞化合物的毒性较无机汞大（氯化汞口服中毒量为0.5 g，致死量1~2 g），有机汞中较为典型的是甲基汞。

汞及其化合物进入机体后，最初分布于红细胞及血浆中，之后到达全身多处组织。最初集中在肝脏，随后转移至肾脏，主要分布在肾皮质，以近曲小管上皮组织内含量最高，导致肾小管重吸收功能障碍。在肾功能尚未出现异常时可观察到尿中某些酶和蛋白的改变，如N–乙酰–β–氨基葡萄糖苷酶和β2–微球蛋白。汞在体内可诱发生成金属硫蛋白，它是一种富含巯基的蛋白质，主要集中在肾脏，对汞在体内的解毒和蓄积以及保护肾脏起到一定作用。汞可通过血脑屏障进入脑组织，并在脑中长期蓄积。汞及汞的化合物进入人体后，易被转化为二价汞离子（Hg^{2+}），而Hg^{2+}则可通过与酶的氨基、羟基、羧基和巯基等结构结合，导致人体一系列生理、生化和新陈代谢功能异常，或导致细胞外液中大量的钙离子进入细胞内部，引起“钙超载”，从而造成组织细胞严重缺血缺氧，发生中毒反应，严重者可致死亡。

汞离子的毒性作用是腐蚀作用、酶抑制和蛋白质沉淀。除了巯基汞外，汞离子还与磷酰基、酰胺、胺和羧基结合形成基团后，更容易获得蛋白质。因此，汞与酶产生不可逆键，从而改变其构象，阻止其附着在底物上。超过250种症状与汞暴露有关，其可能会影响准确的诊断。汞中毒的医学诊断始于体检和病史，还需要明确的实验室检测，主要包括血液、尿液、头发汞测定，如果必要的话，还包括组织活检，因为汞会迅速从血液系统中移除，被隔离并重新分配到不同的组织中，在这种情况下，血液中的汞浓度与汞中毒的严重程度之间无法建立联系。一旦汞进入体内，其会立即通过大脑、神经节、脊髓、外周神经元和与之紧密相连的自主神经节找到相应的结合途径，例如中枢神经系统负责存储汞，汞在神经系统中的瞬时或残留分布可能会导致不同器官出现大量症状。

3. 汞与肠道微生物的关系

3.1 肠道微生物改变汞的甲基化状态

特定的肠道微生物在汞的甲基化和去甲基化中发挥重要作用。肠道汞的生物转化可以显著影响汞在生物体内的整体累积和分布。与汞生物转化相关的微生物分类群（如硫酸盐还原细菌、铁还原细菌和假单胞菌）普遍存在于生物体的消化道。研究发现，无机汞可通过分离的鱼类肠道内容物转化为甲基汞，表明肠道细菌影响汞的甲基化。有学者在黄鳍金枪鱼消化道分离的细菌纯培养物中检测到可提取的甲基汞显著减少，表明肠道微生物群亦具有汞去甲基化的能力。后续研究从鱼的肠道内容物中确定了甲基化细菌，进一步证实在生物体内汞的去甲基化过程主要依赖肠道而不是肝脏。同样有研究发现，在小鼠、大鼠、牛、羊甚至人类体内，肠道微生物群可以使甲基汞去甲基化，并促进汞排泄，表明肠道微生物对甲基汞的毒性拮抗具有一定积极促进作用。

3.2 改变肠道微生物群组成及其代谢

汞暴露可以改变宿主肠道微生物群落组成，从而在功能水平上改变其代谢。例如，有研究发现，急性口服甲基汞暴露会扰乱大鼠肠道微生物群，并诱导肠道神经递质和代谢产物的变化。国内学者发现，汞暴露引起肠道组织的病理变化，扰乱肠道微生物平衡，导致营养吸收障碍和体内营养供应不足，从而进一步影响小鼠的体重和血糖水平。国外研究者发现，甲基汞饮食暴露对小鼠脑和仔鱼的脂质代谢和神经传递均有不良影响。在鸡的氯化汞暴露模型中，微生物区系的肠道平衡被破坏，导致其更容易受到肠道感染。而且与对照组相比，氯化汞处理组的螺旋体相对丰度显著降低，盲肠组织结构改变，并导致了微生物群落的整体多样性、组成和功能变化，使鸡微生物区系的发育失调。暴露 90 天后，与氯化汞相关的特殊变化包括放线杆菌数量显著增加，螺旋体菌群显著减少。由此可见，亚慢性汞暴露不仅影响生物体的生长发育，还会造成肠道微生物区系失调，并可能进一步诱导机体代谢紊乱。

也有一些高通量测序证据显示，在属水平上，粪球菌属、颤螺菌属和螺杆菌等一些微生物种群显著增加，而另一些微生物种群显著减少，如金黄色葡萄球菌、盐霉菌和芽孢杆菌。作为最常见的有机汞，甲基汞可下调粪便中类杆菌、细菌和变形杆菌的表达，上调放线杆菌和鞭毛杆菌的表达，而在谷氨酸、γ- 氨基丁酸、多巴胺和色氨酸等代谢产物的作用下，甲基汞可上调蠕形菌科、硫代弧菌科、螺旋菌科、乳螺菌科和核桃科、白藜芦科、柳珊瑚、厌氧胞浆科和线虫等肠 – 脑轴通路的活性，破坏肠道微生物群的平衡。

一些学者提出，汞中毒会增加自由基的形成，抑制谷胱甘肽过氧化物酶的活性，从而抑制氧的生成。藻类、放线杆菌和螺旋藻等大多数细菌都是厌氧菌，汞暴露可增加这些厌氧菌的丰度。同样有研究表明，汞暴露减少了氧气的产生，减少了肠道中的氧含量，并增加了厌氧细菌的产生。因此，汞中毒可促进梭状芽孢杆菌、乳杆菌、密螺旋体、振荡杆菌、硫代弧菌等厌氧细菌生长，并降低不动杆菌、葡萄球菌等需氧细菌的丰度。

4. 汞与肠道微生物相关疾病的关系

4.1 肠道炎症

肠道是肠道微生物群与外界沟通的器官，当汞通过口腔进入人体时，肠道是第一个受到影响的器官。氧化应激被认为是肠道损伤的主要标志。因此，当汞破坏抗氧化防御能力，产生过多的自由基时，会导致体内氧化应激和氧化酶活性的变化，还会引起动物的胃肠道疾病。有研究发现，氧化应激可引起肠黏膜损伤，并显著降低肠黏膜标志性酶如钠 - 钾 ATP 酶和蔗糖的活性，从而导致肠系膜葡萄糖转运能力显著降低。此外，氧化损伤还导致与肠上皮细胞紧密连接相关的蛋白质表达降低，说明汞暴露造成的氧化损伤损害了肠道细胞的完整性。另据报道，氯化汞和甲基汞都能通过产生活性氧和降低谷胱甘肽含量来诱导肠上皮 Caco-2 细胞损伤，这种氧化还原失衡可能是脂质过氧化的原因，导致细胞连接蛋白的破坏和 F- 肌动蛋白和 ZO1 蛋白在肠道单层中的重新分布，从而导致通透性增加。

目前的病理学研究发现，汞暴露可引起盲肠和直肠组织的病理学损害，表现为结直肠腺的缩短和萎缩，肠细胞轻到中度坏死，杯状细胞数量减少。有研究指出，摄入汞会导致肠黏膜坏死、肠溃疡、腹痛和腹泻。这些病理改变证实了汞能对肠道造成损伤，影响机体对物质的消化吸收，继而导致体重减轻和葡萄糖丢失。

同样有研究发现，变形菌门在对照组中所占比例最高，而在汞暴露组中显著减少。变形菌门包括很多细菌，如大肠杆菌、沙门氏菌、霍乱弧菌和幽门螺杆菌。这些细菌是病原菌，可能导致腹泻和其他胃肠道疾病。肠炎可加重细胞凋亡，尤其是肿瘤坏死因子 -α 介导的细胞凋亡，表明变形杆菌可能引起与肠道细胞凋亡有关的肠道损伤。此外，汞暴露还增加了密螺旋体、丁立克单胞菌、脱盐杆菌、双球菌和嗜胆杆菌的丰度，其中，密螺旋体是一种致病菌，可引起腹泻和其他疾病，并导致肠道损伤。总之，汞暴露会扰乱肠道微生物群，使致病菌增加，导致腹痛、腹泻，并加速细胞凋亡，损伤肠道，引发炎症反应。

4.2 脑损伤

汞是一种重金属，可对鱼类造成不可逆转的毒性。已有研究发现，汞暴露可导致鲤鱼脑损伤和记忆力减退。同时，汞暴露能诱发神经元铁死亡，并且肠道微生物参与了汞所致的脑损伤病理过程。肠道微生物群的组成和多样性受到氯化汞的影响。该研究还发现鱼类最重要的病原菌之一气单胞菌的丰度在汞暴露后显著增加。而且，从汞暴露的鲤鱼中分离出嗜水气单胞菌，进一步证实可能正是这些细菌导致了鲤鱼的脑损伤。

4.3 帕金森病

帕金森病的病理生理特征是线粒体启动的氧化应激导致中脑多巴胺能神经元丢失，从而引起运动活动功能障碍。类似地，甲基汞也被证实可积聚在中枢神经系统神经元的线粒体中，引起一系列生化反应，导致氧化应激和多巴胺能神经元死亡，最终诱发神经退行性病变。肠道微生物从饮食底物中产生身体几乎一半的多巴胺，形成了肠道微生物和中枢神经系统之间双向交流的基础，这种关系就是微生物－肠－脑轴。最近的一些研究相继发现，将帕金森病患者的粪便微生物群移植到无菌小鼠体内会导致帕金森病相关的运动障碍，表明肠道微生物在帕金森病的病理生理过程中发挥着重要作用。为研究微生物－肠－脑轴在甲基汞介导的神经毒性中的作用，有研究在日粮中添加环境相关浓度的甲基汞，并对肠道微生物群的组成进行表征，结果发现甲基汞暴露小鼠中脑内尿嘧啶核苷和5′－一磷酸腺苷的丰度显著降低，两者都是鸟嘌呤的前体，具有重要的免疫调节作用。上述核苷酸代谢的异常可进一步导致与多巴胺能相关的神经元不能正常发育或分化，而这些改变均被证实与肠道微生物群紊乱密切相关。

此外，有报道显示，甲基汞暴露可导致鱼中的诺氏菌和拟杆菌的丰度变化可能与包括帕金森病等神经退化症状有关。暴露于甲基汞的幼虫体内腐胺的相对丰度显著增加，几乎可以肯定其是中枢神经系统损伤和神经变性的结果，因为腐胺是应对中枢神经系统损伤而上调的、具有强大抗氧化和神经保护功能的多胺前体。由此可见，甲基汞暴露会破坏肠道微生物的组成并干扰其代谢，影响多巴胺产生，从而导致帕金森病。

第十节　硅元素与肠道微生物

1. 硅元素

1787 年，存在于岩石中的硅首次被安托万 – 洛朗 · 拉瓦锡（Antoine-Laurent de Lavoisier）发现，后于 1823 年，硅首次作为一种元素被永斯 · 雅各布 · 贝采利乌斯（Jöns Jacob Berzelius）发现，并于一年后提炼出了无定形硅。硅，英文名称 silicon，元素符号 Si，旧称矽，元素周期表中原子序数 14，相对原子质量 28.085，ⅣA 族的类金属元素。硅是地壳中含量仅次于氧的第二大元素，分布极广，一般很少以单质的形式出现，主要以含氧的二氧化硅和硅酸盐的形式存在，被广泛应用于航空航天、电子电气、建筑、运输、能源、化工、纺织、食品、医疗、农业等行业。饮料是膳食二氧化硅或硅的主要来源，包括水、咖啡和啤酒（大麦、啤酒花等）。另外，硅作为食品和饮料工业的添加剂，常应用于如食品中的抗结块剂、饮料中的澄清剂、黏度控制剂、消泡剂、面团修饰剂等，成为人们日常饮食的一部分。正常人每日硅的推荐摄入量约为 5~10 mg。含硅食物进入消化道后，易被肠壁吸收，通过淋巴和血液输送到全身各组织。人体中的硅主要集中于骨骼、肺、淋巴结、胰腺、肾上腺、指甲以及头发中，是体内结缔组织与骨骼构成必不可少的成分，在主动脉、气管、肌腱、骨骼和皮肤中含量最高，小动脉、角膜、巩膜也有相当高的含量，而脑组织中含硅量很少。体内硅通过排尿调节，也可通过粪便、乳汁、汗液少量排出。

2. 硅的生物学功能

硅是生物体组织，特别是软骨组织、结缔组织正常生长发育的必需微量元素之一。硅的生物学功能主要表现在与铝的拮抗作用，不仅会降低铝的生物利用效果，还会减少铝的生物毒性作用。在哺乳动物和高等有机体中，硅是骨骼与组织的“砖石”，是正常生长和骨骼钙化不可缺少的元素。

2.1 参与骨的钙化过程

硅是骨骼的构建者，其主要作用就是促进骨骼、软骨和结缔组织正常生长。硅在骨骼钙化阶段起到重要作用，可促进骨骼中钙含量增加，有助于骨骼的生长发育。一项回顾性临床研究证实，膳食硅可导致女性股骨骨量和骨密度显著增加，因为膳食硅可与雌激素相互作用，有利于女性骨骼健康。也有报道证明了硅摄入量与骨密度之间存在直接关系。在骨质疏松症患者中，补充硅可增加骨小梁体积和股骨密度。而对一般人群来说，适当增加硅元素的摄取可以增强骨骼，从而降低罹患骨质疏松症的风险。因此，硅对维持人体正常生长发育和骨骼的形成具有重要作用。

2.2 对软骨和结缔组织的作用

硅有助于促进结缔组织细胞形成细胞外的软骨基质，使胶原含量增加，促使软骨正常发育，尤其在胚胎时期特别明显，而缺硅会引起软骨组织变性，与硅不足者相比，适量补充硅者的软骨可增加 7 倍。人体中最高浓度的二氧化硅出现在结缔组织和弹性组织中，特别是在正常的人体主动脉中，二氧化硅可以作为一种交联剂，稳定胶原蛋白，增强血管的弹力纤维强度。动物实验表明，饮食中的硅缺乏会导致结缔组织功能异常。

2.3 对心血管的保护及动脉粥样硬化的影响

硅能增强血管内膜弹力层的弹力纤维强度，维持血管的正常功能及通透性，保护心血管的功能正常，防止动脉粥样硬化，减少心血管疾病的发生。国外的一项研究通过给予标准对照饮食、致动脉粥样硬化饮食和添加硅酸钠的致动脉粥样硬化饮食来测试硅酸钠的抗动脉粥样硬化作用，发现添加硅酸钠的致动脉粥样硬化饲料的家兔总脂、胆固醇、甘油三酯、游离脂肪酸和磷脂水平保持不变；在随后的研究中发现，家兔口服或静脉注射硅可以抑制正常诱导的实验性动脉粥样硬化，减少动脉粥样硬化斑块和脂质沉积，因此提出，硅可维持弹性纤维结构，促进基质的形成，减少主动脉内膜中游离脂肪酸的积累和斑块的形成。硅还可通过其交联能力影响血管相关糖胺聚糖和胶原蛋白的完整性和功能，从而在动脉粥样硬化中发挥保护作用。此外，硅还能刺激过氧化物酶体增殖物激活受体 -γ（PPARγ）的表达，该受体对血管细胞具有抗炎和降压作用。

3. 硅与肠道微生物的关系

硅及二氧化硅对肠道微生物群的影响尚未得到广泛研究，现只有少量研究表明，纳米二氧化硅对肠道微生物群有一定的负面影响。

3.1 硅对肠道菌群的影响

肠道中的优势菌往往具有重要的功能，其变化必然会对生物体产生影响。有研究将小鼠暴露于与人类相关剂量的纳米二氧化硅中，一周后发现肠道微生物群落的多样性和丰度改变，厚壁菌门和变形菌门数量增加，拟杆菌门和乳酸菌数量减少。值得注意的是，沉淀或喷气（无定形）硅酸盐的吸收速率快，使其能在肠道腔内蓄累，为肠道微生物群的致毒性作用提供了更多的时间，意味着气相硅酸盐可能会造成更大的危害。还有研究发现二氧化硅暴露后，放线菌门的相对丰度降低。与小鼠肠道相比，放线菌在人类中的相对丰度明显更高，约占微生物群的 5%~10%。放线菌对肠道稳态至关重要，因为它们发酵大型多糖，产生类似丁酸盐的 SCFA，刺激黏蛋白表达并平衡免疫反应。人类放线菌的主要属是双歧杆菌，是最常见的益生菌之一，能够降低小鼠肠道内毒素水平、增加肠道屏障完整性和减弱促炎信号。已有研究表明，老年人摄入乳酸产生的双歧杆菌和乳酸菌可导致结肠炎症浸润减少。此外，研究显示，放线菌或双歧杆菌丰度的增减与肥胖和高脂肪饮食摄入有关，肠道双歧杆菌水平的降低也与 2 型糖尿病和胰岛素抵抗相关。如果这些影响发生在人类身上，可能会增加人类患肥胖或 2 型糖尿病等疾病的易感性。综上，口服纳米二氧化硅会影响肠道中特定菌群的丰度和功能，进而降低肠道对不良因素和致病菌的抵抗力。

3.2 硅对肠道屏障的影响

肠道细胞因子（如白细胞介素）及其网络在肠道免疫系统中发挥重要作用，作为肠道免疫屏障的一部分，可调节肠道屏障功能。过量促炎细胞因子如 IL-6 和 TNF-α 可破坏肠道紧密连接屏障和上皮功能。研究表明，当纳米二氧化硅暴露浓度达到 300 mg/kg 时，小鼠结肠中 IL-6 和 TNF-α 的表达显著增加，表明纳米二氧化硅可诱导机体免疫反应，包括小鼠肠道内的炎症反应，并可能影响肠道的屏障功能。此外，常见于人类肠道中的拟杆菌，可以协助分解食物，产生身体需要的营养和能量，提供氨基酸和维生素，并通过产生多糖来刺激肠道内的先天和适应性免疫发育；同时，拟杆菌在维持上皮屏障的完整性方面发挥重要作用，对于防止生物合成促炎脂多糖泄漏到循环系统中至关重要。而拟杆菌科和其中的拟杆菌属在纳米二氧化硅暴露后显著降低，表明口服此纳米颗粒可能通过改变肠道微生物群，影响肠道的正常免疫功能和肠道上皮屏障的完整性。

肠道微生物群也是调节肠道屏障功能的复杂细胞内和细胞间信号系统的关键组成部分。研究表明，肠道微生物群可以影响结肠黏液层的特性。肠黏液位于肠黏膜屏障的表面，几乎覆盖了整个肠腔的表面，它是肠道黏膜阻断细菌和抗原的第一道防线。此外，肠道黏液具有过滤和润滑特性，可保护肠道免受机械和化学损伤。研究中发现口服纳米二氧化硅颗粒后，小鼠小肠黏液厚度显著降低。肠道黏液变薄，使肠腔内的细菌更容易接触到肠上皮细胞，从而削弱肠道的抵抗力。同时黏液层菌群也是肠道黏膜层的组成部分，肠道黏液屏障的改变也与暴露于纳米二氧化硅后巴尼氏菌、拟杆菌、阿克曼菌等黏液相关菌含量的变化有关。例如优势肠道细菌门疣状菌和其中的阿克曼菌属在暴露于二氧化硅纳米颗粒后显著减少，肠道炎症因子表达显著增加，因此推测二氧化硅颗粒的毒性主要与肠黏膜屏障、肠道炎症反应和肠道微生物变化密切相关。

4. 硅与肠道微生物相关疾病的关系

肠道微生物具有多种生物功能，包括维持肠道的正常结构和生理功能，对抗病原微生物的定植，调节代谢、免疫、生长发育等，肠道微生物失衡时便会引起相关功能障碍，导致肠道疾病。纳米二氧化硅便能诱导肠道变化导致微生态失衡，进而引起肠易激综合征、炎症性肠病、结肠直肠癌等多种疾病。

4.1 肠易激综合征

经口服给予小鼠介孔二氧化硅（mesoporous silica nanoparticles，MSN）后，可以观察到肠内谷胱甘肽过氧化物酶和超氧化物歧化酶活性显著降低，表明介孔二氧化硅在小鼠肠道中引起了氧化应激，且肠内病变主要集中在肠上皮。与此同时，肠杆菌丰度增加，提示 MSN 可能通过改变菌群的种属平衡，导致肠道损伤，继而引起肠应激。

4.2 炎症性肠病

口服纳米二氧化硅后可观察到小鼠小肠和结肠中促炎细胞因子显著增加，结肠节段的上皮层严重破坏，隐窝丢失，肠段的腺体结构轻微受损，上皮细胞脱落，肠固有层部分被大量炎症细胞浸润。同时，IL-18 和 IL-1β 的 mRNA 水平随着 MSN 浓度的增加而增加。为了进一步证实介孔二氧化硅诱导的损伤机制，研究通过免疫印迹实验发现炎症小体 NLRP3 以及半胱氨酸蛋白酶 -1（caspase-1）都有显著的增加。活化的 caspase-1 能激活 IL-18 和 IL-1β，从而加重肠道炎症。由此可看出介孔二氧化硅可激活肠道炎性小体，进而引起炎症性反应，导致肠道上皮细胞凋亡。

4.3 结肠直肠癌

L- 谷氨酰胺是肠腔内的蛋白质消化过程中产生的，是肠黏膜上皮细胞的重要能量物质，它可以保护和修复胃和肠黏膜损伤。胃肠道是利用 L- 谷氨酰胺的主要器官。同时，L- 谷氨酰胺与癌症关系密切。L- 谷氨酰胺是癌症的中心碳代谢途径中的一种代谢产物。而 L- 谷氨酰胺代谢的中间产物谷氨酸在介孔二氧化硅处理后降低，说明 L- 谷氨酰胺在肠道代谢被阻断。由此可以推测，介孔二氧化硅对小鼠肠黏膜造成损伤，影响对 L- 谷氨酰胺的吸收和代谢，此外，在介孔二氧化硅高剂量组中，尿苷和假尿苷（pseudouridine，PU）水平通过嘧啶代谢途径升高，且 PU 可作为肿瘤的生物标志物，以此表明介孔二氧化硅可能会带来潜在的癌症风险。

4.4 神经退行性疾病

铝能够通过血脑屏障，进而产生氧化应激，并对大脑神经元造成损伤，而二氧化硅可以阻止胃肠道对铝的吸收并增强其排泄，起到防止铝损伤，降低退行性神经疾病发病风险的作用。在一项流行病学研究中，研究者对 1925 名老年人进行了长达 15 年的随访，发现饮用水含铝或二氧化硅与认知衰退、痴呆和阿尔茨海默病的发病风险之间存在相关性，每天摄入或接触铝的受试者的认知能力随着接触时间的增加有明显下降趋势，而当二氧化硅摄入量增加时，痴呆症的发病风险会显著降低。随后的一项研究表明，每天饮用 1 L 的富硅矿泉水并持续 12 周，同样可以降低痴呆症的发病风险。此外，食用啤酒作为一种富含硅酸盐的饮品，可以通过调节促炎细胞因子和抗氧化酶的基因表达减少铝引起的大脑氧化应激。

第十一节　硒元素与肠道微生物

1. 硒元素

硒是一种非金属元素，英文名称 selenium，元素符号 Se，元素周期表中原子序数 34，原子量 78.96，位于第四周期第ⅥA 族，是人体必需的微量矿物质营养素。硒元素最早发现于 1818 年，瑞典化学家永斯·雅各布·贝采利乌斯（Jöns Jacob Berzelius）在一家硫酸厂分析铅室沉积物的组成时意外地发现了这种稀有的新元素，如获至宝的他给这个新宠以希腊月亮女神的名字 Serene，命名为“硒”。硒在地壳中的含量十分稀少和分散，但它的用途非常广泛，涉及电子、玻璃、冶金、化工、医疗保健、农业等领域。同时硒是人体必需的微量矿物质营养素，有研究指出硒在人体内的含量为 14~21 mg，广泛分布于体内所有的细胞与组织中，肝、肾中的浓度最高，肌肉、骨骼和血液中的浓度中等，脂肪组织最低。硒还分布在人的毛发中，头发中硒含量是判定人体硒水平的良好指标。国内外大量统计资料和临床研究证明人体缺硒会造成重要器官的功能失调，导致许多严重疾病的发生。故中国营养学会将硒列为每日膳食营养素之一，每天必须摄取 50~200 μg。我国居民普遍缺硒，日均硒的摄入量仅为 43.3 μg，显著低于《中国居民膳食指南（2022）》中适宜摄入量的下限。人体内缺硒会引发营养不良、克山病、大骨病、肝坏死、胰脏萎缩纤维化、白内障等多种疾病。

2. 硒的生物学功能

研究发现，蛋白质中的氨基酸残基——硒半胱氨酸（selenocysteine，SeCys）是硒在细胞中的主要形式，硒的生理作用和健康效益的研究因此也取得了突破性的进展。与其他类金属不同的是，硒作为 SeCys 的一部分，通过一种协同翻译机制被整合到蛋白质中，是人类合成蛋白质的第 21 种氨基酸，这是硒对健康有益的主要原因。迄今为止，人类已鉴定出 25 种硒蛋白，但只有少数取得了功能上的鉴定结果。大多数硒蛋白参与抗氧化和氧化还原状态的调节，特别是谷胱甘肽过氧化物酶（glutathione peroxidase，GPX）和硫氧还蛋白还原酶（thioredoxin reductase，TrxR）家族。此外，还有一些硒蛋白发挥着更具体的作用，如参与甲状腺激素代谢的碘化甲腺原氨酸脱碘酶（iodothyronine deiodinase，DIO）、精子生成的 GPX4 和硒蛋白生物合成的硒磷酸合成酶 2（selenophosphate synthetase 2，SEPHS2）。其他硒蛋白也可能参与重要的生物过程，但其确切作用机制仍有待进一步研究。

2.1 参加谷胱甘肽过氧化物酶的构成

谷胱甘肽过氧化物酶是一类具有抗氧化功能的酶。GPX 家族由 8 个异构体组成，但只有 5 个成员有 SeCys 残基，主要包括胞质 GPX（cGPX、GPX1）、胃肠道 GPX（GI–GPX、GPX2）、血浆 GPX（pGPX、GPX3）、磷脂过氧化氢 GPX（PHGPX、GPX4）和嗅上皮 GPX（GPX6）。GPX 能够利用谷胱甘肽（glutathione，GSH），将其作为还原辅助因子催化过氧化氢和脂质过氧化物的还原，避免过氧化物大量积累对机体产生危害。

GPX1 主要定位于细胞质和线粒体，参与由氢过氧化物调节的细胞过程，包括细胞因子信号转导和细胞凋亡，GPX1 是对硒状态和氧化应激条件变化最敏感的家族成员之一。GPX2 主要表达于胃肠道系统黏膜，保护肠上皮免受氧化应激，保证黏膜稳态。GPX2 比 GPX1 或 GPX3 表现出对膳食硒缺乏症更强的抗性。GPX2 的定位和抗性表明，该硒蛋白可能是肠道微生物群诱导的氧化应激暴露的第一道防线。GPX3 是 GPX 家族中唯一的胞外酶。它主要产生于近端肾小管上皮细胞和肾鲍曼囊的壁细胞中，一部分 GPX3 被分泌到血浆中，约占总硒的 15%~20%，含量充足时，血红蛋白处于还原状态，携氧能力较强。另外大部分 GPX3 与肾脏的基底膜结合，这种膜结合能力也在胃肠道、肺和男性生殖系统中得到证实。此外 GPX3 蛋白和 mRNA 也在一些组织中被检测到，特别是心脏和甲状腺，并在细胞外抗氧化过程中发挥重要作用。GPX4 是一种胞内单体酶，该蛋白的表达受激素调节，其活性在许多组织中得到证实，特别是内分泌器官和精子中部的线粒体。与其他 GPX 不同，GPX4 可以直接使用磷脂过氧化氢作为底物，并通过使用蛋白质硫醇和 GSH 中的电子来降低过氧化氢、胆固醇、胆固醇酯和胸腺蛋白 - 氢过氧化物，在最近的研究中，其被证实为一种新型细胞死亡方式——铁死亡的关键调控蛋白。此外，GPX4 在胚胎发育和精子发生的细胞分化过程中也起着重要作用，并参与精子发生过程中染色质的凝结。此外，最近的研究表明，GPX4 在光感受器细胞抗氧化应激中起着重要的保护作用。GPX6 是等离子体 GPX3 的近同源物。与其他 GPX 相比，GPX6 的鉴定时间相当晚，因为它的小鼠和大鼠同源基因用 Cys 取代了 SeCys，该酶仅在胚胎和嗅上皮细胞中表达，具体功能尚不清楚。

2.2 参与硫氧还蛋白还原酶的构成

硫氧还蛋白还原酶是吡啶核苷酸二硫酸氧化还原酶的黄酮蛋白家族的同型二聚体酶，包括脂酰胺氢化酶、谷胱甘肽还原酶和汞离子还原酶。在哺乳动物中发现了 3 种亚型：胞质（TrxR1）、线粒体（TrxR2）和硫氧还蛋白谷胱甘肽还原酶（TGR，TrxR3）。研究表明 TrxR 具有降低抗坏血酸自由基的能力，抗坏血酸是保护细胞免受氧化应激的重要抗氧化剂，而人类缺乏合成抗坏血酸的能力。此外有研究表明 TrxR1 和 TrxR2 对胚胎发生必不可少。线粒体 TrxR2 的功能涉及胚胎发生过程中保护细胞免受线粒体介导的氧化应激和凋亡。TrxR3 主要在男性生殖细胞中表达，并被认为通过影响结构蛋白中二硫键的形成而在精子成熟过程中发挥作用。

2.3 参与碘化甲腺原氨酸脱碘酶的构成

碘化甲腺原氨酸脱碘酶（DIO）是 3 个结构相似的完整膜蛋白家族，所有 DIO 都是活性位点有 SeCys 残基的氧化还原酶，通过催化四碘甲状腺素（T4）、三碘甲状腺原氨酸（T3）的活化（DIO1、DIO2）或失活（DIO3）参与甲状腺激素代谢，进而调节各种代谢过程，如脂质代谢、产热和生长发育，这些过程对内环境稳态，尤其对胎儿大脑的正常发育至关重要。

3. 硒与肠道微生物的关系

目前很多研究表明硒元素可以调节肠道菌群，同样肠道菌群也影响着硒的代谢与分布，两者之间相辅相成，共同维持机体的正常活动。

3.1 硒对肠道微生物区系多样性的影响

健康动物肠道菌群往往按照一定的比例保持平衡的稳定状态，他们相互制约、相互依存、相互影响。早期研究发现，不同硒含量的饲粮会影响大鼠的微生物区系组成。研究人员发现通过富硒膳食干预小鼠 56 天后，小鼠肠道微生物种类变得更加丰富。在不同肠道菌群中，硒的作用表现出了较大的差异效应。一些属于细菌纲的微生物在肠道内发育时对硒的反应有所增加，而泽泻类微生物和拟孢子类微生物在肠道内发育时对硒的反应却有所降低，因此不同类型的微生物对硒有着不同程度的反应，说明了硒在微生物类群中具有独立性，对每种肠道菌群的作用不同。富硒饲料能在一定程度上增加小鼠体内肠道微生物的多样性。同时，喂养含硒饲料的小鼠体内硒蛋白表达模式也发生了相应的改变，且硒元素的动态变化与其他微量元素的变化水平没有相关性。此外，还有研究对纳米硒改善硒传递给鸟类的能力和对由此产生的肠道菌群的修饰进行了表征。研究发现部分有益细菌的丰度有所提高，如乳酸杆菌属和普拉梭菌。不同肠道节段的丁酸含量有所增加，而丁酸是肠道结肠细胞的主要能源，可促进肠道健康。总之，硒影响肠道菌群的组成及其在胃肠道的定植，进而影响动物体内硒的状态和硒保护体的表达。

3.2 硒能增强直肠内的发酵作用

短链脂肪酸能够提供肠胃膜细胞所需的基本能量，抑制肠道内有害病菌的增长，维持肠道功能稳定，甚至可以起到抑制肠道肿瘤生长的作用。麦麸是肠道内微生物菌群的底物，能够提高大鼠肠内的发酵水平，最终提高短链脂肪酸的含量，因此研究膳食硒对肠道微生物的作用很有价值。研究者连续56天向大鼠饲喂含硒食物，通过检测大鼠肠道及粪便中的短链脂肪酸含量来研究膳食硒对结肠和直肠的发酵作用。该研究利用不含膳食硒的麦麸作为空白组和含L–硒代蛋氨酸（SeMet）的麦麸作为对照组进行干预实验，最终检测发现膳食硒组的大鼠肠道SCFA含量显著高于空白组，观察肠内不同部位的SCFA可以发现L–硒代蛋氨酸抑制了盲肠中的发酵作用，而增加了直肠内的发酵作用。这种肠内发酵反应可以使机体更有效的吸收营养物质，表明硒通过L–硒代蛋氨酸影响结肠和直肠内与生成短链脂肪酸相关的发酵反应，从而参与机体健康的调控。

3.3 肠道微生物构成一种影响硒状态的微生态

肠道微生物群可能会影响硒的状态和硒蛋白的表达。硒元素主要在小肠内吸收代谢，多数由肠道微生物进行同化、还原、甲基化等代谢转化为无机硒，而一部分无机硒盐又被还原成单质硒或有机硒化合物，肠道微生物群有利于硒化合物的生物转化。有研究表明，一些无机和有机硒化合物被大鼠肠道菌群代谢为SeMet，并且SeMet被整合到细菌蛋白中。含有SeMet的蛋白质可作为宿主动物的硒池，在肠道菌群中积累。而尿中主要的硒代谢物SeSug1则被肠道菌群转化为具有营养价值的可利用的硒化合物。但当微量营养素的供应受限时，肠道微生物便会成为宿主的竞争对手，对宿主体内硒蛋白的表达产生负面影响，在硒限制条件下使硒蛋白水平降低2~3倍。

4. 硒与肠道微生物相关疾病的关系

硒和硒蛋白在参与某些疾病发病机制的信号通路中发挥重要作用，特别是IBD、癌症、甲状腺功能障碍和神经系统疾病。一方面，硒状态可能影响NF–κB、转录因子和过氧化物酶体增殖物激活受体–γ的表达，这些转录因子参与免疫细胞激活，最终导致炎症反应。因此，硒缺乏和硒蛋白表达不足会损害先天和适应性免疫反应，特别是在结肠水平，可明显观察到炎症细胞因子增加。另一方面，含有足够或高水平硒的饮食可以优化肠道菌群，防止肠道功能障碍和慢性疾病。

4.1 炎症性肠病

流行病学研究表明，UC 和 CD 这两种 IBD 患者的硒水平降低，主要表现在血清中硒蛋白酶（SEPP1）的降低和 CD 中谷胱甘肽过氧化物酶活性的降低。同样，硒酸也与炎症和 IBD 有关。IBD 和相关结肠癌的实验模型表明，硒和硒蛋白在肠道炎症和肿瘤炎症中起着关键作用。肠道核因子 κB（NF-κB）表达水平与 IBD 的严重程度相关，研究发现，手术切除前结肠样本中 NF-κB 水平与组织学评分存在相关性，NF-κB 水平越高，组织学评分越高，炎症也越严重。抑制右旋糖酐硫酸钠（dextransulphatesodium，DSS）诱导的结肠炎中 NF-κB 的激活和促炎细胞因子的分泌可预防结肠炎的发生。NF-κB 作为一种氧化还原敏感的转录因子，受到硒蛋白的调控。LPS 刺激巨噬细胞后补充硒可抑制 NF-κB 磷酸化，从而抑制 NF-κB 激活。研究人员使用涂有内溃疡多糖（ulcer polysaccharide，ULP）的硒纳米颗粒治疗 DSS 诱导的结肠炎小鼠，结果发现与未处理的小鼠相比，用硒纳米颗粒处理小鼠的病理特征减少，表现为体重减轻，疾病活动指数评分较低，结肠长度较长。该研究还发现，在 DSS 的作用下，NF-κB 被激活，而硒纳米颗粒能使免疫细胞活跃，继而使上皮细胞、淋巴细胞和巨噬细胞产生的炎症细胞因子（如 IL-6 和 TNF-α）减少。

4.2 结直肠癌

当摄入硒含量较低时，发生大肠恶性肿瘤的风险增加，而硒摄入量的增加与结肠直肠腺瘤复发风险的降低密切相关，因此，适当的硒水平有助于个体健康。生物体通过氧化还原稳态来维持健康，活性氧及其代谢物都是重要的信号分子，可以参与调控信号转导过程，也可以参与转录因子等靶蛋白的激活和失活。硒蛋白含有多种参与细胞氧化还原稳态的酶，如谷胱甘肽过氧化物酶和硫氧还蛋白还原酶家族成员。这些硒蛋白构成的酶通常能维持氧化还原稳态，起到预防癌症的作用。在谷胱甘肽过氧化物酶中，GPX1 是已知的最早与多种人类疾病相关的酶，包括癌症的发生和进展，GPX1 主要通过防止细胞毒性和炎症反应来抵抗肿瘤。研究发现，爱尔兰结直肠癌患者肿瘤组织中 GPX2、GPX4、TXNRD3 表达上调，硒酸、GPX3 显著下调。敲除硒酸基因会导致细胞周期改变，而细胞增殖的异常通常与细胞周期的失调有关，进而引起肿瘤发生与发展，因此，硒在控制细胞周期进程和维持肠道稳态中发挥关键作用。

第十二节　铝元素与肠道微生物

1. 铝元素

铝（aluminum，Al）在地壳中的含量仅次于氧和硅，居第 3 位，是地壳中含量最丰富的金属元素，位于化学元素周期表第Ⅲ A 族。尽管铝是地壳中含量最多的金属元素，但铝并非人体必需的微量元素。自然界中的铝广泛分布于空气、土壤、水和食物中。铝，因其含量丰富且性能良好，常被制成棒状、片状、箔状、粉状、带状和丝状，应用于航空、建筑、汽车、电力等重要工业领域。人体铝主要来源于食物（即食物性铝），部分来源于环境铝、炊具溶出铝及药源性铝。国内学者针对北京、上海等四大城市食品样品进行调查研究，结果显示铝主要来源为食品，特别是含铝添加剂的食物与茶叶。世界卫生组织和联合国粮食及农业组织在 1989 年确定铝为食品污染物并对其进行管理，规定人体摄入铝的量为 0.7 mg/kg。按照 WHO 的标准，正常成人每天铝摄入量不能超过 60 mg。我国居民铝摄入量普遍偏高，并明显高于发达国家。进入机体的铝主要经由十二指肠吸收，经肾排出。铝的蓄积与中枢神经系统损害、骨损害和造血系统损害密切相关，尤其与阿尔茨海默病存在显著关联。

2. 铝的生物学功能

铝对神经、肝、肾、骨骼、血液、细胞等系统具有潜在的毒性作用。有学者采用无血清体外细胞培养方法，研究铝对人胚大脑神经细胞的毒作用及其机制，观察铝对人胚大脑神经细胞的生长发育及功能的影响，同时进行光镜和电镜形态学观察。结果发现，铝可抑制大脑神经细胞的分化成熟及功能，并与铝剂量呈正相关，其毒作用机制可能是抑制神经细胞抗氧化能力，使脂质过氧化，从而导致神经细胞各种膜结构的损害。

3. 铝与肠道微生物的关系

铝暴露可破坏肠道生物屏障。铝通过抑制有益肠道微生物，促进有害细菌的生长，从而导致肠道微生态失衡，继而损伤肠道的生物屏障。研究发现，水铝暴露会改变尼罗罗非鱼肠道菌群的组成和丰度，显著降低厚壁菌门和变形菌门的相对丰度。铝暴露小鼠的肠道菌群紊乱，双歧杆菌、乳酸杆菌、拟杆菌数量明显减少，非致病性大肠杆菌、黏附 / 侵袭性大肠杆菌、分枝杆菌和其他有害细菌在小鼠肠系膜淋巴结中的定植增加，进一步加重了肠道生物屏障的损伤。此外，铝可促进革兰氏阴性菌（尤其是脆弱拟杆菌）增殖，并产生特殊的促炎因子和神经毒性脂多糖，通过修剪黏附蛋白来破坏肠道生物屏障。铝暴露，即使是低剂量暴露，也会抑制人肠道代表菌株的体外生长，降低厚壁菌门（链球菌、瘤胃球菌、重球菌和粪杆菌）的相对丰度。还有研究报道，铝暴露减少短链脂肪酸含量，导致肠道微生物向促炎微生物转变。在添加植物乳杆菌 CCFM639 后，小鼠肠道内毒素显著减少，紧密连接蛋白含量升高，炎症反应减轻。

总之，铝可通过抑制有益菌而损伤肠道屏障引起菌群失调，从而改变肠道微生物的组成，并破坏肠道生物屏障。

4. 铝与肠道微生物相关疾病的关系

人体摄入过量铝后，铝在体内蓄积可扰乱中枢神经系统的活动、引起消化系统功能紊乱、妨碍正常的钙磷代谢、抑制抗氧化系统，最终诱发多种疾病。氯化铝能引起阿尔茨海默病样病理变化，加重啮齿动物脑的神经炎症、氧化应激和乙酰胆碱酯酶活性。铝的神经毒性与AD密切相关，大量关于铝诱导的AD或毒性模型的报道已证实铝对宿主肠道微生物的改变。高通量测序结果显示，急性氯化铝给药会显著改变斑马鱼的肠道微生物；微生物多样性分析表明，与对照组相比，模型组肠道中厚壁菌门和芽孢杆菌的丰度显著降低，梭菌、普鲁氏菌和衣原体的丰度明显增加。

第十三节　锰元素与肠道微生物

1. 锰元素

锰，元素符号Mn，位于化学元素周期表中第Ⅶ B族，密度7.44 g/cm^3，熔点1 244 ℃，沸点1 962 ℃。单质锰为银白色光泽金属，金属锰性坚硬而脆，形似纯铁，锰粉则呈灰色。锰化学性质活泼，在空气中易生成褐色的氧化物覆盖层，在高温时易形成层状氧化锈皮。锰是丰度仅次于铁的第二大过渡重金属元素，也是地球上含量最丰富的氧化还原敏感金属之一。锰以软锰矿及硬锰矿等形式广泛分布于陆地和海洋，约占地壳总原子数的万分之三，全球陆地锰资源储量约为5.7亿吨，海洋锰资源储量超过30 000亿吨。

1774年，甘恩（Gahn）用舍勒提纯的软锰矿粉和木炭在坩埚中加热一小时得到纽扣状的金属锰块，柏格曼（Bergmann）将其命名为manganese。1816年，一位德国研究者发现锰能增强铁的硬度，却不会降低铁的延展性和韧性。1826年，德国的皮埃格在坩埚中制造出含锰量为80%的锰钢。1840年，希茨在英国生产出金属锰。1875 年，帕萨开始含锰量为 65% 的锰铁的商业生产。

锰用途广泛，被用于人们生产生活的方方面面，包括合金、焊条、电池、玻璃、陶瓷、肥料、染料、催化剂和消毒剂等的生产和制造。全球每年生产的锰约 90% 用于钢铁工业，10% 用于有色冶金、化工、电子、电池、农业、医学等部门。锰在医学领域主要用于制造消毒剂、催化剂、制药氧化剂等。如高锰酸钾是医疗领域最常用的消毒剂之一，因其具有强氧化性，所以浓度为 0.1% 的高锰酸钾溶液就可起到消毒杀菌的作用。此外，二氧化锰不仅作为中间氧化剂用于生产镇静剂芬那露，还作为催化剂用于生产解热镇痛剂非那西丁。

2. 锰的生物学效应

锰是维持机体正常生长发育及生理过程的必需微量元素，对人类生命健康起着重要作用。锰在人体内含量很少，成人体内仅 10~20 mg，每日锰摄入量约 3~9 mg。锰广泛存在于多种食物中，包括大米、坚果、全谷物、多叶绿色蔬菜、巧克力、海鲜、水果和种子等，因此锰主要经消化系统吸收。但大气、海水和温泉等环境也含有微量锰，所以呼吸道、皮肤等也是锰的吸收途径。人体内多余的锰，主要经粪便排出体外。锰被人体吸收后，主要由 β- 球蛋白和专门的锰运输蛋白将其输送到各个组织器官。由于生物膜的存在，锰向各个细胞和器官渗透的速度及时间，会因生物膜的不同而有所差异。锰主要集中在肌肉、表皮和肝脏，大脑、骨骼、血液以及其他器官含有少量锰。人体脑下垂体锰含量最为丰富，而脑下垂体又是人体高级生命活动的控制中心，因此，锰对人体生命活动的正常进行发挥决定性作用。

锰在人体能量转化、防御调控以及信息传递等过程中发挥重要作用，其生理功能有：①锰与生长发育密切相关。锰在胚胎发育的早期发挥作用，促进生长、发育、繁殖、智力健全等。锰是构成骨骼的必需元素，也是合成甲状腺素的必需元素，它能使食物充分消化吸收，缓解神经过敏和烦躁不安，解除疲劳，增强记忆力，预防骨质疏松症。②锰与内分泌功能密切相关。锰影响内分泌腺的功能、靶组织的活性及激素的生物学作用。临床研究表明，人体锰含量正常与否对维持下丘脑－脑干－垂体－靶组织的生理功能十分重要。③锰与造血功能密切相关。锰是造血过程的原料和调节因素，胚胎早期，肝脏会聚集大量锰，由此促进性激素及抗毒素的生成和维持人体骨骼的造血功能等。对贫血动物补充小剂量锰或锰－蛋白质复合物，可以改善动物对铜的利用，而铜可调节机体对铁的吸收利用及红细胞的成熟与释放，使血红蛋白、中幼红细胞、成熟红细胞及循环血量增多。④锰与遗传信息密切相关。锰维持核酸的正常代谢，而核酸作为遗传信息的携带者，含有多种微量元素，锰是其中一种。锰参与蛋白质和核酸合成，对于稳定核酸的构型和性质、DNA的正常复制起到重要作用，以保护细胞遗传信息的完整性。锰是多种酶活性中心的组成成分，如精氨酸酶、辅氨酸酶、丙酮酸羧化酶等，也是超氧化物歧化酶（superoxide dismutase，SOD）的组成成分，可防止自由基对细胞的损害。⑤锰与脂肪代谢密切相关。锰在人体内具有特殊的促脂肪动员作用，加速体内脂肪利用，减少肝脏内脂肪含量，具有抗肝脏脂肪变性的功能。锰还能促进胆固醇的合成，缺锰将影响以胆固醇为原料的性激素合成而导致不育症。锰对代谢过程有直接影响，能增强创伤组织的再生能力，促进创伤愈合。锰还具有抗衰老和预防癌症的作用。⑥锰与免疫功能密切相关。锰可以提高非特异性免疫反应中酶的活性，从而增强巨噬细胞的杀伤力。锰影响中性粒细胞对氨基酸的吸收，缺锰造成白细胞功能障碍，导致机体特定免疫力下降。

为维护人体健康，我国暂行规定成人锰推荐摄入量为每日 5~10 mg，最低不少于 3 mg。由于谷物、脂肪、绿色蔬菜和茶叶均富含锰，因此一般人群不易缺锰。但是当人体吸收锰的能力下降或其他重金属离子取代锰酶中的锰离子则会导致锰缺乏，进而出现各种病症，具体表现为：①早期胚胎发育不良。缺锰会引起生长发育停滞，甚至出现畸形儿、显著性痴呆、罹患先天性愚型、精神分裂症和胰腺发育不全。②影响生殖功能。缺锰可使性欲减退、性功能障碍、性周期紊乱、精子减少和不育。③葡萄糖利用率降低。缺锰的人常出现食欲不振，体重下降；引起高血压、肝炎、肝癌等疾病。④机体衰老。专家发现老年期锰钴含量明显低于老年前期，老年期锰铜比值同样明显低于老年前期，并证实锰铜比值降低是促进机体老化的重要因素，也与老年病的发生具有相关性。

和其他必需元素一样，锰过量可引起锰中毒。目前的锰污染主要来源于工业活动和其带来的工业废物，如采矿、焊接、冶炼、铁合金生产和电池制造等工业，及废电池、废电极、废催化剂等含锰工业废液。工业环境中含锰烟雾和粉尘的存在会显著增加工人职业接触锰的风险，长期吸入高浓度的含锰颗粒物易导致工人大脑锰含量明显升高。对环境危害最大的锰污染与采矿业直接相关，其废水通常含有高浓度的溶解锰和锰废渣，生产 1 吨纯锰大约需要 8 吨软锰矿 / 菱锰矿矿石，因此，大量尾矿被堆存。随着降雨，尾矿则释放与矿床相关的潜在有毒元素，因此地表径流是当地河流和地下水的主要污染源。这些没有经过处理的含锰废水，将锰持续释放到陆地和水生生态系统，对环境和人类健康构成严重威胁。锰进入人体会产生神经毒性，影响神经节、脑皮层和下丘脑的功能，导致神经元萎缩和苍白球胶质化，从而诱发帕金森病。除此之外，接触锰化合物过多的生产工人更易患震颤麻痹综合征，症状为头晕、头痛、记忆力减退、易疲劳继而肌肉震颤，容易跌倒、口吃、丧失劳动能力等。因此，在生产活动中严格控制锰等重金属的排放，营造良好的生态环境是人类生存的长久之计。

3. 锰与肠道微生物的关系

锰是人体必需的金属元素，其对细菌同样不可或缺。细菌在维持毒力相关的代谢过程中需要锰的参与，如肺炎链球菌和粪便肠球菌等；锰可增加鼠伤寒沙门氏菌对钙卫蛋白和活性氧依赖性杀伤的抵抗力，这是其肠道定植的重要因素之一；锰离子还参与枯草杆菌菌落中细胞生物膜的形成。此外，锰不仅可以改变肠壁完整性及肠道微生物多样性，还可干扰肠道微生物的代谢功能，从而破坏肠道正常生理功能。

3.1 锰暴露后的肠道微生态

锰暴露可改变志贺菌门、拟杆菌门和厚壁菌门的丰度，使肠道微生物丰度下降，继而影响肠道微生物多样性。多项动物实验发现，锰暴露改变小鼠肠道微生态多样性并呈现出性别差异。具体表现为，雌性小鼠厚壁菌门数量显著减少，拟杆菌门数量增加；而雄性小鼠厚壁菌门的数量显著增加，类杆菌门相对丰度降低。

3.2 锰暴露后肠道菌群代谢物的改变

由于肠道菌群高代谢活性的特点，锰暴露引起的肠道菌群失调会进一步导致肠道代谢组的显著改变。研究表明，对大鼠进行连续 30 天氯化锰灌养，并收集大鼠粪便进行代谢组学分析。数据显示，粪便中丁酸盐、α- 生育酚和胆甾烷的水平均降低，而棕榈酸和胆酸水平升高，并由此改变色胺、牛磺脱氧胆酸、β- 羟基丙酮酸和尿氨酸等物质的代谢。此外，锰诱导拟杆菌门丰度增加和厚壁菌门 / 拟杆菌门比例降低，因菌群失调而导致的脂多糖易位和肠壁通透性增加，并进一步增强脂多糖的神经毒性和神经炎症反应。

3.3 锰暴露后肠道通透性的变化

锰在维持肠壁完整性方面起着重要作用，锰缺乏和过量均导致肠道通透性增加，可能原因，一方面，锰缺乏（7 天的饮食中锰含量为 0、5 ppm 和 15 ppm）引起紧密连接蛋白功能障碍和肠道的通透性增加，并加重右旋糖酐硫酸钠诱导的小鼠结肠炎；另一方面，锰转运蛋白 SLC39A8 基因错义突变 A391T 与严重锰缺乏有关，通过调节锰依赖性糖基转移酶改变小鼠肠道黏液屏障功能。此外，直径为 16.8 ± 2.6 nm 的氧化锰颗粒可抑制修复过程、诱导促炎细胞因子产生和线粒体功能障碍，从而增强大肠杆菌 LF82 裂解物诱导的肠上皮细胞模型损伤。综上，锰过量使肠道通透性增加，而肠道生态失调及由此引起的肠道代谢组的改变，可能导致细菌代谢产物（包括神经活性代谢产物）更容易向大脑和其他器官或组织转移。

4. 锰与肠道微生物相关疾病的关系

锰是人体多种生理过程的必需微量元素，是神经胶质细胞和其他神经细胞所需要的多种酶的辅助因子。然而，锰过量易引起神经毒性从而诱发疾病的发生发展，如阿尔茨海默病、亨廷顿舞蹈症、帕金森病、肌萎缩侧索硬化等神经退行性疾病和朊病毒病，它们的特点是进行性功能障碍和某些解剖区域的神经元丧失，伴有各种各样的临床表现。锰暴露可引起神经毒性和各种神经退行性疾病，而肠道微生物在整合肠道和中枢神经系统活动的双向肠－脑轴中起着至关重要的作用。锰过度暴露对肠道微生物的组成、种类和丰度及其代谢物产生影响，肠道微生物失调引起神经活性和促炎代谢产物生成增加，继而导致神经退行性变。肠道微生物不仅参与调节中枢神经系统的应激反应和神经递质的生成，如儿茶酚胺、血清素和谷氨酸，还影响大脑不同区域的神经细胞的生长和发育等。

4.1 神经系统疾病

锰的神经毒性已被发现超过 100 年，这是因为大脑的多巴胺区域极易受到这种金属的影响。锰的神经毒性通常与锰矿的开采和冶炼，以及电池和钢铁生产等有关，因此吸入性或者职业接触含锰物质引起锰暴露最为常见，非职业接触主要包括受锰污染的饮水、牛奶和婴儿配方奶粉、全肠外营养制剂、汽油添加剂甲基环戊二烯三羰基锰燃烧产生的空气以及使用含过量锰的药物等。锰的神经毒性最早报道于职业接触氧化黑锰，其特点为工人姿势和步态发生改变，并出现肌无力等症状。锰的神经毒性的可能机制为神经炎症、氧化应激和内质网应激、线粒体功能障碍等，其中氧化应激被广泛认为是锰引起神经毒性的主要原因之一。

4.1.1 帕金森病

锰的神经毒性可影响神经节、脑皮层和下丘脑等区域的功能，导致神经元萎缩和苍白球胶质化，继而诱发帕金森病。研究表明，帕金森病患者的粪便普氏菌科显著减少；帕金森小鼠模型的粪便厚壁菌门和梭状芽孢杆菌目减少，而与肠道炎症相关的变形杆菌门则显著增加。肠道微生物结构变化、菌群代谢物如短链脂肪酸生成减少，以及内毒素和神经毒素生成增加，均可能与帕金森病的发生发展有关。锰对细菌和宿主的重要性体现在其金属能力以及它在营养免疫中的基础作用上。营养免疫的紊乱及细菌病原体的激活可能会产生过量的特定细菌毒素、改变神经传递和神经活性代谢物而影响大脑功能，从而影响周围神经系统和中枢神经系统。

4.1.2 阿尔茨海默病

研究显示，接触锰化合物过多的工人更易患帕金森病，症状为头晕、头痛、记忆力减退，易疲劳继而肌肉震颤，易跌倒、口吃、丧失劳动能力等。肠道微生物群可能通过其代谢产物调节β-淀粉样蛋白的积累，从而改变血脑屏障的通透性，进而诱发神经炎症；肠道微生物也有可能通过调节T细胞分化发挥促炎和抗炎反应。有实验通过健康微生物组移植减轻了锰诱导的神经毒性，表明肠道菌群在锰神经毒性级联反应中起着重要作用。锰过度暴露对肠道微生物群的影响会导致脂多糖产生增加，这是类杆菌数量增加而对脂多糖水平产生影响的关键因素，脂多糖因其促炎活性而在神经毒性和神经退行性变中发挥重要作用。锰暴露对肠道微生物群落生物多样性以及菌群代谢物产生影响，鉴于细菌代谢物在脑功能中的作用，锰引起的肠道菌群紊乱以及代谢物的改变可能会导致神经活性发生改变，如革兰氏阴性菌水平的增加可能会导致全身内毒素水平升高，诱导炎症反应，并产生神经毒性。

4.2 呼吸系统疾病

一项研究表明，长期接触金属粉尘颗粒物（尤其是含锰粉尘）的工人，其肺炎球菌性肺炎的发病率增加。在作业场所或环境中接触甚至吸入锰、铁颗粒物或其他刺激物可能与肺炎球菌肺炎发病风险增加密切相关。肺炎总死亡率为 10.7%，而钢铁制造商和煤炭搬运工的死亡率分别为 24.8% 和 24.9%。锰氧化物颗粒不仅导致机体对肺炎的易感性增加，还使肺炎患者的病死率升高。锰氧化物颗粒随呼吸道进入肺部，刺激并损害肺部细胞，降低其对病原体的清除能力，为肺炎球菌的生长提供有利条件，从而导致肺炎球菌性肺炎发生。此外，一家生产高锰酸钾的工厂出现明显的聚集性肺炎现象，临床表现为发热性大叶性肺炎和严重的呼吸道刺激，包括支气管炎、咽炎和鼻出血等症状。其原因是磨碎的二氧化锰颗粒与氢氧化钾和石灰石发生反应，在回转窑中焙烧，再电解提纯，整个生产过程富含灰尘以及金属细小颗粒物，导致工人大量吸入二氧化锰和石灰，从而诱发肺炎球菌性肺炎。

第十四节　铬元素与肠道微生物

1. 铬元素

铬，化学符号 Cr，是元素周期表中第Ⅵ B 族金属元素，其原子序数为 24，密度 7.19 g/cm^3，熔点 1 857 ± 20 ℃，沸点 2 672 ℃。铬常见的化合价有 +2、+3 和 +6，电离能为 6.766 电子伏特。铬是一种略带天蓝色的银白色金属，质极硬而脆，耐腐蚀，有很强的钝化性能，在大气中很快被钝化，属于不活泼金属，常温下与氧不发生反应。铬在地壳中的含量为 0.01%，居第 17 位。自然界不存在游离状态的铬，主要以铬铁矿的形式存在，有无机和有机两种形式。无机铬主要包括三氧化二铬（Cr_2O_3）和氯化铬（$CrCl \cdot 6H_2O$）；有机铬包括蛋氨酸铬 [（$C_5H_{10}NO_2S$）$_3$ · Cr]、酵母铬和吡啶甲酸铬 [Cr（$C_6H_4NO_2$）$_3$]，有机铬吸收利用率比无机铬高，因此生产中通常选择使用吸收利用率更高的有机铬。

1797 年法国化学家沃克兰（Vauquelin）被西伯利亚金矿开采出的一种颜

色为鲜红色的矿石所吸引，并在这种矿石中发现了一种新元素，即铬元素，之后将其用碳还原，制得金属铬。铬能够与其他物质生成多种彩色的美丽化合物，如银白色的金属铬，黄色的铬酸镁，绿色的硫酸铬，红色的重铬酸钾，猩红色的铬酸，绿色的氧化铬，蓝紫色的铬钒等。

作为一种金属元素，铬被广泛应用于冶金、化工、铸铁、耐火及高精端科技等领域。如冶金工业，因为铬性质极硬的特点，常被掺进钢里用于制成既硬又耐腐蚀的合金，主要用来炼制不锈钢、耐热钢及各种电热元件材料等；用铬铁矿加工制造成的各种铬盐是化学工业上的主要原料。铬盐是无机盐的主要品种之一，在日常生活中用途极为广泛，包括电镀、鞣革、印染、医药、燃料、催化剂、氧化剂、火柴及金属缓蚀剂等。同时，金属铬已列为最重要的电镀金属之一，大多数情况下镀铬层专门作为零件的最外部镀层，铬层愈薄，愈是紧贴在金属的表面，一些炮筒，枪管的内壁，所镀的铬层仅有千分之五毫米厚，但是发射了千百发炮弹、子弹以后，铬层依然存在。没有镀铬层提供的物理性能，大部分零件的使用寿命会因磨损、腐蚀等原因大大缩短，必须经常更换或维修，因此电镀铬在工业制造中的应用极其广泛。

2. 铬的生物学效应

铬是人体生长发育的必需微量元素。虽然人体对铬需要量很少，正常人体内只含有 6~7 mg，但是铬对人体正常生长发育十分重要。铬主要分布于骨骼、皮肤、肾上腺、大脑和肌肉之中。铬的食物来源极其丰富，苹果皮、面包、红糖、黄油、香蕉、牛肉、玉米粉、面粉、土豆等食物中均含有丰富的铬。铬具有一定的生物活性，是动物营养的必需微量元素之一，参与蛋白质、碳水化合物和脂质以及核酸的代谢，铬的生物化学作用主要是作为胰岛素的增强剂。铬是调节血糖的重要元素，同时具有保护心血管、控制体重的功能，特别是对于年纪大的人来说，若体内铬元素缺乏或者是补充不及时，就有可能引起糖代谢失调从而导致糖尿病，并可能会诱发冠状动脉硬化导致心血管病，严重者还会导致白内障、失明、尿毒症等并发症。铬也是葡萄糖耐量因子的重要组成成分之一，它可促进胰岛素在体内充分地发挥作用。在生理上，对机体的生长发育来说，胰岛素和生长激素同等重要，缺一不可。由于铬与体内大分子之间的相互作用比较差，因此其生物活性不高。然而，在生理条件下，由于非特异性的磷酸盐或硫酸盐转运蛋白的活性，铬能很容易地通过细胞膜转运。一项对大量青少年近视病例进行的研究指出，体内缺乏微量元素铬与近视的形成有一定的关系，因为处于生长发育旺盛时期的青少年，铬的需求量比成人大，然而有些家长不注意食物搭配，长期给孩子吃精细食物，从而会造成体内缺铬，眼睛晶状体渗透压发生变化，使晶状体变凸，屈光度增加，导致近视。

然而，铬摄入过多也可能会对机体造成不利影响。通过机体内的一些还原剂，如细胞色素还原酶 P450，谷胱甘肽还原酶，醛氧化酶、氢过氧化物酶和烟酰胺腺嘌呤二核苷酸（NADH），铬会发生大量的电子转移，产生六价铬中间体，最终形成三价铬，它们都能够与氨基酸、蛋白质或核酸等形成特定复合物，并诱导突变、染色单体交换和染色体畸变等。作为硫酸盐的类似物，铬酸盐可以通过硫酸盐转运系统轻易地进入细菌和哺乳动物细胞。六价铬的毒性是三价铬的 100 倍左右，并且很容易被人体吸收并在体内蓄积，铬进入人体后代谢和清除的速度都十分缓慢。六价铬与三价铬之间的相互转换，主要取决于 pH 值、氧气浓度、适当的还原剂等。虽然三价铬的毒性小，但其溶解性较差，在自然条件下通过各种氧化过程很容易转化为六价铬，这种氧化的六价铬如果与核酸和其他细胞成分反应，就可能对生物系统产生诱变和致癌作用。

六价铬是明确的有害物质，它可以通过消化道、呼吸道、皮肤和黏膜侵入人体。当铬经呼吸道侵入人体时，会侵害并导致上呼吸道疾病，引起鼻炎、咽炎和喉炎、支气管炎等。吸入较高含量的六价铬化合物会引起流鼻涕、打喷嚏、搔痒、鼻出血、溃疡和鼻中隔穿孔等症状，长期摄入铬还会引起扁平上皮癌、腺癌、肺癌等疾病。摄入超大剂量的铬则可能会导致肾脏和肝脏的损伤，并且会出现恶心、胃肠道不适、胃溃疡、肌肉痉挛等症状，严重时会使循环系统衰竭，失去知觉，甚至死亡。六价铬的环境暴露对孕妇的妊娠结局和子代的智力、发育产生不利影响，导致较高的妊娠损失，自然流产和低出生率。

3. 铬与肠道微生物的关系

肠道菌群是机体防御的第一道防线，可将毒性较强的六价铬转化为毒性较弱的三价铬。肠道微生物中的益生菌已被证明具有抗氧化活性和清除自由基的能力等，肠道内的微生物具有减轻或者清除外来毒物的作用。这些益生菌能有效防止细胞损伤，可能是通过与金属结合生成复合物或隔离金属等有害物质，再经粪便排泄将其排出体外。细菌细胞壁与有毒金属结合的 3 种主要机制是：①与肽聚糖和磷壁酸的离子发生交换反应；②形成核反应沉淀；③与氮和氧配体相络合。除此之外，生物吸附、氧化和生物积累或酶还原也是微生物与有毒金属相互作用的方式。

有研究表明，植物乳杆菌 TW1-1（一种从已知铬还原能力的发酵乳制品中提取的候选益生菌菌株）有助于减少六价铬在组织或器官中的积累，用 TW1-1 处理后，组织中的六价铬含量下降，而粪便中的六价铬含量增加；此外，六价铬暴露会导致各种组织中的炎性细胞因子如 TNF-α 显著增加，用TW1-1处理后，可在很大程度上逆转TNF-α的增加效应，尤其是在肾脏中，由此六价铬引起的组织损伤也得到有效缓解。除此之外，在六价铬诱导后使用 TW1-1，粪便细菌的铬酸盐还原能力增强；而 TW1-1 作为肠道微生物群生物多样性的调节器，通过粪便细菌测序发现，肠道微生物群的整体结构会因六价铬暴露而改变，表现为拟杆菌门大量富集，其能通过添加 TW1-1 得到部分恢复，主要表现为参与碳水化合物代谢和维持正常生理功能的变形菌和粪便杆菌数量增加。总的来说，TW1-1 可能通过富集有益于人体健康的物种数量并抑制有害物种数量来修复部分由六价铬引起的肠道微生物群失调，提示我们可以利用乳酸杆菌减少铬对人体的毒害作用，这种肠道重金属修复过程即为“肠道修复”。

4. 铬与肠道微生物相关疾病关系

铬通过饮用水和食物摄入，或经呼吸道吸入和皮肤吸收进入人体，如果铬在人体组织中积累的速度大于解毒速度，就会导致铬在人体内产生累积，造成金属毒性从而导致胃肠道、肾脏、骨骼和神经系统疾病。急性暴露于高剂量六价铬后，患者的临床表现为腹痛、恶心、呕吐、呕血和带血的腹泻等，其他症状还包括口腔、咽、食管、胃和十二指肠的腐蚀性烧伤以及胃肠道出血。铬慢性暴露可引起贫血、血红蛋白降低、红细胞异常、血管内溶血、代谢性酸中毒、肝毒性、肾功能衰竭、发绀、低血压和休克等症状。此外，铬在人体内长期累积还可能会引起免疫系统损伤、宫内生长迟缓和上消化道癌等疾病。微生物具有抵抗机制，可以防止细胞损伤并与金属结合形成特定化合物，将它们从细胞表面分离并从体内清除，从而有助于减轻重金属的毒性。

4.1 消化系统疾病

肠道上皮是铬代谢和组织铬通过血液分布到机体器官和组织的第一道生理屏障。哺乳动物肠道上皮细胞与微生物生态系统保持着动态平衡，肠道细菌对肠道内环境稳定具有调节作用，其中乳酸杆菌能快速还原出六价铬。耐铬酸盐的乳酸杆菌菌株可用于胃肠道铬的解毒以及环境污染中六价铬的生物修复。这是因为乳酸杆菌菌株产生了铬抗性，并对铬酸盐还原酶进行了部分纯化。在六价铬中连续培养乳酸杆菌菌株会导致铬的耐药性发展。抗性菌株表现出良好的耐铬性和通过可溶性酶还原铬的能力。其不会使铬在细胞内积累，因此可以在胃肠道铬的解毒过程中发挥重要作用。此外，乳酸杆菌作为益生菌，与其他铬抗性细菌相比，铬抗性乳酸杆菌是铬环境污染生物修复的更好选择。还有研究报道，六价铬可以在肝脏和肾脏中诱导过度氧化应激，导致组织损伤，而氧化应激是胃肠组织损伤的重要因素，可导致慢性肠炎、结直肠癌等各种疾病。

4.2 呼吸系统疾病

有研究表明，六价铬暴露显著降低了人支气管上皮样细胞（16HBE）的活力，并呈现剂量依赖性。流式细胞术显示，六价铬可以促进16HBE细胞从G1期向S期过渡，并抑制S期进程。在六价铬处理的16HBE细胞中，凋亡相关基因的表达发生了显著改变。此外，利用二维荧光差异凝胶电泳和质谱分析，六价铬处理的16HBE细胞中可鉴定出15个差异表达蛋白（其中1个上调，14个下调）。功能分类表明，这些差异表达蛋白参与细胞凋亡、细胞骨架结构和能量代谢过程。因此推测，六价铬对支气管上皮细胞具有毒性作用，其机制可能与细胞凋亡相关蛋白、细胞骨架蛋白和能量代谢相关蛋白的异常表达有关。

第十五节　金元素与肠道微生物

1. 金元素

金（aurum）是一种惰性金属元素，元素符号是Au，原子序数为79，密度为19.32 g/cm^3。在自然界中以单质的形式存在于岩石中的金块或金粒、地下矿脉及冲积层中，这也是人们通常所称的“黄金”。金元素是目前为止国际上公认的最有应用效能和使用价值的稀有元素之一。金元素呈赤黄色，无特殊气味，熔点高（1 064.58 ℃），沸点高（2 807 ℃），稳定性好，延展性好，还具有良好的导电性、导热性以及抗腐蚀特点。

金具有良好的延展性、分子识别性能以及良好的生物相容性，成为人们眼中的宝物，被视为高贵的象征，用作货币和保值物。金在其他领域也发挥着重要的作用，如庙宇，宫殿的装潢以及医疗领域。在口腔医学材料中，由于金合金良好的延展性，具有能很好地与牙齿表面吻合的特点而在牙科医学方面得到广泛应用；同时，胶体金也被制备并应用于医学、生物学的研究，免疫胶体金标记技术使金粒子发挥了吸收蛋白质分子的能力；金的同位素金 -198 被用于部分癌症及其他疾病的治疗；在工业领域，作为电磁辐射的优良反射体，金被应用于人造卫星，保暖救生衣的红外线保护面层以及航天员的头盔等。同时，因为金不易失去电子，具有很强的抗氧化作用和良好的导电性，成为科学家们制造电子元件金属的最佳选择；除此之外，金还担当了在生物样本及其他非传导物质如塑胶及玻璃的传导涂层的角色，并由于金优良的物理性质，人类发现了其在纳米技术中的更多新用途。

金还有着特殊的化学性质，例如没有稳定的氧化态；电负性高，可以形成如 Cs+Au 化合物；具有良好的催化性能，其催化能力与铂（Pt）族金属不相上下；金的标准电极电势高达 1.68 V。近年来，随着人们的过度开采，金元素在自然界的含量越来越少，这给金元素未来的发展以及研究带来了很大的阻碍。

当金颗粒小到几纳米时，金纳米颗粒表面的表面积具有特殊效果，它们的物理和化学性质将会随其大小（以纳米为单位）而变化。在不同还原剂的作用下，一定温度和压力下还原四氯金酸（$HAuCl_4$），可以制备出粒径为 2~100 nm 的金纳米球，纳米结构的金显红色并表现出特殊的光学性质。金纳米材料包括金纳米粒子、纳米团簇（AuNCs）、纳米笼、纳米棒（aunr）、纳米星、纳米壳和纳米板。金纳米粒子在治疗各种疾病方面显示出极强的可行性，被用于生物医学测试、疾病诊断和基因检测。具有较高原子序数的金纳米颗粒还具有较大的 X 射线吸收截面，因此可作为放射敏化剂。基于这些独特的性质，金纳米粒子已成为研究最广泛的金属纳米材料。

2. 金纳米颗粒的生物学效应

金纳米颗粒对细胞生长和增殖的影响比较小，经常被用作药物或生物分子的载体，在临床转化中显示出巨大的潜力，在生物医学应用方面极具前景。金纳米颗粒可以直接或间接地产生不同的生物活性，由于组织和器官膜的特点以及生物屏障，金纳米颗粒在全身给药中的分布可能取决于其粒子直径大小。金纳米颗粒可以到达全身的各个器官，包括大脑、心脏、肺、脾脏和肾脏，如果金纳米颗粒到达这些器官和组织，可以逃脱组织巨噬细胞的吞噬作用。金纳米颗粒有着良好的生物学效应，如：①金纳米颗粒具有良好的体内稳定性和细胞摄取效率，因其无毒又易于合成、尺寸可控、表面积大、等离子体共振和良好的生物相容性等优良特性，可以和不同化合物（包括不同的蛋白质，抗体、酶或细胞因子及药物分子）相结合，金纳米颗粒可以携带各种药物并有选择性地将药物释放到所需的器官和组织中，与此同时又能减少对人体正常细胞的破坏性影响，还能提高癌症细胞的药物浓度，目前被广泛用于靶向药物传递。此外，金纳米颗粒表面可以很容易地被蛋白质、多肽、单克隆抗体和小分子等活性靶标片段功能化，避免非特异性吸收，从而实现肿瘤特异性靶向；②金属 / 金属氧化物纳米颗粒还可以模拟抗氧化酶的活性，催化超氧阴离子和过氧化氢的降解；③金属 / 金属氧纳米颗粒的降解释放金属离子并抑制炎症。金纳米颗粒可以直接对癌细胞产生细胞毒性，对于炎症和氧化损伤引起的疾病，金纳米颗粒还具有抗氧化和抗炎作用。金纳米颗粒已被证明具有抗血管生成和抗炎特性，可以被用于治疗视网膜疾病；④金纳米颗粒的光热转换能力还可以产生局部热量，用于热消融肿瘤；⑤金纳米颗粒的物理性质可抑制 β- 淀粉（Aβ）肽的聚集和 Aβ 聚集体的降解。金纳米颗粒还显示出对乙酰胆碱酯酶和丁酰胆碱酯酶的抑制作用，有助于抵抗阿尔茨海默病。Aβ 可能通过增加氧化应激来诱发线粒体功能障碍，因此可能与阿尔茨海默病中的神经毒性有关；⑥在一项果蝇实验中还表明，金纳米颗粒能够促进细胞水平上的营养吸收，影响 PI3K/AKT 通路中信号分子的活性并改变脂质代谢。

3. 金纳米颗粒与肠道微生物的关系

在一项应用 4，6- 二氨基 -2- 嘧啶硫醇（DAPT）包被的金纳米颗粒（D-AuNPs）治疗肠道中大肠杆菌诱导的细菌感染实验中，通过在厌氧环境中加入 D-AuNPs 培养大肠杆菌，评估金纳米颗粒的杀菌效果，结果表明金纳米颗粒能有效治疗细菌引起的感染。同时研究了口服给药 28 天后小鼠的微生物群落，并记录金纳米颗粒的分布和生物标志物，以分析金纳米颗粒对小鼠的影响。小鼠实验表明金纳米颗粒比左氧氟沙星能更有效地治愈细菌感染，同时不会损害肠道菌群。D-AuNPs 作为口服抗生素的替代品显示出巨大的临床应用潜力。金纳米颗粒还可以用生物合成，如细菌、海洋巨藻和石榴籽油等。此外，因为金纳米颗粒不仅有信号放大的作用，同时还具有光学特性，能够显著提高菌群检测的灵敏度，被广泛用于细菌检测。

4. 金纳米颗粒与肠道微生物相关疾病关系

金纳米颗粒具有表面积大、吸附能力强、生物利用度高、生物相容性好等特点，具有特殊的生物学效应，可以用于治疗细菌感染或者肥胖等慢性代谢性疾病等。肠道菌群相当于机体内的生物屏障，具有促消化吸收和免疫作用，因此维持肠道菌群稳定性对于生物健康至关重要。

4.1 消化系统疾病

胃癌最主要的危险因素是幽门螺杆菌（Helicobacter pylori，HP）感染，全球约 75% 的胃癌是由幽门螺杆菌引起的炎症和细胞损伤所致。幽门螺杆菌会特异性地在胃上皮定植，从细菌在胃黏膜上皮的黏附定居开始，机体的免疫系统就被激活，幽门螺杆菌细菌本身、细菌鞭毛、脂多糖以及其分泌的毒素等多种成分均可作为免疫原，导致机体的免疫应答，造成胃黏膜免疫病理损伤。抗生素被广泛用于幽门螺杆菌的治疗，但随着抗药性的出现，抗生素治疗也面临着很大的挑战。为了避免抗生素治疗产生抗药性的缺点，有学者推出了物理光热疗法，制备了口服金纳米探针。一方面，金纳米颗粒在胃内低 pH 值的环境下，可以特异捕获体内幽门螺杆菌，并在 790 nm 近红外激光照射下杀死幽门螺杆菌，同时低功率近红外激光照射对胃组织无损伤，是一种安全的治疗方法。另一方面，还可以通过控制纳米探针的大小使金纳米探针不被胃肠道吸收，经粪便途径排出体外，且在一定治疗剂量内不会引起肠道菌群失衡。这提示金纳米探针的物理光热疗法可能是药物治疗幽门螺杆菌导致胃癌的另一种方法。更重要的是，幽门螺杆菌引起的胃黏膜损伤可在光热治疗后 1 个月迅速恢复正常，提示口服金纳米探针具有很好的临床转化价值。金纳米探针可在体内保存较长时间，并捕获胃组织中的幽门螺杆菌，而多余的金纳米探针会被迅速清除。

4.2 神经系统疾病

胶质母细胞瘤是星形细胞肿瘤中恶性程度最高的一种胶质瘤。肿瘤位于皮质下，多数生长于幕上大脑半球各处，呈浸润性生长，经常侵犯几个脑叶，发生部位以额叶最多见，并侵犯脑部深处结构，还可能经过胼胝体牵涉对侧大脑半球。替莫唑胺（temozolomide，TMZ）是一种治疗胶质母细胞瘤的标准照护化疗药物之一，然而，因为替莫唑胺会产生耐药性的特点，因此在胶质母细胞瘤的治疗中也受到了极大的限制。有文献指出，合成替莫唑胺和金纳米颗粒的复合物用于光热治疗，可克服胶质母细胞瘤对替莫唑胺的耐药性问题，提高胶质母细胞瘤的治疗效果。与此同时，金纳米颗粒可通过鼻内给药进入大脑，2 天内就会被排出体外，表明金纳米颗粒对大脑是安全的，是用于治疗胶质母细胞瘤的一种可行的治疗策略。

亨廷顿舞蹈症是一种常染色体显性遗传性神经退行性疾病，主要病因是患者染色体上的有关蛋白质折叠的基因发生突变，导致蛋白质折叠出现错误，产生变异的蛋白质并在神经细胞内逐渐聚集，形成大的分子团积聚在脑中，影响神经细胞的功能。有研究者曾设计并合成了一种特异性金纳米颗粒复合物，专门针对错误蛋白并减轻其毒性。这种金纳米颗粒复合物能将大的分子团解离，并以浓度依赖性方式降低其 β- 折叠含量。

总的来说，金纳米颗粒可被用于治疗多种疾病，而且不会对机体正常组织产生毒害作用，在临床应用上具有较好的应用前景。

第十六节　银元素与肠道微生物

1. 银元素

银是一种应用历史悠久的贵金属，至今已有 4 000 多年的历史。银，英文名称 silver，元素符号 Ag，元素周期表中原子序数 47，原子量 107.868，ⅠB 族金属元素。银在地壳中的含量很少，少量银以单质形式存在，绝大部分银以化合态的形式存在于银矿石中。银的理化性质均较为稳定，导热、导电性能很好，质软，富延展性，反光率极高，可达 99% 以上。自古以来银就被认为是一种安全而广谱的杀菌材料，但长期暴露会导致银中毒，加上抗生素的出现，银便逐渐淡出抗菌剂行列。随着现代纳米技术的应用，古老的银又重新开始应用于人们生活的方方面面。医学上纳米银可以用于烧烫伤贴、抗菌敷料、消毒剂等；日常生活纳米银可以应用于空气清新剂、洗涤剂、水质净化剂、纺织物等。据相关报道，全球的纳米银使用量可占纳米材料总用量的 50% 左右，各个行业每年使用纳米银约 400 吨。随着产品的不断开发和应用，人们在日常生活和工作中接触到纳米银的机会越来越多，它也因此获得了以多种途径进入人体并与体内不同组织、细胞或生物分子相互作用的可能，如经皮肤渗透，经呼吸道吸入，经胃肠道吸收，以及经静脉注射摄入等，银进入体内后经过血液循环转运到身体的各部位进而沉积，会对机体造成潜在的损伤。研究发现，除了大脑和睾丸，大多数器官能够逐渐清除纳米银，而脾和肝可能是纳米银最主要的蓄积器官。

2. 纳米银的生物学效应

纳米银具有很好的抗菌能力，其抗菌性能远远优于传统的银离子杀菌剂，因此被广泛应用于医疗、保健和水质净化等领域。但大多数研究都表明纳米银能引起一系列生物毒性效应（如产生细胞毒性，包括细胞活性降低、细胞凋亡等），遗传毒性（包括 DNA 损伤、细胞周期阻滞等），心血管系统疾病等。

2.1 抗菌作用

纳米银具有表面效应、小尺寸效应和宏观隧道效应等特性，还具备超强的抑菌杀菌能力，被广泛地应用于医药领域。将其应用于人体时，可直接与皮肤、血液或淋巴系统等接触，从而产生潜在的生物学效应。有学者对 20~50 岁的健康已婚女性使用纳米银避孕泡沫后的阴道分泌物进行检测，发现纳米银避孕泡沫对阴道微环境有良好的影响，可减少阴道的炎性反应。纳米银的杀菌机制表现在纳米银颗粒本身或其释放的银离子，可以结合菌体细胞膜蛋白并破坏其功能，还能渗透到细菌胞体，破坏含有磷、疏基团的化合物（如 DNA、酶等），从而杀死细菌；纳米银可进入细胞内部使 DNA 浓缩，从而丧失复制能力，达到杀菌效果。

2.2 细胞毒性

纳米银暴露于细胞，可以被某些细胞膜受体，如 N- 甲基 -D- 天冬氨酸受体（N-methyl-D-aspartate receptor，NMDAR）识别，并经内吞作用进入细胞，甚而进入线粒体和内质网等细胞器，破坏这些细胞器的正常功能而导致细胞凋亡。氧化应激是纳米银致细胞毒性的主要诱因，其可以直接刺激细胞产生活性氧（reactiveoxygen species，ROS），也可以诱导细胞发生炎症反应，继而间接诱导生成 ROS。研究发现在人肝细胞中纳米银可以通过氧化应激诱导的细胞凋亡和细胞内组分的损伤引起细胞毒性。此外，纳米银会通过产生 ROS 干扰三磷酸腺苷系统，使线粒体呼吸链解耦联，导致线粒体受损。

2.3 遗传毒性

DNA 的任何损伤都会影响遗传物质的正常复制，甚至引起癌变，因此纳米银的遗传毒性是评价其安全性的重要指标之一，其遗传毒性主要表现在 DNA 损伤、染色体畸变、细胞周期阻滞等方面。研究发现，纳米银引起细胞的 DNA 损伤，染色体畸变，导致细胞周期在 G2/M 期阻滞，使得基因组不稳定并诱发细胞癌变。另有研究发现，纳米银可显著诱导染色体的断裂缺失等结构畸变和多倍体的发生，并且能够和基因组 DNA 结合，影响体外基因扩增，同时导致 DNA 扩增突变率增加。大量的体外实验表明，在不同的细胞中纳米银均能引起 DNA 和染色体损伤，也能诱导相关蛋白表达上调，如细胞周期检验点蛋白 p53、DNA 损伤修复蛋白 Rad51、磷酸化组蛋白 H2AX 等。而如果不及时修复断裂的 DNA 双链，会引起细胞死亡，或造成染色体转位及遗传信息丢失。

2.4 神经系统毒性

纳米银在大脑中的神经毒性形成机制比其他组织更复杂，纳米银进入体液以后，通过被动转运、载体介导或者吞噬作用跨越血脑屏障渗透到脑组织并长期蓄积，但关于其在脑组织中如何蓄积及如何引起长期生物学效应的研究还比较匮乏。鼻内纳米银暴露 21 天后，大鼠和新生小鼠表现出很多异常，包括大脑皮层中颗粒层的退化、水肿、区域性坏死等。氧化应激对纳米银诱导神经毒性有很大的促进作用，纳米银引起的线粒体紊乱和 Caspase-3 的激活导致了线粒体依赖的神经细胞死亡，此外，纳米银引起的钙稳态失衡也可导致神经细胞死亡。

2.5 心血管系统毒性

纳米银对心血管系统的损伤主要包括血细胞和血浆的生物学效应。纳米银对白细胞的影响涉及形态、增殖、遗传物质、炎症因子释放等；纳米银进入红细胞后，可诱导胞内 ROS 产生并使红细胞膜脂质过氧化而发生溶血。再者，进入生物体内的纳米银经过血液循环很有可能对血液单核细胞和血管内皮细胞产生损伤，进而引发内皮功能障碍。此外，纳米银可引起人血液中的血小板聚集、磷脂酰丝氨酸外翻、促凝血活化并导致血栓形成。

3. 纳米银与肠道微生物的关系

3.1 纳米银对肠道微生物的影响

纳米银具有抗菌作用。研究人员对雄性和雌性 SD 大鼠使用柠檬酸盐包裹的纳米银颗粒 AgNPs（10 nm、75 nm、110 nm），以 3 种不同剂量 [9 mg/（kg · d）、18 mg/（kg · d）、36 mg/（kg · d）] 口服灌胃，每天 2 次，持续 13 周。通过培养回肠组织，发现纳米银对黏膜微生物群表现出性别、大小和剂量依赖性的抗菌作用。简而言之，所有纳米银颗粒都有抗菌作用，但效应剂量与动物性别有关。在 10 nm AgNPs 组中，高剂量的 AgNPs 影响会导致厚壁菌门减少；在低剂量 110 nm AgNPs 组中，雌性拟杆菌门增加，而雄性减少；在高剂量 110 nm AgNPs 组中，雌雄厚壁菌门减少，而拟杆菌门增加；同时还观察到乳酸菌属（10nm、75 nm）的减少。另一项使用 12 nm、2.5 mg/（kg · d）的 AgNPs 灌胃对雄性小鼠进行为期 7 天的研究中，结果显示小鼠体重下降，16S rRNA 测序 F/B 比值降低，阿里菌属、拟杆菌属和普氏菌属增加，乳酸菌属减少。

其他研究还发现了纳米银能诱导肠道微生物组变化。例如，将健康供者粪便中建立的细菌群落暴露于 10 nm AgNPs（0~200 mg/L）48 小时，结果显示高剂量 AgNPs（100 mg/L 和 200 mg/L）暴露下的微生物产生的气体减少 20%。气体产量减少归因于二氧化碳，表明纳米银可能降低了样品中微生物的代谢活性，通过 PCR- 变性梯度凝胶电泳（DGGE）图谱分析发现，微生物群落结构发生了变化；处理后的样本 DNA 进行 16S rRNA 测序，显示革兰氏阴性厌氧菌、卵形拟杆菌等减少了 57%。此外，研究人员还用剂量为 3.6 mg/（kg · d）的聚乙烯吡咯烷酮（PVP）包被立方体和球形纳米银（45 nm 和 50 nm）处理雄性大鼠，14 天后发现，立方体纳米银处理的大鼠中，梭状芽孢杆菌、均匀拟杆菌、克里斯滕森菌科和原球菌均减少，而球形纳米银处理的大鼠中，示波螺旋体、脱卤杆菌、肽球菌、棒状杆菌和气肺聚集杆菌减少。

3.2 银对胃肠道的影响

MUC 基因编码一种膜结合蛋白，它是黏蛋白家族的一员。黏蛋白在肠上皮表面形成的保护性黏液屏障中起重要作用。而纳米银会导致回肠中 MUC3 表达下降，在雌性大鼠中最为显著。此外，研究还发现 T 细胞调节基因（FOXP3、GPR43、IL–10、TGF–β）表达下降会引起肠道的免疫反应。另一项研究显示纳米银处理的小鼠表现出结肠炎样症状，如疾病活动指数增加、肠上皮微绒毛紧密连接中断和促炎细胞因子增加。

但纳米银也有积极的影响。研究人员通过给予小鼠右旋糖酐硫酸钠（DSS），获得了可重复性结肠炎模型，同时可以增加宏观和微观损伤评分，而给予小鼠 AgNPs 可显著降低宏观评分，有效减轻 DSS 诱导的结肠炎，同时，在 DSS 治疗小鼠中观察到的微观损伤（即黏膜结构丧失、隐窝脓肿存在和广泛细胞浸润）得到缓解。由此说明纳米银对胃肠道具有双重影响。

4. 纳米银与肠道微生物相关疾病的关系

4.1 大脑发育障碍

纳米银可以在胃肠道中积累，然后通过循环系统进入大脑，穿透血脑屏障（blood–brainbarrier，BBB）或经逆行轴突传递，进而引起大脑的发育障碍。一项研究使大鼠在交配前和怀孕期间接触 AgNPs，结果发现 AgNPs 在其 4 天大的子代的大脑和其他器官中积累。另一项使用放射性 AgNPs 的短期研究证实了口腔接触会导致纳米银颗粒经胎盘和哺乳转移，并在新生幼仔的大脑中积累，通过水迷宫或 Y 迷宫检测空间记忆和学习记忆的改变，结果显示出亲代和子代均出现认知功能受损。

4.2 炎症性肠病

AgNPs 的抗菌特性会导致大多数细菌的普遍减少，而普雷沃氏菌属、芽孢杆菌属、平面球菌科、葡萄球菌属、肠球菌属和瘤胃球菌属却显著增加，普雷沃氏菌属及瘤胃球菌属成员的定植，常会加剧肠道炎症并激活潜在的系统性自身免疫。与此同时，AgNPs 能改变肠道生态系统的组成和功能，导致短链脂肪酸，特别是醋酸脂肪酸的减少，继而降低稳定状态下肠道 IL–18 的水平。

4.3 阿尔茨海默病

有研究显示，在发育过程中暴露于 AgNPs 后，肠道的类固醇激素的生物合成显著减少，特别是雌激素减少与神经行为障碍的发生发展密切相关，可导致神经功能障碍性疾病，如阿尔茨海默病。此外，暴露 AgNPs 后，不饱和脂肪酸的生物合成减少，而二十二碳六烯酸（DHA）对正常的认知功能至关重要，包括学习和记忆、应对压力、调节其他情绪反应、抑制大脑中的炎症、降低冲动障碍、增加阿尔茨海默病和其他大脑疾病的风险等。

第十七节　其他金属元素与肠道微生物

1. 其他金属元素

其他金属元素如钙、钴、钾、镁、铂等也与人体生命活动息息相关，在人体的代谢、微环境、骨发育等方面发挥着至关重要的作用。

1.1 钙元素

钙，英文名称 calcium，化学符号 Ca，原子序数 20，相对原子质量 40.087，是一种重要的金属元素。钙的熔点为 842 ℃，沸点 1 484 ℃，密度 1.55 g/cm^3。钙是一种银白色晶体，质稍软，化学性质比较活泼，在空气暴露时表面能形成一层氧化物（氧化钙）或氮化物（氮化钙）薄膜，防止其继续受到腐蚀。钙在地壳中含量为 3%，仅次于氧、硅、铝、铁，居第 5 位，多以离子状态或化合物形式存在。

钙是人体必需的常量元素之一，是人体中含量最多的无机元素，还是人体内200多种酶的激活剂，能够使人体各项生命活动正常进行，缺钙或是钙过剩都会影响人体生长发育和健康。成年人体内钙含量约占体重的1.5%~2.0%，人体总钙含量达1 200~1 400 g，其中99%存在于骨骼和牙齿中，组成人体支架，成为机体内钙的储存库；另外1%存在于软组织、细胞间隙和血液中，统称为混溶钙池，与骨钙保持着动态平衡。

当机体钙摄入不足时，就会出现生理性钙透支，造成血钙水平下降。在缺钙初期，可能只是发生可逆性生理功能异常，如情绪不稳定、睡眠质量下降、心脏出现室性早搏等反应。持续低血钙，人体将长期处于负钙平衡状态，进而导致骨质疏松和骨质增生，并可导致其他疾病，如儿童佝偻病、手足抽搐症、高血压、冠心病、肾结石、结肠癌、老年痴呆等。补充钙过量虽然不会立即出现中毒症状，但是过量的钙离子会影响人体对其他元素，如镁、铁、锌、磷等的吸收，并产生其他不良影响，如厌食、恶心、消化不良、便秘等。

1.2 镁元素

镁，英文名称magnesium，元素符号Mg，原子序数12，位于元素周期表第IIA族。镁是一种银白色，质轻且有良好延展性的金属。密度1.74 g/cm^3，熔点650 ℃，沸点1 090 ℃。在空气中，镁的表层会生成一层很薄的氧化膜，并失去光泽，使空气很难与它发生反应。镁合金具有比强度、比刚度高，导热导电性能好，很好的电磁屏蔽、阻尼性、减振性、切削加工性以及加工成本低和易于回收等优点，因而广泛用于航空航天、导弹、汽车、建筑等行业。镁是维持人体生命活动的必需元素，具有调节神经和肌肉活动、增强耐久力的功能。人体内缺镁的早期表现是厌食、恶心、呕吐、衰弱及淡漠。随着镁缺乏加重可有记忆力减退、精神紧张、易激动、意识不清、烦躁不安、手足徐动症等表现。严重缺镁时，可有癫痫样发作，发生心脏完全传导阻滞或心搏停止。镁有防治卒中、冠心病和糖尿病、心脏病等功能。但是过量摄入镁，也会出现不良症状，常伴有恶心、胃肠痉挛等胃肠道反应，还有嗜睡、肌无力、膝腱反射弱、肌麻痹等症状。

1.3 钴元素

钴，英文名称 cobalt，是一种金属元素，元素符号 Co，原子序数 27，位于元素周期表Ⅷ族。钴是一种银灰色有光泽的金属，熔点 1 495 ℃，沸点 2 870 ℃，有延展性和铁磁性，钴在常温的空气中比较稳定，300 ℃时，钴在空气中开始氧化。钴因具有良好的耐高温、耐腐蚀、磁性性能而被广泛用于航空航天、机械制造、电气电子、化学、陶瓷等工业领域，是制造高温合金、硬质合金、陶瓷颜料、催化剂、电池的重要原料之一。经常注射钴或暴露于过量的钴环境中，可引起钴中毒。钴中毒的临床表现为食欲不振、呕吐、腹泻等。儿童对钴的毒性敏感，应避免使用超过 1 mg/kg 的剂量。在缺乏维生素 B12 和蛋白质以及摄入酒精时，钴毒性会增加，钴中毒在酗酒者中较为常见。

2. 生物学效应

2.1 钙的生物学效应

钙的生物学效应包括：①钙是构成骨骼和牙齿的最基本原料。牙齿和骨骼的钙占到体内钙总量的 99%以上，它们沉淀在钙化的硬组织中，有一定的硬度和强度，对机体的运动、支持、保护等起到极为重要的作用。骨质疏松的病理特征是骨细胞中钙离子大量流失，随着年龄的增长钙离子流失增加，因此老年人会出现身高降低、抽筋、骨疼、腰椎、颈椎病等表现，骨质疏松是高龄老年人死亡的重要原因。②钙参与神经、肌肉的活动和神经递质的释放。除了骨骼和牙齿外，人体肌肉中钙含量最多。钙主要分布在肌细胞的外面，使细胞收缩，镁主要分布在肌细胞内侧，使细胞舒张，钙与镁、钾、钠等离子保持一定比例，能够使神经、肌肉保持正常的反应，维持肌细胞的正常功能。心脏收缩主要依靠钙的参与，心脏舒张主要依靠镁的作用，钙和镁配合维持着心脏跳动。钙还能维持神经递质的释放和神经冲动的传导。血清钙下降时，神经、肌肉兴奋性上升，此时钙离子能降低神经、肌肉的兴奋性。③钙可以促进体内酶的活性。在机体中，许多酶需要激活才能表达其活性。钙能直接参与调节脂肪酶，ATP 酶等的活性，还可以激活 270 多种酶，例如钙调蛋白、腺苷酸环化酶等，调节代谢过程和细胞内生命活动。④钙可以维持细胞的完整，控制膜的通透性。肝、神经、红细胞和心肌等的细胞膜上都有钙的结合部位，钙能够与细胞膜表面的阴离子结合，维持细胞的完整性，当钙离子从其部位脱离时，细胞膜的结构和功能会发生变化，使钾、钠离子的通透性发生变化。

2.2 镁的生物学效应

镁可以促进心脏、血管的健康，预防心脏病发作；镁可以激活多种酶的活性，镁作为多种酶的激活剂，参与 300 多种酶促反应；镁可以抑制钾、钙通道，防止钙沉淀在组织和血管壁中，防止产生肾结石、胆结石；维护骨骼生长和神经肌肉的兴奋性，使牙齿更健康；维护胃肠道和激素的功能，改善消化不良；能协助抵抗抑郁症，与钙并用，是天然的镇静剂；镁还有一个突出的“贡献”，就是能提高精子的活力，增强男性生育能力。

2.3 钴的生物学效应

微量元素钴与维生素 B12（维生素 B12 又叫钴胺素，是唯一含金属元素的维生素）有重要关系，因为它是维生素 B12 的组成部分，其生理功能也是通过维生素 B12 的作用来表现的，且钴元素并不能直接被人体所吸收。维生素 B12 经过消化道进入胃，钴能够防止维生素 B12 被消化道内的微生物破坏，没有了钴的参与，维生素 B12 的功效就会降低甚至是消失。另外，钴的生理功能的发挥也离不开维生素 B12 的支持，首先它需要合成维生素 B12，然后发挥造血功能; 钴对蛋白质的新陈代谢有一定作用; 钴还可促进部分酶的合成，并有助于增强其活性。此外，钴还有助于铁在人体内的储存以及肠道对铁和锌的吸收并能够促进肠胃和骨髓的健康。

3. 其他元素与肠道微生物的关系

越来越多的研究表明，金属元素与肠道微生物之间可以产生多种相互作用：①氧化镁纳米颗粒对革兰氏阳性和革兰氏阴性微生物表现出较强的抗菌活性，并削弱了微生物群落的生物膜形成。氧化镁纳米颗粒可能通过诱导活性氧的形成，引起肠道微生物细胞包膜的脂质过氧化，导致细胞质内容物流出细胞；②双歧杆菌可以通过自噬和钙信号通路强化肠黏液层。黏液层是肠道微生物群和宿主之间的第一个接触点，双歧杆菌属是胃肠道的第一批定植菌；③还有一项对深海鱼肠道菌群的分析显示，肠道微生物组显示出抗生素和重金属（如钴）耐药性的多种机制，表明微生物群落的改变是对海洋生态系统人为影响所作出的反应。

人体主要通过肠道吸收关键骨矿物质（主要是钙）来调节骨骼正常的更新和骨矿质化。有文献指出，肠道及其微生物组的组成结构或其代谢物会影响各种动物模型（如斑马鱼、啮齿动物、鸡），甚至人类的骨密度和强度。研究使用无菌小鼠为对照，结果显示无菌小鼠每块骨的破骨细胞数量减少，提示肠道微生物群可增加骨分解代谢活性。除了增加破骨细胞数量外，肠道微生物群还可能增加骨形成。将微生物群转移到 3 周龄无菌雌性小鼠体内后，小鼠骨密度降低，骨髓 CD4+T 细胞增加和破骨细胞前体增加，表明微生物群在介导骨生理学中起到关键作用。

4. 其他元素与肠道微生物相关疾病的关系

4.1 泌尿系统疾病

肾结石是泌尿系统的常见疾病之一，约 80% 的肾结石由草酸钙晶体组成。肠道微生物作为一个庞大的“器官”，在维持人体正常免疫、代谢等功能方面发挥着重要作用，然而肠道微生物之间的相互作用极其复杂。研究表明，肠道微生物可能在肾结石的发病机制和预防中发挥作用，尤其是草酸钙结石患者肠道菌群分布异常，产酸草酸杆菌、双歧杆菌、乳酸杆菌、大肠埃希菌、雷氏杆菌等均与草酸钙结石密切相关。此外，肠道菌群失调可能会通过诱导炎症和蛋白尿引起慢性肾脏病的发生。慢性肾病患者的肠道微生物群生态失调的特征在于糖分解细菌（如乳酸菌）的减少、蛋白水解细菌（如拟杆菌）的增加，以及氮化合物发酵产生的尿毒症毒素比例增加，导致慢性炎症状态。

4.2 肥胖

脂肪组织主要用于储存能量，而肥胖是脂肪组织过度堆积的一种状态。一项探讨钙的补充对高脂饮食小鼠影响的实验显示，与高脂饮食组相比，氯化钙干预组小鼠不仅体重下降、体内脂肪含量降低，而且钙的补充增加了双歧杆菌丰度，降低了拟杆菌丰度，并使炎症因子表达降低，从而起到抑制脂多糖导致的肠道炎症并控制肥胖发展的作用。

第三章　金属元素缺乏对肠道微生物的影响

第一节　铁缺乏对肠道微生物的影响

1. 铁缺乏

铁缺乏（iron deficiency，ID）是最常见的微量金属缺乏类型之一。据WHO估计，全球约1/3人口缺铁，铁缺乏主要发生在饮食习惯不良和慢性感染率高的非工业化国家。铁缺乏在学龄儿童、青少年和绝经前的妇女中更为常见。我国也是铁缺乏较为严重的国家之一。流行病学调查显示，我国华东和东北地区孕妇铁缺乏的标准化患病率高达57.4%和53.4%。全国儿童调查发现，我国铁缺乏症发病率高达40.3%，缺铁性贫血的发病率为7.8%。

铁主要在十二指肠吸收，但其吸收率较低，约从5%到35%不等，且多种饮食因素可以限制铁吸收。未被吸收的铁则进入肠道微生物最为丰富的结肠腔。铁对肠道微生物生存和繁殖至关重要，宿主的铁状态和膳食铁均会影响整个肠道微生态系统，例如口服铁剂可增强肠道细菌病原体的生长和毒力，从而导致腹泻和肠道炎症；缺铁则会影响微生物群组成引起肠道免疫功能失衡。

2. 铁缺乏对肠道微生物组成的影响

铁缺乏能够显著影响肠道微生物的 α 多样性、β 多样性和菌群组成。针对大鼠的研究发现拟杆菌属（*Bacteroides spp.*），罗氏菌属（*Roseburia spp.*）/ 直肠真杆菌（*E. rectale*），和乳杆菌（*Lactobacillus*）/ 明串珠菌（*Leuconostoc*）/ 片球菌属（*Pediococcus spp.*）等肠道优势菌群以及肠杆菌科（*Enterobacteriaceae*）等亚优势菌群均受缺铁和补铁的影响。缺铁会使肠杆菌科和乳杆菌 / 明串珠菌 / 片球菌属的数量增加，同时使拟杆菌属、罗氏菌属和直肠真杆菌的数量减少

在哺乳类动物模型中发现，生命早期缺铁会改变结肠中的特定细菌属，促进不依赖铁的细菌菌落的生长，如乳酸杆菌，而补铁可以逆转这些变化。但也有例外，幼猴的铁缺乏模型却没有观察到肠道菌群多样性和丰富度的改变，同时发现甲烷短杆菌（古细菌）、瘤胃球菌和毛细杆菌的数量有所增加。

国外学者建立了聚合物（PolyFermS）连续结肠发酵模型，用于体外模拟儿童肠道菌群。研究发现改变饲料铁浓度会对微生物群落结构产生显著影响，证实在低铁环境下，普雷沃菌属（*Prevotellaceae spp.*）、拟杆菌科（*Bacteroidaceae*）和瘤胃球菌属（*Ruminococcus spp.*）的相对丰度降低，而毛螺菌科（*Lachnospiraceae*）、双歧杆菌（*Bifidobacteriaceae*）和红蝽菌科（*Coriobacteriaceae*）的相对丰度增加；当处于极低铁条件时，双歧杆菌和红蝽菌科相对丰度增加得尤为明显。另有一项研究发现通过强化铁饮食可以改善贫血的非洲儿童肠道菌群中双歧杆菌和乳杆菌的比例。

在缺铁性贫血动物模型中同时存在菌群失衡现象。缺铁性贫血发生后，小鼠肠道菌群中主要群落的数量无变化，而菌群的丰度发生显著改变。在门水平上，拟杆菌门（*Bacteroidetes*）和厚壁菌门（*Firmicutes*）无明显差异。在缺铁性贫血患者粪便中也观察到类似现象：肠杆菌科和韦荣氏球菌科（*Veillonellaceae*）相对丰度增加，红蝽菌科相对丰度降低。上述结果充分说明，铁缺乏会对肠道微生物的种类和数量产生不可忽视的影响。

3. 铁缺乏对肠道微生物代谢的影响

结肠内菌群发酵碳水化合物的产物短链脂肪酸，主要包括乙酸盐、丙酸盐和丁酸盐等。常见的产短链脂肪酸细菌包括拟杆菌属、梭菌属、双歧杆菌属、真杆菌属、链球菌属和消化链球菌属细菌等。

短链脂肪酸对肠道功能发挥着重要作用，如氧化功能、维持水和电解质平衡、调节免疫、抗病原微生物、抗炎和调节肠道菌群平衡等。其中的丁酸盐作为肠道细菌代谢的产物之一，不仅是结肠细胞的主要能量来源，还具有抗炎和抗肿瘤的作用。对于溃疡性结肠炎患者，丁酸盐可以减少肠道黏膜炎症。此外，研究发现丁酸盐还能影响细胞凋亡中基因的表达。

研究显示，短链脂肪酸影响肠道菌群的构成。丙酸盐或丁酸盐等可以减弱沙门菌对肠道上皮细胞的入侵能力。乙酸、丙酸和丁酸能对生长期肉鸡的盲肠菌群形成产生影响，在盲肠中肠球菌和肠杆菌的数量与乙酸、丙酸和丁酸的量呈负相关。同时，体外模拟儿童肠道发酵模型中发现铁对肠道产丁酸盐的菌群具有很强的调节作用，低铁条件下乙酸盐、丙酸盐和丁酸盐的产量明显减少，并伴随甲酸盐和乳酸的累积。

在啮齿类动物研究中，与正常对照组相比，大鼠缺铁饮食 24 天，其盲肠的短链脂肪酸比例发生显著改变，丁酸盐和丙酸盐浓度显著降低，继而肠道优势菌群的相对丰度也发生显著变化，乳杆菌和肠杆菌科数量增多，且罗氏菌属（*Roseburia spp.*）显著降低，给予 $FeSO_4$ 补充后，盲肠的丁酸盐浓度显著增加且菌群结构部分恢复。丁酸盐是罗氏菌属的代谢产物，该类菌生成丁酸需要铁氧化还原酶和氢化酶，而这些酶的活性依赖于铁，故缺铁会严重影响丁酸的生成。

肠道菌群影响包括结肠在内的整个肠道的铁代谢和吸收。哺乳类动物研究中发现，缺铁会导致猪肠道中的微生物变化，导致挥发性脂肪酸（volatile fatty acid，VFA）水平升高，包括醋酸盐、丙酸盐和戊酸盐。因 VFA

（如丙酸盐）可调节铁的吸收，表明微生物丙酸盐可作为对低铁水平反应的一种补偿机制。

有学者通过体外模拟儿童肠道菌群研究不同铁浓度对肠道菌群代谢的影响。结果发现，与正常铁条件相比，在极低铁可用性下发酵导致丙酸盐和丁酸盐浓度显著降低，而乙酸盐浓度显著增加或不变。因此，醋酸盐是主要的代谢物，而乳酸和甲酸盐会在极低铁条件下大量积累。这与微生物组成数据的观察结果相似。此外也有报道显示，肠道中大部分的糖还能在微生物作用下产生丙酮酸，丙酮酸进而被不同的细菌代谢为不同的产物。如丙酮酸产生的乙酰辅酶A必须经过铁氧化还原酶和氢化酶的催化，因这两种酶的活性依赖于铁，所以缺铁会影响乙酸盐和丁酸盐的生成，继而影响肠道微生物的代谢。

4. 铁补充剂与肠道微生物

针对严重缺铁的个体或缺铁率较高的国家，除了食用富含铁的食品外，还可以通过补充剂或强化剂来补铁。常见的铁补充剂（如硫酸亚铁）可以作为普通人群针对铁缺乏的预防措施。然而，口服铁补充剂也可产生许多副作用，包括便秘、胃刺激、恶心和口腔金属味等。摄入铁补充剂会增加结肠中的铁含量，但也会导致乳酸菌（双歧杆菌和乳酸杆菌）数量减少和大肠杆菌数量增加，从而导致肠道炎症。体内和体外研究都报告了口服铁补充剂对患者肠道菌群组成、肠道代谢组和肠道健康的不利影响，这些不利影响促使科研人员寻找新的铁补充方法。

双歧杆菌科细菌似乎很有应用前景，其能在大肠中结合铁，并通过限制与铁相关自由基的形成来降低患结直肠癌的风险。与结肠癌发生有关的细菌酶的活性可能会因高肉的西式饮食而升高，但补充嗜酸乳杆菌可以降低大鼠和人类细菌酶的活性。研究发现贫血女性粪便中的乳酸杆菌含量较低，而其他细菌却没有显著性差异。

乳铁蛋白是一种铁结合糖蛋白，对人体可产生有益影响，包括抗菌、抗氧化和免疫调节作用。研究表明，在铁限制的条件下，乳铁蛋白可以通过结合铁来促进双歧杆菌和乳酸杆菌等有益细菌的增殖。越来越多的证据表明，乳铁蛋白可以通过调节肠道微生物群来影响生长以及肠道和大脑功能。添加乳铁蛋白能够限制克雷伯氏菌和志贺氏菌等具有致病倾向细菌的生长，从而提高肠道的代谢活性和吸收能力。此外，乳铁蛋白能够结合和调节铁的传送，有助于运载和促进铁离子吸收，从而参与体内铁代谢。

第二节　锌缺乏对肠道微生物的影响

1. 锌缺乏

锌缺乏（zinc deficiency，ZD）是由于锌摄入不足或代谢障碍导致体内锌缺乏。据 WHO 估计，世界上约 31% 的人口受到锌不足的影响，超过 10 亿人患有膳食锌缺乏症。锌缺乏与居住地区的经济发展水平密切相关，在大多数低收入和中等收入国家，锌缺乏的流行率超过 20%。即使在经济发达国家，锌缺乏症的患病率也达到 10%，在婴儿、孕妇、老年人和低收入群体等高风险人群中，锌缺乏患病率更高。

锌缺乏会导致生长不良、免疫功能下降、感染易感性、感染严重程度增加和不良妊娠结局等，而且可能引起多种代谢紊乱，导致神经退行性疾病、糖尿病、肥胖、高血压和冠心病等疾病的发生。锌缺乏也是导致疾病负担加重和高死亡率的主要原因之一。

2. 锌缺乏对肠道微生物组成的影响

锌是肠道微生物必需的微量金属之一。一项研究对无菌和无病原体肠道菌群大鼠进行了比较，结果显示大约 20% 的膳食摄入锌被肠道微生物利用，无病原体肠道菌群大鼠需要近两倍的膳食锌，提示锌缺乏可能会影响宿主肠道菌群的组成。

在啮齿类动物模型中，有学者研究了锌缺乏饮食对小鼠肠道菌群的影响。与正常锌饮食小鼠相比，对断奶小鼠进行 24 天锌限制饮食后，发现其粪便微生物群出现了轻微变化。与此同时，一项针对不同膳食锌水平对啮齿动物肠道微生物影响的研究也发现了类似的结果。在给小鼠喂食不同锌水平的饲料时，与对照组相比，短期（4 周）或长期（8 周）锌缺乏小鼠肠道菌群的物种数量相似，而 Shannon 指数没有明显差异。评估前 20 个潜在益生菌和病原体的物种差异，发现短期或长期锌缺乏小鼠的肠道菌群存在不同的优势菌群。短期锌限制模型中，厚壁菌门、放线菌门、疣微菌门、变形菌门和拟杆菌门是小鼠盲肠中最主要的菌群门，占总序列的 97.9% 以上；长期锌限制模型中，厚壁菌门、放线菌门、拟杆菌门、变形菌门和疣微菌门是小鼠盲肠中最主要的菌群门。

妊娠小鼠模型研究发现，低膳食水平锌或锌的低生物利用度均导致妊娠小鼠的肠道菌群组成发生显著变化，但两组之间也有所不同。10 周龄 C57BL/6J 母鼠在配笼前 5 周至妊娠后 3 周，接受不同锌浓度的饮食，在门水平上的结果显示，对照组小鼠中疣微菌门最为普遍，而锌缺乏饮食小鼠的疣微菌门水平显著降低，厚壁菌门成为最常见的微生物门；在饮食锌含量充足但存在锌摄取拮抗剂的小鼠中，疣微菌门水平与对照组小鼠相似，但厚壁菌门有所增加。与对照组相比，锌缺乏饮食小鼠的肠道菌群数量显著增加，包括放线菌门、拟杆菌门、厚壁菌门和未分类菌群的数量均显著增加，而变形菌门和疣微菌门的水平降低。由于变形菌门对锌的消耗非常敏感，在锌的生物利用度降低时，该门细菌的数量会出现显著下降。与之相比，在低锌条件下，厚壁菌门则生长旺盛，拟杆菌门更易繁殖。

此外，有研究发现锌缺乏妊娠小鼠粪便中放线菌门和变形菌门的数量均显著增加，厚壁菌门显著减少，而拟杆菌门、亚硝酸盐氧化细菌门（*Nitrospinae*）和疣微菌门未观察到显著变化。值得注意的是，软壁菌门（*Tenericutes*）仅在锌缺乏妊娠小鼠的粪便中检测到。这些结果表明锌缺乏妊娠小鼠的肠道菌群组成有显著的重塑现象。

在家禽类动物中，研究者对肉鸡盲肠微生物群进行分析，结果显示缺锌组微生物群落组成发生了改变，变形菌门的丰度显著增加，厚壁菌门的丰度显著降低；拟杆菌门的丰度增加，放线菌门的丰度减少，但并不显著。

在巴基斯坦儿童中进行的一项研究表明，配方喂养缺锌儿童肠道微生物的特点是大肠杆菌的丰度较低，以及韦荣氏球菌属（*Veillonella*）、链球菌（*Streptococcus*）、拟杆菌属（*Bacteroides*）、明串珠菌（*Leuconostoc*）、罕见小球菌属（*Subdoligranulum*）、巨球型菌属（*Megaspheare*）和梭状芽孢杆菌（*Clostridia*）的相对数量减少。虽有研究初步证实了锌与人类肠道微生物菌群之间的潜在关系，但大样本的深入研究有待进一步开展。

3. 锌缺乏对肠道微生物代谢的影响

锌缺乏对啮齿类动物肠道微生物代谢有一定影响。一项研究发现，与对照组相比，缺锌饮食 10 天的小鼠有更高的分泌物（肌酸、4– 羟基苯乙酸甲酯）和更低的排泄物（己酰甘氨酸、2– 氧代异己酸酯、2– 氧代异戊酸酯、2– 氧代戊二酸、腐胺、二甲胺、三甲胺、胆碱磷酸、N– 甲基烟酰胺），嗜黏蛋白阿克曼氏菌数量也有所下降。

缺锌条件下，变形菌门中的一些菌种可以诱导高亲和力的锌转运体 ZnuABC（一组对锌具有高度特异性的 ABC 型金属转运蛋白），从而具有生长优势。尽管观察到微生物组成的轻微破坏，但锌缺乏小鼠三甲胺和二甲胺的排泄减少表明，其肠道微生物功能有所改变。上述结果表明，锌缺乏通过影响肠道微生物组成，引起胆碱降解能力的下降。

4. 锌补充剂

明确诊断锌缺乏后，可在医生指导下服用补锌制品。补锌制品可分为无机锌、有机锌、生物锌。临床常用的是有机锌类制品，其主要成分为各种氨基酸锌、乳酸锌、甘草锌、柠檬酸锌、葡萄糖酸锌等，由于此类化学锌对儿童肠胃可能会产生刺激，一般要求在饭后服用。但切忌把锌制品当作营养品给婴幼儿长期大量服用。

第三节　铜缺乏对肠道微生物的影响

1. 铜缺乏

铜缺乏症（copper deficiency，CD）是指人体缺铜时机体内部发生代谢障碍、功能障碍和病理改变而引起的一系列症状。调查发现，发达国家的铜缺乏患病率普遍较低（<4%），而发展中国家的铜缺乏主要人群是儿童和青少年。国外的一项基于社区横断面研究数据显示，人群血清铜水平中位数为 145.5 μg/dL（120.0~167.0 μg/dL），儿童铜缺乏患病率较低（1.5%）。此外，在患有慢性疾病的人群中，铜缺乏现象更为普遍，一项针对 19 岁以下患有慢性疾病的儿童和青少年的横断面研究显示，78 名患者中有 4 名共患低铜血症，约占 5%。我国的流行病学调查发现，某地 1 554 名 1~72 个月的健康儿童中，平均血铜浓度为 18.09 ± 4.42 μmol/L，约有 6.04% 的儿童血铜水平低于正常阈值。另一地区孕妇分娩结局的前瞻性队列研究发现，早产儿脐带血清铜含量显著降低，表明脐带血清铜浓度与妊娠持续时间呈正相关。

铜缺乏的症状及严重程度在不同物种之间存在显著差异。流行病学调查发现，早产儿和低出生体重儿出生时铜储量普遍较低，而且孕期母亲铜缺乏与后代的不良并发症密切相关，可引发后代骨骼、肺部、神经元和心血管缺陷等不良症状。对于畜类而言，铜缺乏会导致其神经系统发生异常。对于禽类而言，铜缺乏会导致机体贫血，并且会进一步发展为重度贫血，在发展为重度贫血的过程中，幼禽常因脉管系统发育不完全而导致内出血死亡。总的来说，铜缺乏症会导致机体的骨骼系统、心血管系统和免疫系统的解剖学和功能学异常、色素脱失、毛发角质化不全、贫血、生长性能下降，严重的铜缺乏甚至会导致机体结缔组织失去弹性和完整性。

2. 铜缺乏对肠道微生物组成的影响

铜缺乏对肠道微生物的组成和多样性有一定影响。研究表明，高胆固醇诱导的铜缺乏可能通过增加肠杆菌科和琥珀酸弧菌科，并减少拟杆菌科和瘤胃球菌科来调节猪的肠道微生物群，以影响机体对铜的吸收。

在妊娠动物研究中，比较不同铜源和剂量对孕鼠及其子代鼠肠道微生物的影响，并对母鼠和子代鼠的盲肠微生物多样性进行检测。结果发现，铜源和剂量对相应指标均无显著影响，并且各处理组后代的优势菌与其母代相同。

在水生动物研究中，以铜水平为 14.21mg/kg（铜缺乏组）、37.01 mg/kg（对照组）、499.63 mg/kg（铜过量组）的三组黄鳝为试验对象，结果发现，铜过量组的 Shannon 指数、Chao1 和 ACE 丰富度指数显著高于铜缺乏和对照组（$P<0.05$），辛普森指数显著低于铜缺乏组和对照组（$P<0.05$）；对照组的 ACE 丰富度指数显著高于铜缺乏组（$P<0.05$）。结果表明，铜过量组 Alpha 多样性最高，对照组次之，铜缺乏组最低。

3. 铜缺乏对肠道微生物代谢的影响

铜缺乏会对肠道微生物代谢产生一定影响。在妊娠动物研究中，当铜添加量为低水平的 1.5 mg/kg 时，梭杆菌属和无铅梭菌属为特征菌属。胃癌和结直肠癌患者梭杆菌属丰度增加，肠易激综合征患者副拟杆菌和梭状芽孢杆菌丰度增加，提示健康损害可能与肠道内容物中这些细菌种类的增加有关。毛螺菌科和瘤胃菌科是哺乳动物肠道中最丰富的两个梭状芽孢杆菌属家族成员，它们水解淀粉和其他糖以产生丁酸盐和其他短链脂肪酸，发挥益生菌的生理功能并能维持肠道健康。

4. 铜补充剂与肠道微生物的关系

4.1 人的铜需求量

铜是人体不可缺少的微量元素。成人体内一般含 50~120 mg 铜，正常膳食可满足人体对铜的需求，一般不易出现缺乏或过量。过量铜可引起急慢性中毒，通常为饮用与铜容器或铜管道长时间接触的酸性饮料或误服大量铜盐引起的急性中毒。

世界卫生组织建议铜的平均摄入量上限成人男性为 12 mg/d，女性为 10mg/d。结合我国居民膳食铜摄入量，中国营养学会关于成人膳食铜的推荐摄入量（recommended nutrient intake，RNI）为 0.8 mg/d，可耐受最高摄入量（tolerable upper intake levels，UL）为 8 mg/d。

4.2 铜补充剂与肠道微生物

与传统添加无机铜离子相比，同益生菌联用有助于机体对铜的吸收。在比较不同铜源和剂量对孕鼠及其子代鼠肠道菌群的影响研究中发现，铜缺乏对后代的增重、体长、存活率、血清免疫指标及肠道通透性均有不利影响。而与 CuSO4 作补充铜源相比，枯草芽孢杆菌作补充铜源的幼鼠体内发现毛螺菌属和瘤胃菌属丰度增加，这可能是由于枯草芽孢杆菌消耗肠道内的微量氧，使环境向厌氧状态转变，从而促进了两种细菌的生长。枯草芽孢杆菌可产生谷氨酸合成酶，参与氨解毒、器官间氮通量、酸碱稳态以及细胞信号等过程。因致病菌需要在胃肠道定植才能产生有害影响，而益生菌的定植会阻止致病菌建立。由此推测枯草芽孢杆菌可以加速厌氧环境的形成进程，从而改变微生物多样性，使有益菌富集，减少潜在致病菌丰度，改变肠道形态并维护机体的生长。上述结果说明，与 CuSO4 相比，枯草芽孢杆菌铜源是较好的铜源。

第四节　硒缺乏对肠道微生物的影响

1. 硒缺乏

硒缺乏症（selenium deficiency，SD）是指人体缺硒时发生代谢、细胞抗过氧化及清除自由基等功能的障碍和病理改变引起小儿生长发育缓慢、心肌病变、肌肉萎缩、四肢关节变粗、脊柱变形、毛发稀疏、精子生成不良等一系列临床表现。WHO 推荐正常成年人的硒膳食摄入量为 40 μg/d。据估计，世界总人口中有 15% 缺硒，每日硒摄入量仅为 7~11 μg。缺硒在发展中国家更为显著，且儿童患病率更高。

对于生物体而言，硒是一把双刃剑，硒毒性和硒缺乏之间的安全范围非常狭窄，且因物种而异，并取决于硒的应用水平和物种形成。硒缺乏会引起不良的健康状况，如克山病、大骨节病、病毒毒性增加、死亡率增加、免疫功能较差、生育 / 生殖问题、甲状腺自身免疫性疾病、认知功能下降 / 痴呆、2 型糖尿病、前列腺癌和女性结直肠癌风险增加。

肠道微生物可以利用摄取的硒来表达自身的硒蛋白，即硒水平会影响肠道菌群的组成和定植，因而可能会干扰肠道微生物的多样性，并对微生物组成产生影响。大约 1/4 的细菌有编码硒蛋白的基因，其中大肠杆菌、梭状芽孢杆菌和肠杆菌类能够在人类和动物的胃肠道定植。

2. 硒缺乏对肠道微生物组成的影响

在啮齿类动物中的研究发现，补充不同含硒水平的饮食后，小鼠的硒水平会发生显著变化，但不同的硒水平并不会显著改变小鼠肠道微生物区系的总体丰富度。家禽类动物中，硒缺乏使各肠段内容物中的大肠杆菌、沙门氏菌、肠球菌、葡萄球菌、酵母菌升高，而十二指肠、空肠、回肠内容物中的双歧杆菌和乳酸菌数量降低。

3. 硒缺乏对肠道微生物代谢的影响

约 1/4 的细菌表达硒蛋白，因此需要硒来实现最佳生长。在代谢硒时，肠道微生物会产生挥发性甲基化硒化合物，例如来自硒蛋氨酸（SeMet）的二甲基二硒化物，这些化合物会从肠道中排出，从而保护宿主免受高硒暴露引起的毒性效应。出生或幼时就暴露于高硒摄入量可能会改变肠道微生物菌群的组成，以使过量的硒更容易排出体外。当然，微生物对硒的这种代谢降低了硒在宿主硒蛋白表达中的可用性，进一步使宿主对硒的需求增加。

4. 硒补充剂

巴西坚果是硒的最丰富来源，具有较高的 SeMet 含量，因此被广泛应用于硒的补充。经常食用巴西坚果可获得最佳血浆硒和红细胞硒浓度，以及硒酶活性、抗氧化状态。另有研究显示，每天补充 200 μg 硒（如硒化酵母），可以有效降低前列腺癌、肺癌和结直肠癌风险，并降低心血管疾病相关死亡率，提高硫氧还蛋白还原酶活性和 DNA 稳定性。

第五节　锰缺乏对肠道微生物的影响

1. 锰缺乏

锰缺乏（manganese deficiency，MD）很容易被忽视。随着工业化发展，以大量摄入红肉、含糖甜点、高脂肪食物和精制谷物为特征的饮食取代了传统的植物性饮食，加之铁、锌和硒含量丰富的动物性食物，如红肉、海鲜和家禽，使食用低锰含量食物成为趋势。流行病学研究表明，过去 15 年美国膳食锰消费量减少了 40% 以上，我国在过去 14 年内、韩国在过去 6 年内也报告了类似的锰消费量大幅下降。人体缺锰是 IBD 的潜在危险因素。例如，最近的一项流行病学调查发现，新诊断为克罗恩病和溃疡性结肠炎的患儿头发微量营养素水平锰含量低于正常健康儿童。

雏禽缺锰主要表现为骨短粗和脱腱症。病禽跛行，跗关节着地，不能站立，常由于采食不便，逐步衰弱死亡。剖检病禽可见其长骨短粗，软骨发育不全，跗关节肿大变形，胫骨向内侧或外侧扭曲，腓肠肌腱从跗关节“滑车”上向外侧滑脱移位，下颌骨变短、形成“鹦鹉嘴”。产蛋禽缺锰还可发生产蛋率下降，蛋壳变薄易碎，种蛋孵化率明显下降，出雏前 1~2 天大批死亡，或雏禽出壳后呈现明显的神经功能障碍、运动失调和腿变粗等。

2. 锰缺乏对肠道微生物组成的影响

目前关于锰缺乏对肠道微生物组成的影响尚无定论。有研究报道称，补充锰会改变家禽（肉鸡）和奶牛的肠道菌群；还有报告显示，锰缺乏加重了右旋糖酐硫酸钠诱导的小鼠结肠炎，表明适当的肠道功能和整体健康需要足量的锰。也有研究评估膳食锰的变化是否与肠道微生物群组成的变化有关，以及这些变化是否会影响肠道通透性和肠道炎症的发展。结果发现，喂食不同浓度锰（0、35 mg/kg 或 300 mg/kg）饮食 2 周不会改变小鼠肠道微生物群的组成。可能的原因是短期（2 周）膳食锰改变不足以引起肠道微生物群组成的变化。因此，锰缺乏对肠道菌群及其多样性的影响有待进一步研究。

3. 锰缺乏对肠道微生物代谢的影响

许多微生物需要锰来维持其生理功能、生存能力以及致病毒性（如沙门氏菌和大肠埃希氏菌）。细菌开发了几种锰获取系统，如 ABC 型转运体和自然抗性相关巨噬细胞蛋白（NRAMP）。锰通过调节蛋白质的功能参与细菌的生存和适应能力，这些蛋白质涉及活性氧的解毒、碳水化合物、脂质和蛋白质的代谢以及 DNA 复制。锰还可被几种细菌酶利用，如磷酸甘油基化酶、烯醇化酶、丙酮酸激酶等。越来越多的证据表明，锰作为核糖核酸还原酶的辅助因子参与细菌的 DNA 复制活动，这表明锰对细菌的适应度和生存相当重要。此外，锰还具有在细菌中促进不依赖蛋白质活性的抗氧化作用。

4. 锰补充剂与肠道微生物的关系

有研究报道了膳食治疗可降低牛粪中密螺旋体种级分类操作单元（operational taxonomic unit，OTU）的相对丰度，其中甘氨酸锌、硫酸铜、硫酸锰饲喂的动物，OTU 的相对丰度低于单独饲喂硫酸盐的动物。此外，锰和枯草芽孢杆菌可对种鹅产蛋期生产性能、蛋品质、抗氧化能力和肠道菌群产生影响，在一定范围内，适当提高锰的摄入量，可以增加拟杆菌门、放线菌和瘤胃球菌科的相对丰度，锰与枯草芽孢杆菌的相互作用也会对拟杆菌属和梭杆菌属的丰度产生显著影响，对动物产生积极作用。

第四章　肠道微生物对金属吸收、分布、代谢的影响

第一节　肠道微生物对铁吸收、分布、代谢的影响

1. 铁的吸收、分布、代谢

对于人和大多数动物而言，铁的来源途径主要分为外源性和内源性两种。内源性铁来自衰老和破裂的红细胞，外源性铁主要来自食物，正常人每天需要从食物中摄取 1.0~1.5 mg 铁，孕妇的需求量相对较高，为 2~4 mg。食物中的铁通常以三价态的形式存在，其必须在酸性环境或在还原剂（如维生素 C）作用下被还原成二价铁才能被机体吸收。食物来源的铁吸收入血包括两个过程，首先是铁在肠腔内（主要位于十二指肠及空肠上段；但在缺铁状态下，还可位于空肠远端），通过小肠刷状缘以耗能的主动转运方式进入并短期储存于肠道黏膜细胞；随后，肠道黏膜细胞基底侧膜中的铁转运蛋白 1 将铁转运进入血液。铁由肠黏膜细胞到血液的转运也由两部分组成，其一为快速转运过程，即摄入铁后，80% 可吸收利用部分在 2 小时内迅速入血；其二为缓慢吸收过程，在快速转运过程完成之后的 20 小时内，剩余的铁再吸收入血。

铁的吸收受食物中铁存在的价态、机体营养状况、肠道健康状态的影响。铁在酸性环境中易于保持游离状态，更利于被机体吸收。胃内的酸性环境有利于食物中铁的游离和吸收。此外，胃肠道分泌的黏蛋白和胆汁对铁的吸收也具有稳定和促进作用。而碱性的胰腺分泌液所包含的碳酸氢盐则可与铁形成不易溶解的复合物，阻碍机体对铁的吸收。与碳酸氢盐的作用相反，胰腺分泌的蛋白酶可使铁与蛋白分离，促进铁吸收。还原性物质如维生素C、枸橼酸、乳酸、丙酸及琥珀酸等均可通过将三价铁还原成二价铁以促进机体对铁的吸收。而氧化剂、磷酸盐、碳酸盐及某些金属制剂（如铜、镁制剂等）可抑制铁的吸收。肠道微生物可以通过调节肠道黏膜屏障或合成、分泌维生素等方式影响肠道的铁吸收功能。相关研究发现，宿主的铁负荷与肠道菌群构成密切相关，一方面，宿主的铁负荷会影响肠道内细菌的生长繁殖；另一方面，肠道细菌具有铁依赖性机制，可以影响宿主铁代谢。因此，维持肠道微生物稳态有望成为治疗铁稳态失衡相关疾病的潜在策略。

体内铁主要贮存在肝、脾、骨髓等部位。正常人体内铁的总量为 3~5 g（男性约为 50 mg/kg，女性约为 40 mg/kg），其中近 2/3 为血红素铁。血红素的功能是参与血红蛋白的合成，在肺内与氧结合，将氧运送到体内各组织。肌红蛋白铁约占全部铁的 4%，主要分布在骨骼肌和心肌。肌红蛋白作为氧的贮存场所，可保护细胞应对缺氧所致损伤。转运中的铁含量最少，一般仅有 4 mg 左右，但却是机体铁最活跃的部分。另有铁以“铁蛋白”或“含铁血黄素”形式，聚集在人体的肝、脾、肾中，被称为“贮存性铁”。各种酶及辅酶因子中的铁也是维持生命所需的重要物质，包括细胞色素 C 氧化酶、过氧化氢酶、脂氧化酶等血红素蛋白类和铁黄素蛋白类，以及细胞色素 C 还原酶、琥珀酸脱氢酶和酰基辅酶 A 脱氢酶等酶和辅酶的功能维持均离不开铁，虽然这部分铁含量极少（6~8 mg），但能通过可逆转运等方式参与细胞代谢，当机体需要时，铁蛋白内的铁可快速转化为功能铁以满足机体所需。

铁代谢平衡与人体健康息息相关。地中海贫血和遗传性血色素沉着症等典型的遗传疾病可导致铁超载，而铁缺乏会导致长期病态肥胖。通过某些干预措施能降低体内铁浓度，如静脉注射或使用螯合剂，以改善胰岛素敏感性，可能用于减缓糖尿病和心衰的发病进程。同时有研究指出铁与葡萄糖稳态或心肌病之间存在双向关系。铁是宿主和微生物组的必需营养素，因此铁对微生物组的影响也应受到重视。近年来，随着大规模测序技术及分析手段的快速发展，肠道微生物的结构、功能及其与人类营养和健康的密切关联得到揭示，肠道微生物可能通过调节铁代谢从而在疾病发生发展中发挥重要作用。

2. 肠道微生物对铁吸收的影响

肠道微生物在机体铁吸收过程中扮演着重要角色。无菌小鼠体内的铁吸收和贮存较正常小鼠慢。正常小鼠肠道的十二指肠细胞色素 B 和二价金属转运体低于无菌小鼠体内的含量，铁输出蛋白表达却是无菌小鼠的 2 倍，表明肠道微生物可以诱导铁相关蛋白表达，并与肠道上皮细胞相互作用，调节铁吸收与贮存。多项研究表明，正常的肠道微生物菌群可拮抗病原微生物入侵，而病理条件导致的肠道菌群失衡可影响铁的吸收。

肠道微生物影响铁吸收的作用机制目前还没有系统性结论，但已有研究提示肠道微生物可能从以下四个方面参与机体铁吸收的调控：维持肠道内 pH 值；增强肠道上皮屏障的完整性，维持上皮屏障功能；合成维生素和短链脂肪酸；影响铁转运相关蛋白的表达。

有研究者尝试用添加益生菌的方式辅助铁吸收。一项针对益生菌改善儿童营养性缺铁性贫血效果的研究显示，补充益生菌组的儿童血清铁蛋白含量明显高于对照组。类似地，使用右旋糖酐铁联合合生元益生菌冲剂的方法治疗小儿营养性缺铁性贫血，患儿肠道功能改善显著，益生菌促进了铁元素吸收，并且患儿血常规中血红蛋白、网织红细胞等改善更加显著，说明益生菌对二价铁的吸收产生了积极的影响。

除了营养性缺铁性贫血，还有研究者关注了肠道微生物在肥胖相关铁代谢异常患者中的作用。研究表明单一菌株以及多菌株的肠道微生物补充剂都可以改善肥胖患者肠道微生物群的结构并影响铁稳态。在对肥胖绝经后妇女铁稳态的研究中，发现口服益生菌补充后，患者的血清铁蛋白浓度显著升高。铁蛋白是人体中用于储存铁的蛋白质，血清铁蛋白含量增高能够在一定程度上反映机体整体的铁含量提升。因此，低剂量多菌株肠道微生物补充剂可能通过调节铁吸收影响肥胖绝经后女性患者铁代谢。

3. 肠道微生物对铁分布的影响

转铁蛋白（transferrin，TRF）主要存在于血中，负责运输由消化道吸收的铁和由红细胞降解释放的铁，并最终以三价铁复合物（$Tf\text{-}Fe^{3+}$）的形式进入骨髓中，为成熟红细胞的生成提供原料。在一项观察茵栀黄口服液联合益生菌治疗新生儿黄疸的研究中发现，连续治疗 5 天后，观察组患儿 TRF 显著高于对照组，提示肠道微生物可能通过调控 TRF 影响机体铁分布机制。

由于可获得的肠道微生物补充与机体铁分布的相关研究很少，且存在受试对象不同、所用干预肠道微生物不统一、剂量差别较大、缺乏对照组等问题，关于微生物对铁分布是否存在影响尚无法得出定论。但目前有限的研究证据提示存在肠道微生物调控机体铁分布的可能性。因此，有必要通过进一步的流行病学研究和实验研究继续推进相关科学问题的阐释，并在现有基础上深入探究潜在机制。

4. 肠道微生物对铁代谢的影响

铁的代谢平衡对于维持宿主生物和代谢功能至关重要，哺乳动物具有多种机制来调节全身和细胞铁水平以实现体内铁平衡。肠道微生物群对肠道中的铁代谢也起着关键的调控作用。

多项研究表明，肠道微生物可以通过调控肠道上皮细胞和皮肤细胞的代谢和增殖等多种途径保护肠道上皮细胞。首先，肠道微生物通过争夺营养以及占位效应调节肠道内微生物菌群，抑制肠道外源性潜在致病菌的生长；其次，肠道微生物能够激发机体自身非特异性免疫应答，从而产生一系列的免疫保护反应，保护肠道结构和功能完整性；再次，肠道微生物能够诱导肠道上皮细胞产生大量富含黏蛋白的黏液，从而阻隔肠黏膜与病原微生物的接触，保护肠道屏障；最后，肠道微生物代谢产物短链脂肪酸还可以促进肠道上皮细胞增殖。而对于皮肤细胞，研究发现皮肤微生态中的益生菌可作为调节皮肤微生态平衡的新手段，通过抗氧化、减少细胞外基质降解和抑制炎症因子的表达等分子机制降低胶原蛋白和弹性蛋白的流失并延缓皮肤老化。基于这些肠道微生物对肠道细胞和皮肤细胞的保护证据推测，肠道微生物补充有可能会减少铁的排泄，但由于经这部分细胞脱落引起的铁排泄量极少，因而其对机体铁稳态并不会产生显著影响。

研究表明，乳杆菌（特别是约氏乳杆菌和罗伊氏乳杆菌）在铁稳态维持中发挥重要作用。微生物代谢物如罗伊丁和1,3-二氨基丙烷降低了肠道缺氧诱导因子2α（HIF-2α）的活性，导致铁水平降低。HIF-2α与芳香烃受体核转位因子形成异二聚体，导致小鼠对铁的吸收减少。另有研究表明，肠道微生物能通过调节肠道中黏蛋白的分泌来调节铁代谢，黏蛋白与铁结合，促进铁吸收。乳酸杆菌还可以通过产生乳酸来调节肠道对铁的吸收，降低结肠 pH 值，促进肠道微环境中三价铁向更易被吸收的二价铁转化。体外实验也证实肠道微生物会影响机体对铁的吸收。例如，婴儿双歧杆菌降低铁吸收，而嗜酸乳杆菌增加结肠上皮细胞系（Caco-2）的铁吸收。乳酸杆菌促进铁吸收的机制可能与食物来源的黄酮类化合物和植酸的代谢有关，这些物质影响铁的生物利用度。其中，植酸可与铁结合，乳酸杆菌促进植酸的降解，释放结合铁以供肠道吸收。

第二节　肠道微生物对铅吸收、分布、代谢的影响

1. 铅的吸收、分布、代谢

铅的吸收主要发生在消化道，其次是呼吸道和皮肤。消化道是非职业性铅暴露时铅吸收的主要途径。成人消化道对铅的吸收率为5%~10%，儿童为42%~53%，甚至可高达90%~98.5%。铅进入消化道后可在肠腔内形成游离铅离子，被吸收后经十二指肠、门静脉到肝脏，再分别进入血液、胆汁和肠道。空气中的铅主要经呼吸道吸入肺内，儿童的吸收率为50%~70%，成人的吸收率为30%~50%。铅经皮肤的吸收率较低，通常仅为0.06%。

铅在进入人体后，随血流分布到全身各器官和组织。体内铅主要集中于血液、软组织和骨骼。90%以上的铅储存在骨骼内，2%在血液中。血液和软组织为铅的交换池，交换池中的铅经过25~35天转移到储存池骨组织中，储存池中的铅与交换池中的铅保持着动态平衡。例如，经驱铅治疗后，血铅水平在短期内明显下降后出现再度上升。孕期钙补充不足使骨质脱钙时，可引起血铅上升，这是铅由骨组织向血液迁移造成的，该过程被称为内源性铅暴露。参与血液循环的铅有99%以上存在于红细胞内，1%以下存在于血浆中，与血红蛋白结合。此外，离子钙能置换红细胞膜中的铅。骨铅会通过破坏骨在生长过程中的钙化而影响骨骼发育，提示骨铅对骨骼发育有重要损害作用。脑也是铅的重要分布器官之一，年龄越小，铅的血脑屏障通透性越高，这也是儿童对铅毒性较成人显著易感的主要原因。

约 50% 吸收入体内的铅可在半衰期内被排出体外，其余 25% 能逐步排出，剩余的 25% 将会滞留体内。铅的排泄途径主要有三条，约 2/3 经肾脏随尿液排出，1/3 通过胆汁分泌排入肠腔，后随粪便排出，另有极少量的铅能够通过头发或指甲脱落排出体外。

无论是经呼吸道还是消化道，儿童会吸收更多的铅。消化道是儿童吸收铅的主要途径，儿童单位体重摄入食物明显多于成人，通过食物途径摄入的铅量也相对更多，且儿童胃排空速度较成人快，导致铅的吸收率大幅度增加。与成人相比，儿童经呼吸道吸入更多铅的原因有：铅多积聚在离地面 100 cm 左右的大气中，而距地面 75~100 cm 处正好是儿童的呼吸带；儿童对氧的需求量大，故单位体重的通气量远大于成人；铅在儿童呼吸道中的吸收率较高，是成人的 1.6~2.7 倍。但儿童铅的排泄率仅为 66% 左右，仍有约 1/3 的铅蓄积于体内。成人每天的最大排铅量为 500 μg，而 1 岁左右的幼儿每天排铅量仅相当于成人的 1/17。此外，儿童储存池中的铅流动性较大，较容易向血液和软组织移动，因而内源性铅暴露的概率和程度较高。有研究报道，高铅血症儿童存在肠道微生物紊乱的现象，铅暴露还可以改变小鼠肠道微生物的分类组成、功能宏基因组和代谢谱，提示铅暴露与肠道微生物群存在交互作用。

2. 肠道微生物对铅吸收的影响

肠道微生物可限制机体对铅的吸收，缓解有毒金属暴露对机体的损害作用。研究表明，小肠和大肠都具有吸收铅的功能。其中，大肠是肠道微生物生存的关键部位。一旦肠道微生物稳态失调，便会导致机体代谢发生紊乱，同时也会影响肠道对铅的吸收。有学者发现，乳酸杆菌与双歧杆菌在人体外通过可逆性表面结合的方式清除水中的铅。人体肠道内的益生菌也可以与铅结合，因此增加益生菌数量可达到降低铅吸收的效果。此外，

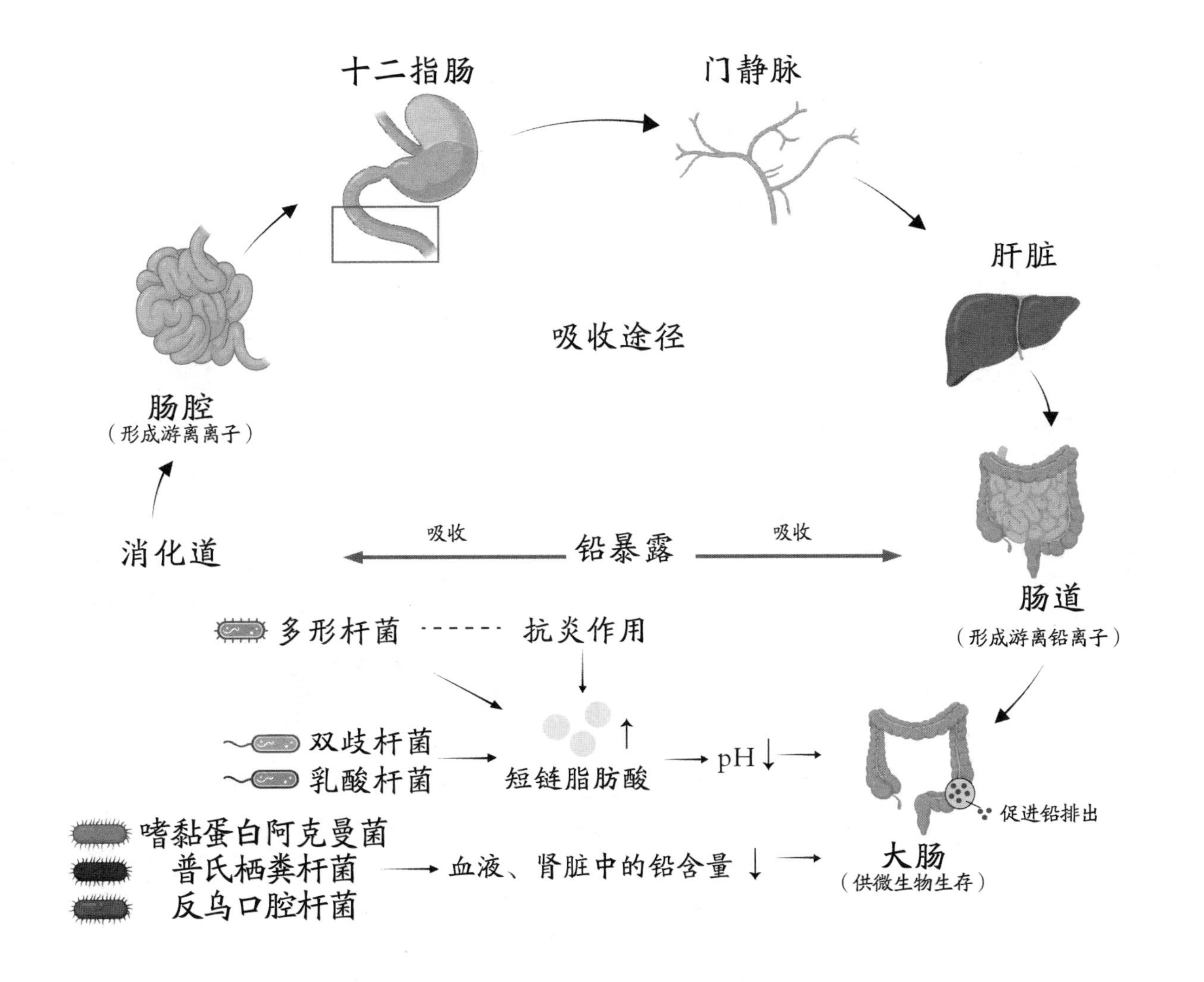
十二指肠
门静脉
肝脏
吸收途径
肠腔
（形成游离离子）
消化道
吸收
铅暴露
吸收
肠道
（形成游离铅离子）
多形杆菌
抗炎作用
双歧杆菌
乳酸杆菌
短链脂肪酸
pH↓
促进铅排出
嗜黏蛋白阿克曼菌
普氏栖粪杆菌
反乌口腔杆菌
血液、肾脏中的铅含量↓
大肠
（供微生物生存）

肠道微生物紊乱引发的便秘也会进一步影响机体对铅的吸收。

铜、钙、锌、铁、镁等微量元素对铅的肠道吸收起到拮抗功效，因此补充锌剂、钙剂及铁剂等能降低体内的血铅含量。由于肠道正常菌群中的双歧杆菌和乳酸杆菌能发酵碳水化合物，产生大量短链脂肪酸等产物，使pH值下降，促进肠道对钙、铁、镁等离子的吸收，以此拮抗铅在消化道中的吸收，并起到驱逐铅的作用。

在急性铅暴露的动物模型中，使用抗生素清除肠道菌群的小鼠经粪便排泄铅的量显著减少，并伴随小鼠血铅含量显著增加；而在补充嗜黏蛋白阿克曼菌、普氏栖粪杆菌和反刍口腔杆菌后，小鼠粪便铅排泄量明显增加，同时血液铅与肾脏铅含量明显降低，提示调整肠道菌群可能是治疗铅中毒的潜在有效方法。

3. 肠道微生物对铅分布的影响

干预肠道微生物会对铅在机体的分布造成影响。有研究报道，干预多形拟杆菌可促进了铅排出，并限制铅在组织和血液中的蓄积，减轻了组织的氧化损伤，改善了肠道微环境，保护了肠道屏障，并且还促进了肠道中短链脂肪酸的生成，缓解了急性铅暴露对机体组织的毒性作用。灌胃多形拟杆菌后发现，多形拟杆菌菌体可抢先吸附铅离子，促进粪便中铅元素的排出，进而缓解铅对机体造成的损伤。另有文献报道该菌在恶劣环境中具有较强的定殖能力，在一定程度上抑制了葡萄球菌、肠杆菌等条件致病菌的侵袭和定殖。此外，多形拟杆菌在肠道中还具有抗炎作用，改善的肠道微环境也促进肠道中拟杆菌、瘤胃球菌属和毛螺菌等的增殖，这些生物屏障可进一步阻止肠腔内金属铅向机体转运，减轻铅对机体的危害。

肠道微生物组成的改变还会导致代谢产物的改变，如急性铅暴露小鼠结肠内容物中短链脂肪酸含量显著下降，这可能是由产酸微生物遭到破坏所引起，导致肠道运输、蠕动和合成等生理功能受损。利用特定肠道微生物调节铅暴露引起的机体损伤，可能为缓解食源性铅暴露对机体健康造成的危害提供新的思路和解决方法。

4. 肠道微生物对铅代谢的影响

肠道微生物可提高肠道细菌的铅结合能力，恢复肠道屏障功能，并调节胆汁酸代谢，以及提高必需金属的利用率。研究显示，饮食中添加半乳低聚糖可促进小鼠粪便铅排泄，减少小鼠血液和组织中铅的蓄积。将半乳低聚糖喂养小鼠的粪菌移植到普通小鼠中也可观察到类似的效果，但在接受抗生素预处理的小鼠中却观察到减弱的效应，提示半乳低聚糖的保护作用依赖于肠道微生物的调控。

早期铅暴露会对大鼠社会优势行为造成影响，表现为在群体中的活跃度不高、胆小，在与其他大鼠斗争时表现出较软弱的一面。肠道微生物的摄入可以恢复铅暴露对大鼠社会优势行为造成的影响，可能是长期食用益生菌调整了大鼠肠道微生物，并通过神经系统影响大脑，使特定脑区神经元发生改变和生长，进而使大鼠的社会优势行为得到恢复。

第三节 肠道微生物对钙吸收、代谢的影响

1. 钙的吸收、分布、代谢

钙的主要食物来源包括奶类、豆类、海鲜、坚果及部分蔬菜水果等。维生素 D 有增加肠道吸收钙元素的功能，维生素 D 的含量较低，则钙的吸收较差，因此补钙的同时要注意补充维生素 D。大部分钙在小肠上段吸收，钙的吸收量与肠道内钙浓度、机体的需要量及肠内酸碱度有关。当肠内酸

度增加时，钙盐易溶解，因而吸收增加。钙的吸收量与机体的需要量相适应，当缺钙时肠道吸收钙的速度增加，而当体内钙过多时，则吸收速度降低。正常血钙参考范围是 2.25~2.75 mmol/L。

血钙中发挥生理作用的部分是游离钙，占血浆总钙的 45% 左右。骨的生长、修复或重建过程，称为成骨作用。成骨过程中，成骨细胞先合成胶原和蛋白多糖等细胞间质成分，形成“类骨质”，继后骨盐沉积于类骨质中，此过程称为钙化。骨的溶解和消失称为骨的吸收或溶骨作用。溶骨作用包括基质的水解和骨盐的溶解，又称为脱钙，主要由破骨细胞引起。正常成人，成骨与溶骨作用维持动态平衡。人体钙约 20% 经肾排出，80% 随粪便排出。高钙血症是由多种原因导致的综合征，例如原发性甲状旁腺功能亢进和甲状旁腺素异位分泌、恶性肿瘤骨转移、噻嗪类利尿剂等药物，临床表现因发病原因而不同。甲状旁腺素和 1, 25-（OH）$_2$D3 缺乏是引起低血钙的常见原因，低血钙时，口周麻木和四肢远端感觉异常，并可出现肌肉痉挛、手足搐搦。

2. 肠道微生物对钙吸收的影响

钙是骨的重要组成部分，与人体骨骼健康息息相关。当人体长期缺乏钙，处于负钙平衡状态时，儿童易罹患佝偻病、手足抽搐症，而成年人发生骨质疏松、骨质增生的风险也将大大提高。

肠道是介导钙吸收的主要器官，其内部存在的微生物群落和菌群代谢物质在此过程中发挥重要作用。具有代表性的是定植在肠道黏液层的双歧杆菌，它可以通过激活钙信号通路显著强化钙吸收。肠道微生物群落及其代谢产物对骨骼健康的影响途径定义为肠 - 骨轴。研究表明，肠道微生物可通过影响黏膜屏障完整性、内分泌和免疫反应三个途径经肠 - 骨轴调节钙吸收和骨骼健康。

肠道微生物群可以改变紧密连接蛋白的表达和分布，从而改变肠道屏障的通透性。研究表明，5-羟色胺的生物合成效率在产孢子细菌影响下提高，甲状旁腺激素在双歧杆菌等微生物作用下表达增加；前者可通过与成骨细胞表面受体结合促进生长和增殖，后者则通过促进成骨细胞分化以及抑制凋亡来增加骨形成。

研究发现肠道微生物产生的醋酸盐和丙酸盐能增强人体结肠的钙吸收，其机制是肠道微生物利用益生元发酵后产生的短链脂肪酸降低肠道环境的pH值并使短链脂肪酸进入肠道细胞后产生的氢离子分泌出细胞增加氢钙交换。肠道环境的pH值被降低而形成的酸性环境可以溶解结合钙、提高肠腔内钙离子浓度。此时，肠腔和肠上皮细胞出现钙离子浓度差，利于钙的被动扩散。同时，短链脂肪酸进入肠道细胞后产生并分泌氢离子，使得氢钙交换增加，而肠腔内氢离子又可促进短链脂肪酸进入细胞，正反馈加强钙吸收。

3. 肠道微生物对钙代谢的影响

肠道微生物包含多种有益和有害菌属，近年来基于肠道微生物与免疫系统和骨细胞相互作用的研究发现，不同的肠道微生物多样性和组成结构会对机体骨骼产生不同影响。肠道微生物影响钙代谢的机制可能与代谢产物、免疫调节和激素分泌有关。

肠道微生物的代谢产物如短链脂肪酸等，可通过维持酸性条件，减少钙磷复合物的形成，从而增加钙吸收率。有研究发现，产短链脂肪酸，尤其是产丁酸的微生物（如乳杆菌和双歧杆菌）的丰度增加，理研菌科（*Rikenellaceae*）和紫单胞菌科（*Porphyromonadaceae*）等结肠炎有关微生物的丰度减少可以增强肠道对钙离子的吸收。成骨细胞和破骨细胞之间的稳态是维持骨密度的重要条件，骨形成的减少或骨吸收的增加会导致骨质量降低，诱发骨质疏松。研究表明，正常小鼠比无菌小鼠的骨重量低，其可能机制是肠道微生物介导的 NOD1 和 NOD2 信号，使得小鼠 TNF-α 和破骨细胞因子 Rank1 表达，从而降低骨重量。此外，随着肠道微生物结构发生变化，致病性变形菌门和拟杆菌门丰度增加，抗炎性厚壁菌门丰度降低，也被证实与提高患骨质疏松症的风险有关，说明肠道微生物可以通过机体免疫调节调控钙的代谢。

第四节　肠道微生物对铜吸收、代谢的影响

1. 铜的吸收、分布、代谢

机体铜主要来源于食物摄取，成人经食物吸收的铜含量为 2.5~5 mg/d。膳食中铜的吸收主要在小肠，特别是十二指肠，还有少量直接在胃吸收。铜在小肠经由小肠上皮细胞刷状缘细胞膜上高亲和力转运体——人铜离子转运体 1（hCTR1）、二价金属离子转运体（DMT1）等介导进入肠黏膜细胞。随后，铜转运蛋白 ATP7A 将铜从肠黏膜细胞跨膜转运至门静脉血液循环。hCTR1 和 DMT1 对铜的转运是不依赖 ATP 消耗的弥散过程，而 ATP7A 对铜的转运是磷酸化 ATP 酶介导的主动的离子转运过程。进入门静脉循环的铜离子大部分被肝脏组织摄取，继而与超氧化物歧化酶铜伴侣蛋白、抗氧化蛋白 1 等铜伴侣蛋白结合，转运到细胞质基质、线粒体、高尔基复合体外侧网络等部位，参与细胞内部多种酶促反应。

人体内含铜总量为 100~150 mg，主要分布于肝脏、血液、脑组织中，其中肝脏中的铜约占 80%，每 100 mg 血清含铜 77~103 μg，占铜量的 10%。血浆中约 95% 铜与 α2- 球蛋白紧密结合，称为铜蓝蛋白，其余 5% 为游离铜或与白蛋白结合。另外，机体中许多酶也含有铜，如细胞色素氧化酶、超氧化物歧化酶、尿酸氧化酶、赖氨酸氧化酶、酪氨酸酶、多巴胺

β 羟化物等。结缔组织和黑色素的合成、儿茶酚胺转换等也都需要含铜酶的参与。与白蛋白疏松结合的铜是运输、吸收、排泄的重要形式和中间环节，也是合成各种细胞蛋白的原料。含铜蛋白还包括血铜蛋白、肝铜蛋白和脑铜蛋白。

食物中的铜进入消化道后，只有 20%~30% 经胃肠吸收，大部分经消化道排出，其中由胆汁排出 80%，肠壁排出 16%，剩余 4% 的铜还可在血液中与蛋白质结合，通过肾小球滤出作用后经尿排出，尿铜排出每天不超过 0.25 mg。正常成人肝脏铜中约 80% 与金属硫蛋白（一种小分子蛋白，其编码基因位于第 16 号染色体）结合而贮于细胞质内，其余则与各种肝脏酶结合存在。当肝脏内铜含量过高时，铜转运蛋白 ATP7B 会重新定位肝细胞的胆管膜侧，将过多的铜以跨膜转运的方式由胆道通过胆汁排泄。

2. 肠道微生物对铜吸收的影响

研究表明，铜在肠道中的代谢失败会导致其在肠道中的积累，这可能会导致促炎性 TNF-α 的积聚，并与肠道微生物组成和功能的变化有关。某些细菌可以通过调节铜的运输来维持铜的稳态，防止其毒性作用。

有研究发现，低剂量益生菌补充使大鼠肝脏中铜含量显著升高，高剂量益生菌补充则使心脏组织中铜含量显著降低。研究者通过检测单一菌株植酸降解菌（乳酸乳球菌 psm16）补充对健康小鼠矿物质吸收和分布的影响，结果意外地发现，乳酸乳球菌 psm16 干预对血浆中铜含量无显著影响，但小鼠肝脏中铜含量显著增加，而肾脏中铜含量却显著下降。另一项研究中，补充开菲尔（Kefir）发酵牛乳 28 天后的小鼠肝脏组织中铜含量显著低于对照组。此外，也有研究评估和对比了混合益生菌对肉鸡铜吸收的影响，结果表明，混合益生菌对血清铜的含量未产生显著影响。

3. 肠道微生物对铜代谢的影响

研究发现，当机体在高浓度的铜暴露下时，进入体内的铜离子易穿透细胞膜进入细胞内，与胞内巯基基团等有机官能团结合，抑制细胞中的一些酶的活性，并使葡萄糖转运等代谢通路受到影响，进一步抑制细胞内化学反应的进行和物质代谢活动，诱发细胞死亡。研究发现抗生素治疗后肠道微生物显著减少的小鼠和未接受抗生素治疗的小鼠胃肠道中铜的同位素分离程度显著不同，提示宿主－微生物在胃肠道的相互作用参与了铜运输的调节。

在自发性轮状病毒感染所致犊牛腹泻中，研究者发现嗜酸乳杆菌补充可以有效缩短病程，但与对照犊牛相比，嗜酸乳杆菌干预没有改变犊牛血清中铜的含量。含芽孢杆菌的复合制剂可以显著降低急性铜暴露引起的拉氏鱥（Rhynchocypris lagowskii）鳃和脑等多组织中铜的累积，并进一步减轻了铜暴露诱发的氧化应激和炎症反应，对拉氏鱥起到保护作用。此外，在布氏乳杆菌等添加对铜诱发毒性作用的研究中，研究者检测和比较了布氏乳杆菌添加与否对尼罗罗非鱼性腺铜含量的影响，结果发现，与未添加益生菌干预组相比，布氏乳杆菌干预显著改善了铜暴露引起的尼罗罗非鱼血液参数和性腺组织病变。

第五节　肠道微生物对锌吸收、分布的影响

1. 锌的吸收、分布、代谢

锌在人体的主要吸收部位是小肠。锌的主动吸收是通过肠黏膜吸收细胞刷状缘上的锌转运蛋白来实现的。研究证实，肠道吸收细胞刷状缘上存在两大类锌转运蛋白，一类为锌转运蛋白（ZIP）系统，包括至少 15 种转

运蛋白；另一类为锌转运蛋白（ZnT）系统，包括 9 种结构相似的蛋白质，主要起到促进锌流出细胞外或转移到细胞囊泡的作用。ZIP 和 ZnT 系统相互作用维持细胞内的锌稳态。锌从肠腔中摄取进入黏膜上皮细胞后，和细胞内一种低分子蛋白——金属硫蛋白（MT）结合，随即经门脉系统入血或者被再次送回肠道。因此，小肠黏膜细胞内的 MT 既是一种锌的临时储存蛋白，又是锌吸收的调节者，在维持锌的“内稳态”中起重要作用。

锌在人体内的含量仅次于铁，居微量金属元素第 2 位。成人体内约含 2.3 g 锌。按每公斤体重所含毫克计量，男性锌含量平均为 33.3 mg，女性为 22 mg。其中，约 60% 的锌分布在肌肉，22%~30% 的锌分布在骨骼，8% 的锌在皮肤和毛发，4%~6% 的锌在肝脏，2% 的锌在胃肠道及胰腺，1.6% 的锌在中枢神经系统，0.8% 的锌在肾脏，0.1% 的锌在脾脏，全血中锌含量约 0.8%，血浆中锌含量 <0.1%，而红细胞中的锌浓度是血浆中的 10 倍，白细胞是红细胞的 25 倍。各组织部位的锌主要存在于细胞内，而细胞内部有 30%~40% 的锌分布于细胞核，50% 分布在细胞质和细胞器，其余的分布在细胞膜。此外，人和动物的视觉神经中锌含量可高达 4%，其次为精液（含量为 0.2%）和前列腺。人体各脏器锌含量随着年龄的变化而不同。通常，新生儿含量较高，随着生长发育迅速下降，在青年和中年时期又有所回升，进入老年时期再次下降。

在血液中，白蛋白作为载体将锌传输到体内的各个部位。小肠所吸收的锌既有来自食物中的外源性锌，也有来自唾液、胆汁、肠液、胰液分泌入肠道的内源性锌。因此，小肠可称之为机体的“锌库”，通过内源性锌排泄维持体内的锌稳态，当食物中锌增加引起机体锌吸收增加时，小肠排出的内源性锌也会随之增加，同时降低锌的吸收效率，限制体内锌累积，保持锌含量的相对恒定。胃肠道尤其是小肠、肝、胰腺是调控机体锌稳态的主要部位，而外源锌的小肠吸收、内源锌的粪便排泄、肾的再吸收及锌在各器官细胞内的分布是调节锌稳态的主要环节。

锌主要经粪便、尿液、体表、毛发及指甲等途径排出体外。在正常膳食水平时，胃肠道是锌的主要排泄途径。人体粪便锌的排出量与机体锌的摄入量呈正相关，粪便中的锌主要是肠道内未吸收的锌，少量为内源性分泌到小肠的锌。尿液排泄是机体锌排泄的第二个主要方式。锌与低分子量化合物如氨基酸等结合，继而被肾小球滤过。正常成人每天尿锌排出量为0.3~0.6 mg，当机体锌缺乏时，尿锌排出量可减少至每天 0.1 mg。体表锌丢失是锌排泄的第三条途径。汗液中锌的丢失量与膳食锌含量呈正相关。

2. 肠道微生物对锌吸收和分布的影响

大量国内外研究探索了肠道微生物对机体锌的吸收和分布的影响，但尚未得到一致性结论。例如，一项国外儿童的人群研究显示，补充添加干酪乳杆菌 CRL431 和罗伊氏乳杆菌 DSM17938 的牛奶对儿童生长和体内锌状态不会产生影响。另外一项对肥胖绝经后妇女头发样本的研究也得出同样结论。而在动物模型研究中，肠道微生物对锌吸收的影响则有不同的发现。富硒锌益生菌能提高犬的全血硒和锌含量，提高机体抗氧化能力，并有效调节肠道菌群和改善肠道微环境。补充益生菌还可能通过增强肠道上皮屏障的完整性，维持上皮功能，从而影响锌的吸收。此外，益生菌能够产生维生素 B6，而维生素 B6 可以促进肠道对锌的吸收。但对于益生菌等是否可以改变肠道中锌的存在形式、益生菌产物短链脂肪酸等是否可以促进锌的吸收，目前还没有明确的研究证据。益生菌等补充对机体锌分布的影响也缺乏可靠证据，有待进一步深入研究。

第六节　肠道微生物对砷分布、代谢的影响

1. 砷的吸收、分布、代谢

砷是环境中广泛存在的天然有毒类金属元素，通常以化合物形式存在。砷可经呼吸道、消化道和皮肤进入体。正常人体组织中含有微量的砷。研究表明，人的新陈代谢功能每日可容纳消耗 0.5 mg 砷，且适量的砷有助于人体血红蛋白的合成并促进生长发育。但砷及其化合物具有毒性，当摄入的砷超出机体负荷时，便会引起砷中毒。职业环境中吸入砷化合物和日常生活中饮用砷污染水是常见导致砷中毒的原因。如采矿作业、农药喷洒和工业制造等过程中，可能因防护不当在短期内吸入过多的砷，并引起急性中毒。饮用水中，存在不溶性砷化合物和可溶性砷化合物。其中，不溶的砷化合物难吸收，99% 以原有形式经消化道排出体外，因而毒性较小；而可溶性砷化合物在消化道吸收率高达 90%，所以毒性较大。饮用水中砷含量相对较低，引起的健康损害多属于慢性中毒。皮肤对砷的吸收率很低，仅能吸收砷和氢化砷。因此，由于皮肤接触引发的砷中毒比较罕见。吸收入血的砷化合物主要与血红蛋白结合，随血液循环分布和储存于脑、肝、心、脾、肾、胸腺、肌肉等各组织器官中。

2. 肠道微生物对砷分布、代谢的影响

肠道微生物介导的砷转化可显著影响砷的生物毒性。有研究报道，低浓度砷可以刺激并提高肠道微生物的活性，而较高浓度砷则抑制肠道微生物的活性。通过影响肠道微生物的代谢速率，砷能够间接影响微生物介导下的砷生物转化基因的表达丰度。

体外研究表明，哺乳动物肠道微生物可以转化砷在体内的状态，进而

影响砷在体内的蓄积状况和毒性作用。如来自人体和小鼠的肠道微生物可以将无机砷转化为毒性较低的甲基化砷和硫砷。补充有益肠道微生物能够显著降低砷暴露引发的氧化应激和炎症反应。与之相反，抗生素干预会打破肠道微生态平衡，增加砷在组织中的积累。这可能与抗生素干预促进了肠道微生物群中一些抗砷细菌的繁殖生长有关，而这类细菌能将砷代谢成更具生物利用度的有机砷。

第七节　肠道微生物对其他金属的吸收、分布、代谢的影响

1. 其他金属的吸收、分布、代谢

常见其他金属元素如汞、锰、硒、镉，可以通过膳食摄入或环境、职业暴露等方式进入人体，并参与人体的生理或病理过程。

汞是对人体危害极大的有毒重金属。汞的无机盐可腐蚀皮肤、眼睛和胃肠道，吸入汞蒸气会对神经、消化和免疫系统，以及肺和肾造成损害。如果食入，则可引发肾脏中毒。目前，环境汞污染广泛存在，可通过食物、水、空气接触等多种方式引起人体暴露并影响人体健康。

锰是人体必需的微量元素，在人体中的含量为12~20 mg，在促进骨骼生长发育、维持糖和脂肪代谢、维持神经功能、抵抗衰老和氧化等方面发挥重要作用。锰存在于人体的各种组织和体液中，其在骨骼、肝脏、胰腺、肾脏等器官含量比较高，而在脑组织、心脏、肺脏、肌肉中含量则比较低。线粒体中锰的浓度高于细胞质或其他细胞器，所以线粒体多的组织锰浓度较高。

硒是机体生长必需的微量矿物元素，主要在小肠内吸收代谢，多数硒经肠道微生物同化、还原、甲基化等代谢转化为无机硒。硒进入血液与红细胞中的血红蛋白和血浆中的白蛋白或α球蛋白结合，通过血浆运载，输送到各

组织器官。其中，骨骼肌是主要的硒储存器官，约占人体总硒的 28%~46%。

镉可通过呼吸道和消化道进入人体。通过呼吸道吸入的镉和镉颗粒的大小和化学构成不同，约 10% 被肺吸收。消化道吸收一般不超过 10%，但如果缺乏铁、蛋白质、钙或锌，镉吸收会增加。食物摄取是人体镉暴露的主要途径之一。被污染的食物经口摄入，通过胃肠道的消化吸收，经血液循环，积聚在人体器官、组织内会导致器官功能和代谢异常，从而对人体产生毒性效应。镉的摄入不仅会对肝、肾、胃等器官造成危害，也会对肠道造成影响。

2. 肠道微生物对其他金属吸收、分布、代谢的影响

有研究发现肠道微生物可降低大鼠脏器中的甲基汞含量，并能减弱甲基汞对大鼠小脑颗粒层颗粒细胞的损害程度，表明肠道微生物对甲基汞的毒性具有明显防御作用的。还有研究表明，哺乳动物和水生生物体内益生菌或益生菌产物可以有效对抗汞暴露诱发的机体中毒。补充植物乳杆菌和芽孢杆菌显著减轻了氯化汞暴露造成的动物氧化损伤和肝、肾、肠道中毒程度。富硒枯草杆菌能改善汞对锦鲤肠道组织的毒性作用。此外，服用中草药提取物及其与益生菌代谢物的混合物或者食用高纤维发酵马奶可增强动物机体防御能力并抵抗汞暴露引起的神经毒性、生殖毒性和肾脏毒性。

在检测单一菌株植酸降解菌（乳酸乳球菌 psm16）补充对健康小鼠矿物质吸收和分布的影响研究中，研究者发现乳酸乳球菌 psm16 干预显著提升了血浆和肾脏中锰含量。

有研究发现喂养含硒饲料的小鼠体内硒蛋白表达模式会发生相应改变，但也有一部分肠道微生物隔离了硒，限制了硒对小鼠的影响程度。在对比两种不同浓度的硒膳食对大鼠结肠内微生物群落产生影响的研究中，发现添加硒的膳食可以大幅增加血浆内硒的含量和硒谷胱氨肽酶的活性。硒既可以与一些细菌的转运 RNA 发生特异性结合，还可以与细菌蛋白特异性结合。当

人体或动物体内的后肠缺少能够正常代谢的硒时，每日膳食添加硒能与结肠中的微生物菌群作用，使硒形成硒转运 RNA 或者硒蛋白被吸收后，可以更好地调控后肠的健康和维持正常代谢，提示硒能够影响肠道微生物的组成及其在胃肠道的定植，进而影响动物体内硒的状态和硒保护体的表达。

第八节　益生元对金属吸收、分布、代谢的影响

益生元是一类不被宿主消化吸收，但可被益生菌利用发酵，从而促进肠道益生菌的繁殖和新陈代谢、改善宿主健康的功能物质。成为益生元必须满足 3 个标准：能够抵抗胃肠道的消化，可被肠道微生物发酵，具有促进有益肠道细菌生长和 / 或活性的作用。目前常用益生元包括菊粉、低聚果糖、低聚半乳糖、低聚异麦芽糖、聚葡萄糖、抗性糊精纤维寡糖等。益生元作为益生菌的养料，具有选择性刺激益生菌生长、激活益生菌代谢，赋予益生菌优势的功能。通常情况下，益生元与益生菌组合使用，可提高益生菌单独使用的功效。

益生元已在食品、医学、生物工程等领域广泛应用，其对机体铁、钙等必需微量元素代谢过程的影响也受到越来越多的关注。对于铁而言，益生元能够通过酸化肠道环境、促进盲肠细胞增殖、改变铁的形态等方式促进机体铁吸收。益生元经肠道微生物发酵产生乙酸、丙酸和丁酸等短链脂肪酸，可显著降低肠道环境的 pH 值，从而有利于蛋白结合铁的释放并提高铁的吸收。同时，短链脂肪酸还可以刺激肠道隐窝细胞分裂增殖，引起盲肠扩大，并促进铁在盲肠的吸收。此外，丙酸盐可与铁结合形成可溶性的络合物，保持铁在肠道管腔中较高的溶解度，最终促使铁向肠道细胞的转移。

益生元不仅可以促进铁的吸收，还有利于增加铁的生物利用度。研究人员通过缺铁动物模型发现，益生元补充显著提高了焦磷酸铁的生物利用度，主要表现为缺铁动物血红蛋白再生效率和肝脏铁储备的增加。此外，益生元

添加组动物血红蛋白浓度和红细胞比容高于单纯补铁组。鉴于益生元在促进机体铁吸收和利用中的作用，其在缺铁性贫血临床疗中具有良好的应用前景。

目前还没有益生元影响人体钙吸收的流行病学证据，但有研究表明益生元能显著降低绝经期前、后女性血清Ⅰ型胶原C端肽和Ⅰ型前胶原氨基端原肽水平。两项指标分别代表破骨细胞活性和成骨细胞修复活性，二者数值降低反映骨骼代谢减缓，骨质流失减少。另外，益生元补充还可改善血液维生素D状态。可见，益生元有利于促进人体骨钙沉积，但这一效应是否由提高钙吸收利用引起尚不明确。

为了更好地探究益生元对机体钙代谢的影响，研究者开展了相关动物实验研究。通过给大鼠饲喂添加益生元的饲料，研究者发现益生元显著减少了机体钙排泄，主要体现在益生元添加组大鼠粪便钙含量更低。与此同时，益生元添加组大鼠股骨钙含量、骨小梁密度、胫骨长度、骨体积、成骨细胞表面积、刚度和弹性均高于未添加组，表明益生元可有效增加骨的矿化和骨密度。但由于该研究没有直接提供血钙水平，也未观测经肾脏排泄的尿钙变化，因此无法推断益生元是否在钙的吸收利用环节发挥有效作用。

目前，益生元影响机体锌、铜和锰代谢的研究仅有个别动物实验报道，且未能得出一致结论。通过使用Zn-67和Cu-65同位素标记的方法，研究者发现益生元添加后大鼠粪便锌排泄量明显降低，而尿液排泄量有所增加；同时，大鼠粪便铜排泄量明显降低，而尿液排泄量无显著变化。整体而言，益生元减少了大鼠锌和铜的排泄量。不过，两组大鼠血浆锌和铜含量均未见显著的统计学差异，肝脏和骨骼中锌、铜含量亦未见明显改变。与上述研究结果不同的是，在另外一项益生元干预对肉鸡金属元素吸收的研究中，研究者发现通过饮食添加益生元显著提高了肉鸡血液中锌、铜和锰的含量，提示益生元有利于机体对锌、铜和锰元素的吸收。总之，益生元对机体锌、铜吸收的作用尚无定论，但其可能会减少锌、铜的排泄。而对于益生元是否影响锌、铜在体内除肝脏、骨骼外其他组织的分布尚有待深入探索。

第五章　肠道微生物代谢产物与金属的博弈

第一节　短链脂肪酸与金属

1. 短链脂肪酸

1.1 短链脂肪酸的概念、主要成分和生成部位

短链脂肪酸是膳食纤维和抗性淀粉等植物多糖经肠道微生物发酵后产生的代谢产物，其碳原子数在 1~6 之间。短链脂肪酸的主要成分为直链乙酸盐、丙酸盐和丁酸盐。在结肠中，乙酸盐、丙酸盐和丁酸盐的物质的量的比约为 60∶20∶20。人体内乙酸、丙酸和丁酸的平均含量分别为 260 μM、30 μM 和 30 μM。其中，乙酸是胆固醇和脂肪酸合成的底物，丙酸是动物肝脏中合成葡萄糖的主要前体。肠道中每天总共生成 500~600 mM 的短链脂肪酸，每种短链脂肪酸的数量和相对比例由底物、微生物群组成及其在肠道中运输所需的时间决定。

短链脂肪酸主要在肠道的盲肠和结肠部位生成，其生成过程还需要乙酰辅酶 A 、β- 羟基丁酰辅酶 A 、丙酮酸、琥珀酸、岩藻糖、鼠李糖等物质的参与。当发酵纤维供不应求时，主要生成支链脂肪酸，如异丁酸、2- 甲基丁酸、异戊酸。

1.2 短链脂肪酸代谢

结肠中共生细菌可通过发酵膳食纤维生成短链脂肪酸，具体过程为以单羧酸盐转运蛋白 1（MCT1）和钠偶联的单羧酸盐转运蛋白 1（SMCT1，也称 SLC5A8）为载体，被结肠细胞以主动转运的形式吸收。还有一部分未解离的短链脂肪酸，可通过被动扩散的方式被结肠吸收，随后进入线粒体的柠檬酸循环，部分被氧化成 CO_2，以 ATP 的形式为细胞供应能量。未被结肠细胞代谢的短链脂肪酸则通过基底外侧膜进入肝脏的门静脉循环，通过氧化作用为肝细胞提供能量底物。

1.3 肠道短链脂肪酸的生理功能

肠道短链脂肪酸可为机体提供能量，并可调节电解质平衡。肠道中短链脂肪酸被肠上皮细胞吸收，在线粒体内进行 β 氧化为机体提供能量，其提供的能量约占人体所需能量的 5%~15%。短链脂肪酸还可促进肠道对 Na^+ 的吸收，以及抑制 Cl^- 的分泌，并参与肠道水和电解质调节，减少肠道电解质相关腹泻。

肠道短链脂肪酸可保护肠黏膜屏障。肠黏膜屏障由肠黏膜机械屏障、化学屏障、免疫屏障及生物屏障共同构成。短链脂肪酸能够通过增加黏液层分泌、营养肠上皮细胞、增加紧密连接蛋白等方式增强肠机械屏障功能；通过免疫调节作用增强肠免疫屏障功能；通过影响肠腔 pH 值、电阻抗等影响肠化学屏障功能。

肠道短链脂肪酸还可影响肠道 pH 值以及肠道细菌生长。短链脂肪酸是肠道中主要的阴离子，可降低肠道 pH 值，从而有利于益生菌的生长增殖，抑制特定病原菌定植。

此外，肠道短链脂肪酸参与免疫调节。短链脂肪酸可以影响单核吞噬细胞、淋巴细胞等免疫细胞，通过影响炎症因子释放、免疫趋化反应、抑制免疫效应细胞增殖等方式参与免疫调节。短链脂肪酸也可抑制炎症因子 NF-κB，诱导促炎因子 TNF-α、IL-1 β、IL-6 等表达。

肠道短链脂肪酸还具有抗肿瘤作用。生理剂量的乙酸、丙酸、丁酸可抑制结直肠肿瘤细胞的生长增殖，参与诱导肿瘤细胞分化及凋亡的过程。

2. 短链脂肪酸与肠道微生物的关系

2.1 短链脂肪酸对肠道微生物的作用

短链脂肪酸的生成主要受肠内厌氧菌的影响，如双歧杆菌、普雷沃氏菌、链球菌、拟杆菌、粪球菌、梭菌、鼠李糖乳杆菌等。短链脂肪酸也可逆向改变肠道微生物群的种类和数量，从而调节肠道微生物群平衡，改善肠道功能。如伤寒沙门菌是一种肠道致病菌，可引起伤寒等严重疾病。研究发现，短链脂肪酸抑制伤寒沙门菌的机制主要包括：一是短链脂肪酸可促进伤寒沙门菌诱导巨噬细胞凋亡、破坏病原菌；二是短链脂肪酸增加肠道沙门菌亚硝酸盐和降低超氧化物歧化酶的量，进一步诱导巨噬细胞凋亡，最终实现肠道微生态平衡。此外，短链脂肪酸能维持经过移植的小肠黏膜形态，减轻移植后肠上皮细胞超微结构的损伤，具有保护肠黏膜机械屏障的作用，并能改善移植后肠对氨基酸的吸收能力。一项关于添加短链脂肪酸对接受术后化疗大鼠结肠黏膜细胞增殖作用的研究表明，添加短链脂肪酸能促进接受术后化疗大鼠的结肠黏膜细胞的增殖。

2.2 肠道微生物对短链脂肪酸的作用

肠道是一个高度动态的环境，肠道健康有赖于其中的微生物群落，而微生物群落的构成易受宿主的营养、代谢和免疫调节的影响，其主要代谢产物包括短链脂肪酸、吲哚衍生物、多胺、有机酸、维生素等。由于肠道内发酵膳食纤维的微生物组成不同，由此产生的短链脂肪酸的种类及含量也不同。由于结肠近端含有大量可发酵物质，故结肠近端的短链脂肪酸含量一般远高于结肠远端。当机体摄入抗性淀粉时，肠道微生物乳杆菌属、梭状芽孢杆菌、疣微菌科和双歧杆菌的丰度显著增加，肠道内乙酸、丙酸

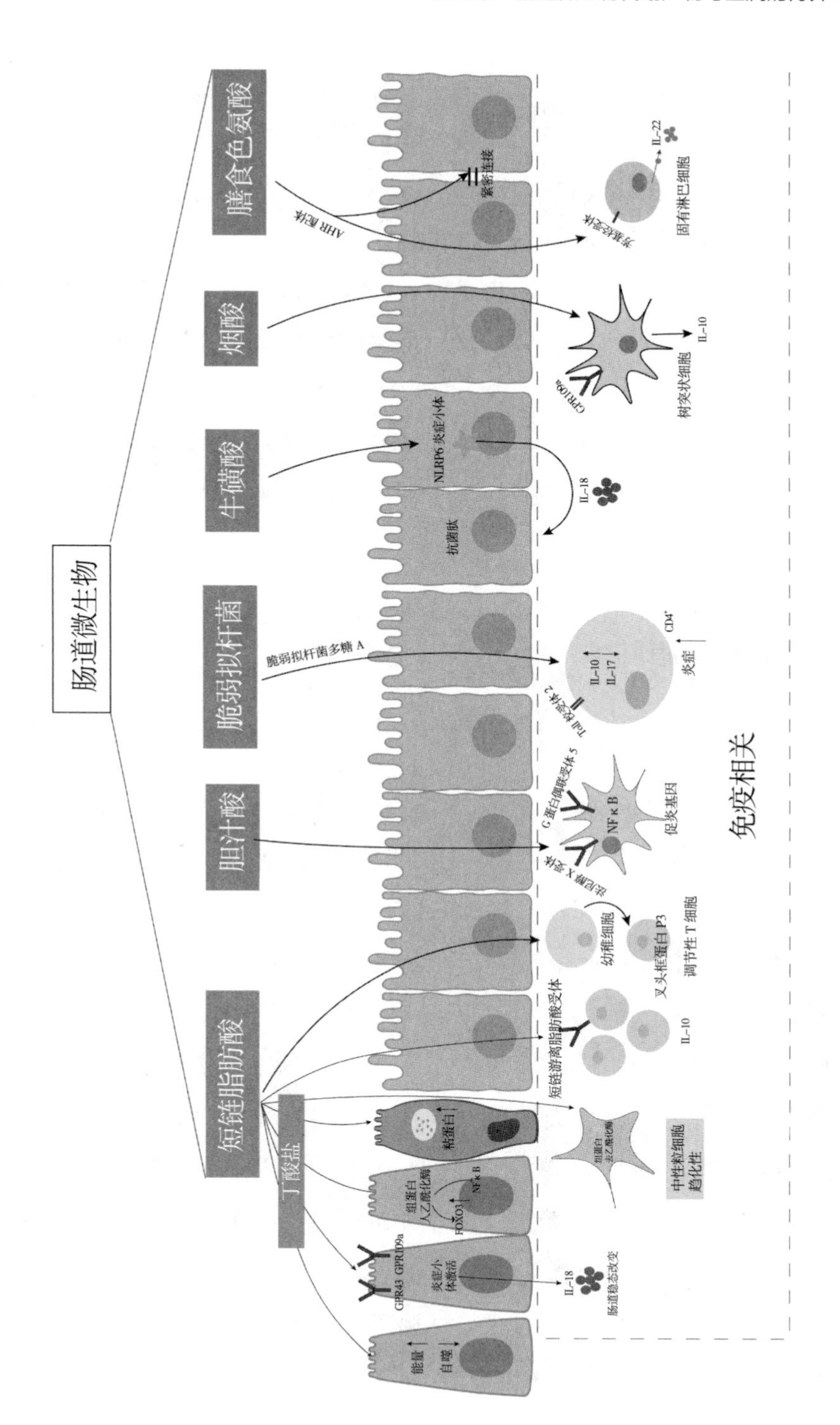

肠道微生物
膳食色氨酸
烟酸
牛磺酸
脆弱拟杆菌
胆汁酸
短链脂肪酸
丁酸盐
AHR 配体
紧密连接
芳基烃受体
IL-22
固有淋巴细胞
GPR109a
IL-10
树突状细胞
NLRP6 炎症小体
IL-18
抗菌肽
脆弱拟杆菌多糖 A
IL-10
IL-17
Toll 样受体 2
CD4+
炎症
G 蛋白偶联受体 5
NF κ B
法尼醇 X 受体
促炎基因
免疫相关
幼稚细胞
叉头框蛋白 P3
调节性 T 细胞
短链游离脂肪酸受体
IL-10
粘蛋白
组蛋白去乙酰化酶
中性粒细胞趋化性
组蛋白人乙酰化酶
NF κ B
FOXO3
GPR43
GPR109a
炎症小体激活
IL-18
肠道稳态改变
能量
自噬

和丁酸含量也随之增加。在应激条件下易导致肠道微生物稳态失衡，伴随着肠道有益微生物丰度下降，结肠食糜中短链脂肪酸尤其是乙酸和丁酸含量显著降低。益生菌能通过调节肠道有益微生物（包括产短链脂肪酸细菌）的组成和生长来影响肠道内短链脂肪酸的产生。益生菌嗜酸乳杆菌 DDS-1 能使盲肠中有益菌（如阿克曼菌属和乳酸杆菌属）的丰度显著增加，从而提高了肠道总短链脂肪酸含量，尤其是丁酸的含量，并进一步抑制肠道中有害菌的繁殖。益生元异麦芽糖、果聚糖等能改善肠道菌群组成，提高肠道内双歧杆菌属和乳杆菌属的丰度，抑制病原体繁殖，提高动物粪便中丙酸、丁酸及总短链脂肪酸含量。肠道微生物种群数量的改变在一定程度上反应短链脂肪酸含量的改变。

3. 金属与短链脂肪酸

3.1 短链脂肪酸与铁

铁是血红蛋白的重要组成部分，具有显著的补血功效。铁能够增强白细胞抵抗病菌的能力，维持人体细胞的正常功能，还参与氧气的运输过程，将氧输送到全身各个组织器官，为人体提供所需的能量。胃肠道中过量的铁通常会引起芬顿（Fenton）反应和哈伯 - 韦斯（Haber-Weiss）反应，产生大量的 ROS [超氧阴离子（O^{2-}）和羟基自由基（OH）]；ROS 攻击细胞膜上脂肪酸，破坏细胞膜，导致线粒体和内质网功能障碍，最终导致肠上皮细胞凋亡或坏死，肠道炎症进一步恶化。细菌代谢的变化可能与乳酸或短链脂肪酸的增加有关，该过程会降低 pH 值并促进铁的溶解和还原为亚铁状态。短链脂肪酸还可以刺激肠上皮细胞的增殖，从而增加肠道的吸收面积。

过量的铁会破坏肠道微生物平衡，有利于有害菌的繁殖。高剂量的硫酸亚铁不但会减少乳酸杆菌和双歧杆菌等益生菌的数量，还会增加大肠杆菌和鼠伤寒沙门氏菌等病原菌的数量。研究发现，当体内铁超过生理负荷时，血色素沉着症患者中会观察到细胞和器官的氧化损伤，因为巨噬细胞在受到脂多糖或鼠伤寒沙门氏菌刺激时产生的 TNF-α 和 IL-6 减少，使肠道炎症反应减弱，但病原菌对铁的利用增加，导致更高的感染风险。

短链脂肪酸是肠道上皮细胞的主要能量来源，口服补铁引起短链脂肪酸减少会抑制益生菌的生长，破坏肠道微生物平衡，诱发甚至加重肠道炎症。在缺铁的情况下，乙酸盐、丁酸盐和丙酸盐的产生明显减少，同时产生丁酸盐和丙酸盐的细菌也会相应减少，导致肠内微生物失调，罹患慢性炎症性肠病的概率显著增加。

3.2 短链脂肪酸与锌

锌是人体必需的微量营养素，是参与人体生长发育、智力发育、生殖遗传、免疫、内分泌等重要生理过程中必不可少的物质。ZnO 在中性 pH 值下是一种不溶性的分子，在胃中低 pH 值环境下会解离成 Zn^{2+} 离子，在短时间内以离子形式进一步与肠腔中不同的膳食成分结合。机体摄入高锌膳食会引起肠道锌转运蛋白 ZnT1 上调，转运蛋白将锌离子从肠细胞内转运到细胞外基质，并下调锌离子相关基因 ZIP4，保护机体免受过量锌离子的损害。

长期摄入高锌膳食，大肠内产生的短链脂肪酸含量减少，肠道微生物活性降低，尤其是利用乳酸和乙酸产生丁酸盐的肠道微生物数量减少，导致丁酸含量减少，继而影响结肠细胞的能量供应和黏膜平衡，引发肠黏膜对病原体或者共生细菌的敏感性增加。在锌缺乏的情况下，机体会通过改变肠细胞酶的活性以减少蛋白质的吸收，从而加剧蛋白质的流失，甚至引起腹泻。慢性缺锌还可通过显著降低系统发育多样性来改变结肠微生物群及功能，导致产肠毒素大肠杆菌（enterotoxingenic E. coli，ETEC）引起的粪便中乙酸盐和丙酸盐水平升高。因此，缺锌可能会改变慢性腹泻性疾病患者粪便中各种短链脂肪酸的比例。

3.3 短链脂肪酸与铜

铜是人体不可缺少的微量元素。成人体内铜含量约 50~120 mg。铜可促进铁的吸收和转运，维持机体正常的造血功能；也是维持骨骼、血管和皮肤的健康以及中枢神经系统完整性的重要微量金属。作为一种过渡金属，铜具有接受和提供电子的能力，因此可以氧化（Cu^{2+}）和还原（Cu^{+}）两种形式存在。铜代谢紊乱能够导致严重的代谢综合征，如门克斯病或威尔逊病。

由肠道微生物发酵产生的短链脂肪酸在肠道生理功能中起着关键作用，短链脂肪酸可刺激肠细胞生长和肠细胞增殖。研究发现，补充高剂量铜时，会影响肠道微生物的种类与数量，使乳酸杆菌、拟杆菌和肠杆菌科细菌数量减少，进而影响短链脂肪酸的产生。过量铜暴露后，短链脂肪酸产生菌种的丰度会明显降低，如异杆菌属、布劳氏菌属、粪杆菌属、罗斯氏菌属和瘤胃球菌属。经黏液真杆菌属（*Blautia*）是一种产乙酸菌，而普拉梭菌（*Faecali*）和罗氏菌属（*Roseburia*）是丁酸盐生产者，丁酸盐可以调节肠道激素的分泌，抑制促炎细胞因子的产生和有害细菌的生长。铜暴露破坏了肠道组织中的能量平衡，从而导致代谢功能发生障碍。短链脂肪酸作为肠上皮细胞的重要能量来源，若肠道屏障功能受损，则会表现出系统性炎症，机体容易受病原菌的侵袭。纳米氧化铜有效地降低了盲肠中微生物群的酶活性，从而降低了肠食糜中的短链脂肪酸浓度。研究显示，高水平的铜（如硫酸铜）会通过影响肠道 pH 值干扰植酸盐，获得的复合物往往对植酸酶的水解活性具有抗性，高剂量的硫酸铜对上消化道中铁的吸收存在潜在干扰，引起铁吸收明显减少，导致铁的生物利用度降低。

长期以来，人们一直认为获得性铜缺乏是导致贫血和其他血细胞减少症的主要原因之一。已经有研究表明，高浓度的锌会抑制铜的吸收并降低铜的生物利用度，这种机制也已在动物研究中得到证实。大量口服锌影响体内铜蓄积的机制可能是铜 / 锌对肠细胞内共同转运蛋白的竞争或铜转运蛋白 / 伴侣蛋白表达失调。最近的观察研究表明，高胆固醇诱导的铜缺乏症可能通过增加肠杆菌科和琥珀弧菌科以及减少拟杆菌科和瘤胃球菌科的机制来调节猪的肠道微生物组。也有研究表明，在断乳的大鼠饮食中添加少量的铜，其肠道微生物能发生显著变化，丁酸盐等短链脂肪酸含量显著减少，同时产丁酸盐的毛螺菌科和瘤胃球菌科也相应减少。

3.4 短链脂肪酸与铬

铬是人体的必需微量元素，是葡萄糖耐受因子（glucose tolerance factor，GTF）的组成成分。GTF 具有增加胰岛素受体数量和提高胰岛素对受体亲和力的作用，而胰岛素能够调节蛋白质、碳水化合物和脂肪代谢，影响机体的能量调控、肌肉组织沉积、脂肪代谢和血清胆固醇水平。因此，铬稳态对机体正常生理代谢具有重要作用。

六价铬通常存在于地下水中，慢性铬暴露被认为是诱发癌症的主要因素之一。有研究发现，1, 2–二甲基肼（DMH）联合铬暴露使厚壁菌门和拟杆菌门丰度下调，而疣微菌丰度显著增加。在科以及属水平上，DMH 联合铬暴露组中的阿克曼菌属更丰富，而产生短链脂肪酸的肠道微生物减少。因此，铬可以通过改变肠道微生物组成影响肠道中短链脂肪酸的构成。研究发现，长期补充苹果酸铬可以通过提高大鼠肠道内短链脂肪酸含量改善 2 型糖尿病症状，补充苹果酸铬可增加大鼠盲肠中乙酸、丙酸和异丁酸含量，且苹果酸铬对乙酸、丙酸和异丁酸含量变化的改善效果优于吡啶甲酸铬。

人体研究表明，全肠外营养期间缺铬会导致葡萄糖不耐受和精神错乱症状的出现。在动物中铬缺乏会影响其生长发育，导致生育能力降低和寿命缩短，发生葡萄糖不耐受和产生类似于糖尿病的表型，还会提高动物的血脂水平，并可能诱发动脉粥样硬化。热应激则会增加肉鸡体内铬的排泄，铬缺乏会导致葡萄糖动态失衡，以及钝化葡萄糖反应。在一项探讨长期摄入重铬酸钾（六价铬）对雄性大鼠肠道微生物的影响研究中，发现铬应激对大鼠的肠道微生物的生长有刺激作用，即较低浓度的铬也能显著促进肠道细菌生长。另有证据表明，使用益生元和益生菌或坚持地中海饮食会增加结肠短链脂肪酸的产生。

啮齿类动物中在使用益生元和益生菌后，体内短链脂肪酸水平和大脑功能发生了变化。在小鼠中使用丁酸梭菌可增加血管性痴呆模型中粪便和大脑中的丁酸盐水平，以及激活海马脑源性神经营养因子相关通路蛋白，改善小鼠认知障碍。在小鼠中添加低聚果糖和低聚半乳糖饮食 3 周可减轻应激诱导的皮质酮释放，降低促炎细胞因子水平，改变海马和下丘脑中的基因表达，增加盲肠醋酸盐和丙酸盐以及降低盲肠异丁酸盐浓度。重要的是，盲肠中短链脂肪酸水平的变化与抑郁样和焦虑样行为发生相关。因此，铬离子的缺乏会扰乱肠道微生物，进而影响短链脂肪酸的生成和生理反应。

3.5 短链脂肪酸与砷

砷是第一个被证实对人有致癌作用的元素，长期接触可诱发多种疾病。人体主要通过饮水和食物接触砷。砷可以影响肠道微生物，反之，肠道微生物也可以干扰砷代谢。研究发现，食物中的砷可对肠道微生物如毛螺菌科、鼠尾草科、瘤胃球菌科和丹毒科造成显著的影响。毛螺菌科能通过产生短链脂肪酸，参与胆汁酸的代谢从而增加对病原体定植的抵抗。饮用含砷水情况下，肠道微生物主要由拟杆菌门和厚壁菌门组成，拟杆菌的种群基本不变，但厚壁菌显著减少。厚壁菌是重要的肠道细菌，是产生短链脂肪酸的主要菌群。研究表明，肠道中的乳酸杆菌在短链脂肪酸的生成中起关键作用。在砷暴露条件下，随着乳酸杆菌的减少，其他产生短链脂肪酸的肠道微生物包括粪杆菌的丰度增加，短链脂肪酸的水平显著增加，导致肠道内微生物种群失调，继而增加砷对机体的毒性效应。

3.6 短链脂肪酸与铅

铅不仅能导致不可逆转的神经损伤，还可对机体肾脏、心血管和消化系统造成损害。研究表明，铅暴露可引起志贺氏菌、类杆菌等潜在肠道致病菌的过度生长，从而抑制某些肠道益生菌的生长，改变微生物群落结构，对机体的免疫系统构成威胁。例如，在铅暴露情况下，志贺氏菌能引起肠道感染，还能引起普氏镰刀菌（*F. prausnitzii*）丰富度降低，肠道通透性增加，造成肠道黏膜屏障损伤以及短链脂肪酸减少，尤其是丁酸。慢性铅暴露可直接诱导上皮细胞凋亡和明显的局部肠道炎症，导致全身性疾病的发生和肠道对铅的吸收增加。

3.7 短链脂肪酸与镉

镉是严重危害人体健康的环境金属污染物，可诱导氧化应激、炎症、内质网应激、基因组不稳定性和金属失调。饮用镉污染的水，会导致蜡状芽孢杆菌、乳杆菌属、梭菌属、大肠杆菌的肠道种群数量显著减少。口服镉会降低肠道微生物多样性，并改变厚壁菌门与拟杆菌门的比例。同时还伴随 TNF-α 产生的增加和肠道微生物代谢基因的改变。镉暴露后肠道菌群中拟杆菌属的丰度显著下降，并降低粪便颗粒中的短链脂肪酸浓度。

研究发现，在幼儿期即使低剂量镉暴露也会显著影响肠道微生物组的数量和生物多样性，导致盲肠厚壁菌门显著减少。这些变化与肝脏能量稳态基因（如脂肪酸合成和转运、甘油三酯合成相关基因）的改变有关。此外，镉暴露会引起细菌种群及其相对丰度的显著变化，增加拟杆菌门与厚壁菌门的比例，从而导致脂多糖产量增加。此外，从暴露开始，镉就会影响肠道微生物组的代谢活动，诱导肠壁炎症反应和细胞损伤，使肠壁紧密连接被破坏，导致肠道渗透性增加。随着脂多糖产生的增加，屏障功能受损将进一步导致内毒素血症和全身炎症。

第二节　胆汁酸与金属

1. 胆汁酸

1.1 胆汁酸及其分类

胆汁酸（bile acid）是由胆固醇合成的一类两性甾醇类化合物，是胆汁的重要组成成分，主要在肝脏合成。胆汁酸一方面作为乳化剂促进小肠中脂类等物质的吸收及转运，另一方面也作为重要的信号分子与多种受体结合，维持体内胆汁酸代谢平衡，并在糖脂代谢与能量代谢平衡等方面发挥重要作用。

按结构差异可将胆汁酸分为游离型和结合型两种。游离型胆汁酸包括胆酸、脱氧胆酸、鹅脱氧胆酸和少量的石胆酸。结合型胆汁酸是游离胆汁酸与甘氨酸或牛磺酸共轭的产物，主要包括甘氨胆酸、甘氨鹅脱氧胆酸，牛磺胆酸及牛磺鹅脱氧胆酸等。按合成来源差异还可将胆汁酸分为初级胆汁酸和次级胆汁酸。初级胆汁酸是在肝脏中以胆固醇为底物直接合成的胆汁酸，通过胆小管分泌并储存于胆囊，机体摄食时，缩胆囊素刺激胆囊分泌胆汁进入肠腔，参与脂质的消化吸收。次级胆汁酸是初级胆汁酸在肠道内被细菌分解以后与硫磺酸或甘氨酸结合形成的。

1.2 胆汁酸的合成与代谢

人体内胆汁酸的合成包括经典通路和替代通路。经典通路主要位于肝脏，以位于肝细胞内质网上的胆固醇 7- 羟化酶（CYP7A1）为主要限速酶，经过一系列的催化反应，生成胆酸（CA）和鹅脱氧胆酸（CDCA）两种疏水性初级胆汁酸。替代通路是在多种组织和巨噬细胞中，以位于线粒体的甾醇 27A 羟化酶（CYP27A1）和内质网的氧甾醇和类固醇 7- 羟化酶（CYP7B1）启动发生。大约 95% 的胆汁酸被肠壁重新吸收，主要包括结合型胆汁酸在回肠主动重吸收，以及游离型胆汁酸在小肠各部及大肠被动重吸收。重吸收的胆汁酸通过肝门静脉返回肝脏，被肝细胞摄取，这一过程被称为胆汁酸的肝肠循环。剩下约 5% 的胆汁酸（主要为石胆酸）从粪便排出体外。胆汁酸的肝肠循环使有限的胆汁酸发挥最大限度的生理功能，以保证脂类与脂溶性食物消化吸收的正常进行。若胆汁酸肝肠循环被破坏，则胆汁酸不能被重复利用，继而促进与免疫、代谢等相关疾病的发生发展。

1.3 胆汁酸的生理功能

胆汁酸在人体主要有三大生理功能。一是促进脂质消化吸收。胆汁酸分子内既含亲水性羟基和羧基，也含疏水性甲基和烃核，这些结构使其具

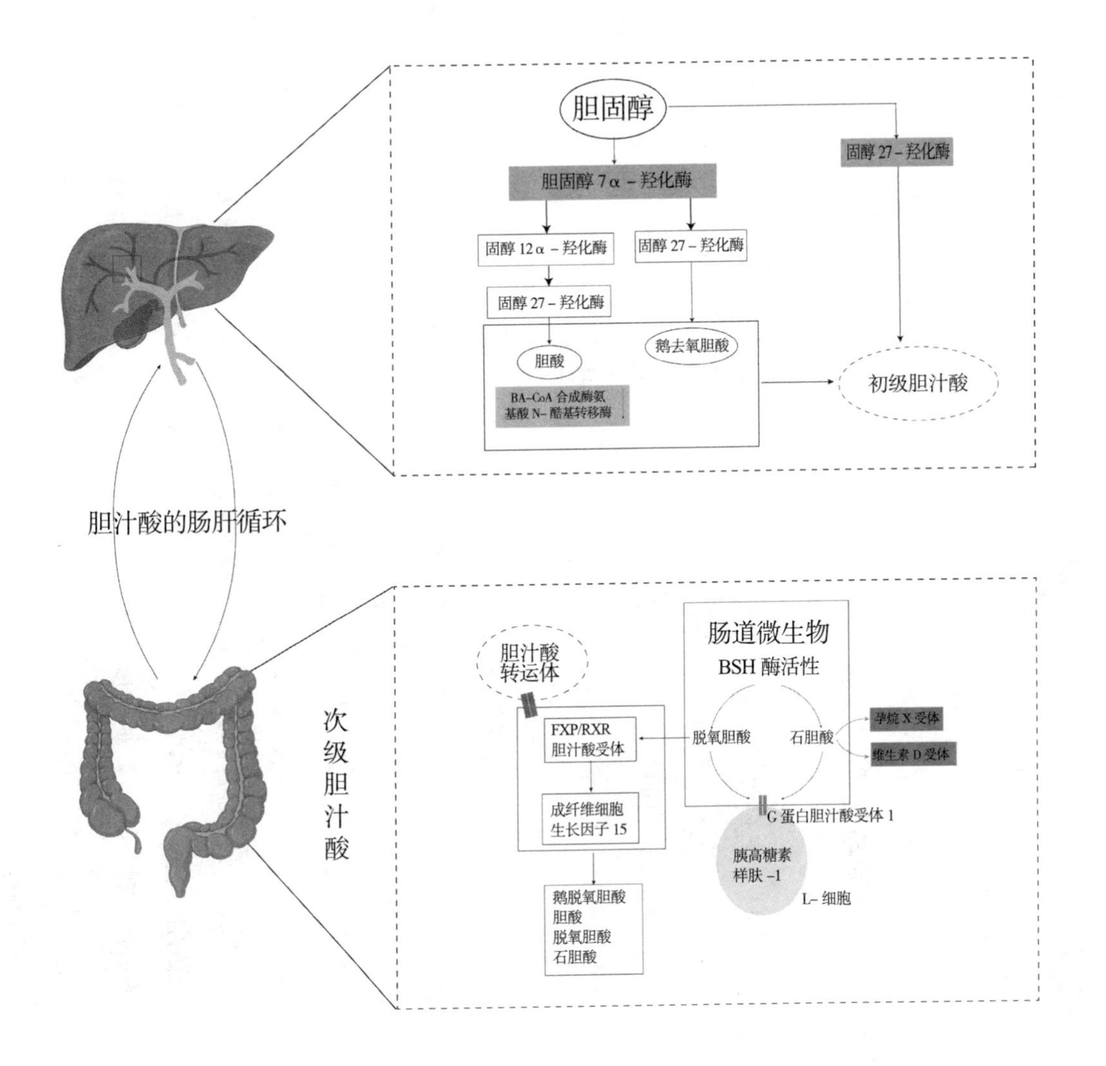

胆固醇
胆固醇 7α－羟化酶
固醇 27－羟化酶
固醇 12α－羟化酶
固醇 27－羟化酶
固醇 27－羟化酶
胆酸
鹅去氧胆酸
BA-CoA 合成酶氨基酸 N-酰基转移酶
初级胆汁酸
胆汁酸的肠肝循环
次级胆汁酸
肠道微生物
BSH 酶活性
脱氧胆酸
石胆酸
孕烷 X 受体
维生素 D 受体
G 蛋白胆汁酸受体 1
胰高糖素样肽 -1
L－细胞
胆汁酸转运体
FXP/RXR
胆汁酸受体
成纤维细胞生长因子 15
鹅脱氧胆酸
胆酸
脱氧胆酸
石胆酸

有界面活性分子的特征，可降低油、水两相间的表面张力，促进脂类乳化。二是调节肠道胆固醇的合成，并对其分解进行反馈调节。三是作为信号分子激活核受体，在调节胆汁酸代谢、糖代谢、脂代谢、能量代谢及肝脏再生中发挥重要作用。另外，胆汁酸亦可减少动物肠道内毒素的吸收，促进有毒有害物质从胆汁中排出。

2. 胆汁酸与肠道微生物的关系

肠道微生物与胆汁酸在维持机体免疫反应、营养供给及脂质代谢方面扮演重要角色。二者在病理生理过程中相互作用和影响，肠道微生物参与胆汁酸代谢，而胆汁酸维持肠道固有菌群的生态稳定，并破坏病原菌细胞膜的完整性。肠道微生物失调与胆汁酸紊乱协同作用会导致疾病的发生，如急性肝炎等。

2.1 胆汁酸对肠道微生物的作用

胆汁酸能调节机体的肠道微生物区系结构，抑制肠道有害菌的增殖，如大肠杆菌、沙门氏菌、大肠链球菌等。研究发现，胆汁酸的抑菌机制可能是胆汁酸的两亲性，在一定浓度下，胆汁酸会增加与细胞膜磷脂双分子层的亲和力，从而破坏细胞膜的完整性，引起细胞离子或细胞元件的流失，最终导致细胞死亡。同时，胆汁酸能够阻止细菌黏附于肠道黏膜的顶端，并激活法尼醇 X 受体（farnesoid X receptor，FXR），维持肠道微生物稳态，防止细菌移位，增强黏膜屏障防御功能。研究表明，胆汁酸在特定细菌作用下抑菌效果是脱氧胆酸的 10 倍，对细菌生长具有强效的抑制作用。因此，胆汁酸可能在肠道中有目的性地选择菌群，并调控其转化。

胆汁酸成分的改变也可影响肠道微生物。有研究者在给予使用白细胞介素 10（IL-10）构建的结肠炎模型小鼠高饱和乳源脂肪的食物后，发现小鼠体内牛磺酸结合胆汁酸的水平增加，引起沃氏嗜胆菌丰度增加，从而加重结肠炎。该研究证实了沃氏嗜胆菌丰度增加与胆汁酸有关，提示胆汁酸的改变能够影响肠道微生物的组成，导致肠道微生物失调，破坏机体免疫稳态，导致疾病的发生。另外，胆汁酸还能作为信号分子调节肠道微生物的生理功能。研究发现，胆汁酸能够诱导空肠弯曲杆菌毒力及其定植相关因子的表达，还可刺激多种非编码 RNA 的表达上调，从而影响肠道微生物的生理功能。

胆汁酸还参与艰难梭菌的感染。艰难梭菌是一种厌氧的革兰氏阳性梭状芽孢杆菌，大量繁殖可引起以肠道症状为主要表现的感染性疾病。牛磺酸结合胆酸可以直接影响艰难梭菌的营养细胞，并通过与特定孢子受体的相互作用激活孢子萌发。有研究表明，严重的艰难梭菌感染患者粪便中次级胆汁酸水平极低。另有研究证实，异戊基石胆酸能显著抑制包括艰难梭菌在内的革兰氏阳性菌的增殖和生长，维持肠道稳态。

2.2 肠道微生物对胆汁酸的作用

肠道微生物参与胆汁酸的去结合、差向异构化、7α- 脱羟基化、酯化和脱硫等过程，在胆汁酸的代谢中起到重要作用。

去结合作用。肠道中的结合型胆汁酸对细菌具有毒性作用，尤其在低 pH 值条件下，会严重影响胃肠道细菌的生长。胆盐水解酶（bile salt hydrolase，BSH）是一种微生物酶，属于蛋白质的氨基末端亲核（N-terminal nucleophilic，NTN）水解酶超家族，具有催化结合型胆汁酸第 24 位碳原子上的牛磺酸或甘氨酸酰胺键水解的作用，可以将结合型胆汁酸转化为游离型胆汁酸。BSH 通过胆汁酸去结合作用，对某些细菌起到保护作用，促进肠道微生物在胃肠道的定殖，并且去结合过程释放出来的氨基酸可作为细菌的能量来源。具有 BSH 活性的细菌有拟杆菌属、双歧杆菌属、梭菌属、乳酸菌属、李斯特菌属及肠球菌属。

差向异构作用。胆汁酸羟基类固醇脱氢酶（hydroxysteroid dehydrogenase，HSDH）具有催化羟基氧化成氧代基团及参与羟基差向异构化的作用，具有

HSDH 活性的肠道细菌包括放线菌门、变形菌门、厚壁菌门和拟杆菌门，这些肠道微生物可通过 HSDH 影响胆汁酸代谢。

脱羟基作用。肠道微生物的 7α- 脱羟基作用可以将游离的初级胆汁酸转化为次级胆汁酸，胆酸经 7α- 脱羟基反应转化为脱氧胆酸（DCA），而后 DCA 转化为石胆酸（LCA）。具有 7α- 脱羟基活性的细菌主要有厚壁菌门的梭菌属及真杆菌属。

酯化作用。乳杆菌属和拟杆菌属参与胆汁酸的酯化作用。

脱硫作用。胆汁酸的硫化作用是由宿主酶维生素 D 受体（vitamin D receptor，VDR）介导的针对毒性胆汁酸及异生素的一种代谢过程。胆汁酸脱硫作用需要 3 α 或 3 β- 磺基和一个游离的 C24 或 C26 羧基参与，可以预防胆汁酸排泄到尿液或粪便中。消化球菌、梭状芽孢杆菌、假单胞菌和梭菌属参与胆汁酸的脱硫作用。

肠道微生物还可参与肝脏胆汁酸的合成。肠道微生物可产生结合胆汁酸水解酶，将结合胆汁酸转化成游离胆汁酸，减少肠道的吸收。另外，肠道微生物可通过抑制 FXR/FGF15（成纤维细胞生长因子 15）信号通路，增强胆固醇 7 α 羟化酶（CYP7A1）活性，促进胆固醇合成胆汁酸，从而促进胆固醇氧化酶生成，抑制肝脂肪合成酶的活性，发酵碳水化合物生成短链脂肪酸而发挥调脂作用。同时，回肠中钠 / 胆汁酸转运体（ileal bile acid transporter，IBAT）的表达水平下降会导致回肠远端胆汁酸重吸收减少，引起粪便胆汁酸排泄增加。IBAT 的表达主要受转录因子 GATA4 调控，GATA4 可抑制 IBAT 表达。在生理状态下，肠道微生物激活肠道（回肠末端除外）GATA4 的表达，使得 IBAT 表达水平下降，导致胆汁酸重吸收作用减弱，继而促进肝脏合成胆汁酸。另外，双歧杆菌还可提高肠道微生物对酸性物质和胆汁酸的耐受力，具有稳定机体血糖，降低血脂的作用。肠道微生物产生的短链脂肪酸和乳酸降低肠道 pH 值，从而起到增强肠道微生物在体内对胆酸的积累作用。

相应的，某些肠道微生物也会抑制机体胆汁酸的合成。有研究发现，肠道微生物可以削弱小鼠回肠 FXR 的抑制作用，导致 CYP7A1 活性降低，从而抑制肝脏中胆汁酸的合成。

3. 金属与胆汁酸

3.1 胆汁酸与铁

肝脏中铁的过度蓄积会损害胆汁酸的合成，并伴随某些遗传性或代谢性疾病，如胰岛素抵抗、2 型糖尿病、代谢综合征和非酒精性脂肪性肝病。铁超载可诱导细胞产生氧化应激，降低机体铁吸收蛋白，破坏肠道屏障，改变肠道微生物群的结构，从而影响胆汁酸的合成与分泌。研究表明，铁超载时大肠杆菌、硫化弧菌和厌氧弧菌等有害菌的丰度显著增加，梭状芽孢杆菌、链球菌和普氏杆菌的相对丰度显著降低。由于胆汁酸能调节机体的肠道微生物区系，抑制大肠杆菌、沙门氏菌等肠道有害菌的增殖，因此，当有害菌增加时肠道微生物能通过负反馈调节使胆汁酸的合成和分泌显著减少，胆汁流量显著降低。另一项研究也进一步支持该观点，研究发现铁超载时胆固醇转化为胆汁酸的限速酶 CYP7A1 与负责胆汁酸外流到胆汁的转运蛋白胆盐输出泵（bile salt export pump，BSEP）的表达减少有关。另外，铁超载会增加血浆胆固醇浓度，该过程不仅表现为 CYP7A1 表达减少，还使肝脏羟甲基戊二酸单酰辅酶 A 还原酶（HMG-CoA）表达增加。HMG-CoA 是由调节元件结合蛋白 2（SREBP2）转录因子调节，胆固醇从头合成的限速酶。有研究发现，饮食摄入过量铁的大鼠的肝脏 HMG-CoA 活性显著提高，同时伴随血浆和肝脏胆固醇水平升高，以及胆汁中胆汁酸和胆固醇的排泄减少。

在缺铁的情况下，幽门螺杆菌会增加胃炎的严重程度并加速癌前病变的发展，这一进行在一定程度上是通过改变胆汁酸的产生和次级胆汁酸、脱氧胆酸水平的增加来调节。在幽门螺杆菌感染的铁缺乏小鼠中，胆汁酸显著改变，作为一种致癌胆汁酸——脱氧胆酸，其含量也显著上升。另外，结肠中初级胆汁酸作为细菌生物转化为次级胆汁酸的底物，在胃肠道肿瘤的发生发展中发挥重要作用。有研究报道，低肝脏铁浓度与胰岛素抵抗、肝脏脂肪堆积之间存在密切关联。在缺铁的情况下，CYP7A1 的基因表达上调，导致胆汁酸分泌增加，肝脏胆固醇水平降低，继而激活 SREBP2，促进胆固醇生物合成酶的转录，上调编码胆固醇生物合成酶如 CYP51 基因的表达。此外，12α- 羟基胆汁酸是肝脏胆固醇分解代谢的最终产物，人体内主要的 12α- 羟基胆汁酸是胆酸，它的增加反过来又可降低肝脏中的铁浓度，影响肝脏铁代谢。

因此，肝脏胆汁酸的分泌与铁呈负相关，无论是过量还是不足都有可能导致病理性损害，诱发动脉粥样硬化、非酒精性脂肪性肝病、骨骼异常和精神障碍等疾病。

3.2 胆汁酸与铜

铜蓄积被认为是胆汁淤积的并发症。铜蓄积会导致胆汁酸分泌增多，累积的胆汁酸诱导肝细胞坏死致淤胆性肝损伤，表现出胆汁梗死的典型特征。肝豆状核变性（hepatolenticular degeneration，HLD）又称为 Wilson 病（Wilson Disease，WD）是一种常染色体隐性遗传病，是由于编码铜转运 P 型 ATPase（ATP7B）的基因突变，使铜在肝脏中积聚所引起。WD 患者体内铜含量升高对肝脏核受体功能有显著的影响，可能出现各种并发症，如脂肪变性、胆汁淤积、肝硬化和肝功能衰竭等。肝铜升高的 WD 患者代谢核受体 FXR 减少，导致胆汁酸代谢失衡，继而影响肠道屏障，加重炎症并促进致病微生物生长。

铜缺乏表现出显著的胆固醇血症。虽然高胆固醇血症的发生是多种因素综合作用的结果，但胆固醇血症与胆固醇合成增加、胆汁酸合成和排泄减少密不可分。研究表明，大鼠肝脏中的微粒体羟化酶（单加氧酶）既参与胆固醇的合成，也参与随后胆汁酸的合成过程，其活性可能与含铜蛋白质有关。铜缺乏引起的胆固醇血症的增加可能归因于铜在胆汁酸合成的微粒体羟基酶反应中的作用。另外，肠道微生物如厚壁菌门的梭菌属及真杆菌属参与胆汁酸的脱羟基过程，因此推测铜和肠道微生物在胆汁酸的合成中可能存在某种联系。

3.3 胆汁酸与锌

肝脏中胆汁酸需要与牛磺酸或甘氨酸结合形成胆盐才能分泌，因而牛磺酸可通过抑制胆固醇吸收，促进粪便中性固醇和胆汁酸排出而起到降胆固醇作用。牛磺酸具有调节肠道微生物的作用，通过增加有益菌群数量，抑制有害菌群的生长，从而降低肠道炎症发生率。已有研究表明，缺锌可引起牛磺酸的持续升高，高水平的牛磺酸可能引起肠道微生物组成改变，进而导致胆汁酸的排出量显著增高。巴雷斯特食管症（Barrett's esophagus，BE）是一种远端食管的癌前病变，是胆汁酸和胃酸慢性刺激的结果。临床研究表明，反流性疾病和BE患者的胆汁酸浓度升高，可导致氧化应激、DNA损伤、线粒体呼吸扰乱和细胞凋亡，加速反流性疾病和BE患者病程的进展。此外，胆汁酸还可通过调节细胞信号通路，引起表观遗传变化，促进细胞增殖，并在长期暴露时促进凋亡抵抗的发展，引起胃肠道癌变。因此，缺锌导致的有毒性胆汁酸排出增多与胃肠道肿瘤的发生发展有关。

3.4 胆汁酸与砷

研究发现，砷对肝脏的毒性可能是通过减少牛磺酸或甘氨酸继而促使胆汁酸在肝脏中积累（胆汁淤积风险）所致。另外，胆汁酸是一种在宿主体内合成，但受肠道微生物区系调控的功能性化合物。肠道微生物区系失调可导致胆汁酸代谢改变。因此，可以推测砷诱导的肠道微生物区系失调可能会扰乱胆汁酸代谢。一项对砷暴露所致小鼠肝脏损伤的研究也证实了这一结论。该研究发现，经砷诱导后CYP7A1基因的表达水平下降到50%以下，意味着胆固醇转化为胆汁酸的效率降低，从而影响了肝脏中脂质和胆固醇的动态平衡。

3.5 胆汁酸与镉

研究表明，镉暴露可引起胆汁淤积，使有毒胆汁酸增加，总胆汁酸降低，继而导致肝脏功能受损。已知镉暴露可影响肠道黏膜微生物多样性和群落结构组成。鞘氨醇单胞菌、微杆菌和脱硫弧菌是镉的特征细菌，脱硫弧菌产生代谢物硫化氢（H_2S），能诱导肝脏 FXR、抑制 CYP7A1 表达，从而抑制胆固醇转化生成胆汁酸。另外，研究证实与胆汁分泌相关的 ATP 结合家族亚家族 B 成员 11（ABCB11）的 mRNA 水平在高剂量镉暴露后显著降低。BSEP 由 ABCB11 编码，ABCB11 基因表达降低可导致胆汁酸的生物合成减少，并引起胆汁酸在细胞中的时间依赖性积聚，这可能是药物诱导胆汁淤积性损伤的重要原因。因此，高浓度镉诱导的 ABCB11 表达下调也可能导致低胆汁酸水平，从而引发肝功能紊乱。

3.6 胆汁酸与钙

钙具有结合胆汁酸的能力，可促使胆固醇向胆汁酸转化，从而增加胆固醇的排泄。结肠上皮细胞过度增殖是结肠癌易感性增加的重要生物标志，胆汁酸可以刺激结肠上皮细胞增殖，而钙离子的增加能够减轻胆汁酸对其造成的损伤。然而，目前并没有研究证实肠道微生物在钙调节胆汁酸的过程中发挥作用，该过程仍有待进一步研究探讨。

第三节　多胺化合物与金属

1. 多胺化合物

多胺化合物是肠道中未消化的蛋白质和未吸收的氨基酸在肠道微生物作用下生成的活性代谢产物。另外，体外培养的类杆菌、乳酸菌、双歧杆菌和梭状菌等多种肠道细菌均可产生多胺化合物。多胺化合物是含有两个或多个氨基且带正电荷的生物胺，主要包括腐胺、亚精胺、精胺，普遍存在于植物、动物和微生物等各种生命体中。在正常生理浓度范围内，这些多胺类物质可影响细胞的生长和增殖，参与基因表达调控，同时在维持膜的稳定性中起着重要作用。但是，多胺过量时可诱发毒性作用，如产生活性醛和活性氧，诱发氧化应激反应。

在正常生理条件下，多胺易与带负电荷分子结合，如 DNA、RNA、ATP、某些类型的蛋白质和磷脂，从而在细胞的生长、增殖、分化、发育、免疫、迁移、基因调控、DNA 稳定性、细胞黏附、细胞外基质修复和参与特定的信号传递过程以及合成蛋白质和核酸等生理和病理过程中发挥重要的调控作用。

腐胺在肠道中可作为生长因子直接诱导肠上皮细胞 DNA、RNA 和蛋白质的合成，同时还能提供一种可代谢的能量来源以维持肠道组织的高代谢需求。亚精胺作为底物参与了真核翻译启动因子 5A（eIF5A）独特的羟丁胺修饰，这种修饰是细胞生长和蛋白合成所必需的。与腐胺、亚精胺相比，精胺具有特殊作用，包括允许正确的电流通过向内整流 K^{+} 通道，影响学习与记忆相关的大脑谷氨酸受体活性；压力保护作用，防止活性氧诱导的损伤；调节生长反应等。在哺乳动物中，传统的多胺合成途径是精氨酸酶将精氨酸转化为鸟氨酸，鸟氨酸脱羧酶（ODC1）脱羧基生成腐胺，后者通过亚精胺合成酶和精胺合成酶进行连续的酶催化氨丙基转移反应，分别生成亚精胺和精胺。

有研究发现，在动物细胞中存在由精氨酸和脯氨酸生成腐胺的“非经典途径”。具体地说，精氨酸脱羧酶（ADC）催化精氨酸转化为胍丁胺，这种多胺主要由植物和包括肠道微生物在内的多种细菌合成，而后被苷元酶（AGMAT）水解形成腐胺，但非经典途径的激活受到精密调控，只有在抑制 ODC1mRNA 的翻译以合成多胺时才被激活。除此之外，其他氨基酸也能促进多胺的合成，包括 L- 脯氨酸和 L- 蛋氨酸。L- 脯氨酸被脯氨酸氧化

酶氧化生成吡咯烷 -5- 羧酸盐，后者与谷氨酸转氨基反应生成鸟氨酸，供ODC1脱羧基生成腐胺。L- 蛋氨酸被脱羧形成 S- 腺苷 -L- 蛋氨酸（AdoMet），它为腐胺提供氨丙基，以生产亚精胺和精胺。除了内源性合成，哺乳动物也可以从花椰菜、蘑菇、青椒等食物或肠道微生物中获得多胺，其他来源包括胃肠道分泌物和脱落细胞。

精胺和亚精胺等多胺的合成需要氨丙基转移酶，反之其分解代谢需要逆转氨丙基转移酶。精胺氧化酶（SMO）以多种剪接变体的形式存在，负责将精胺转化为亚精胺和 3- 氨基丙醛，但对亚精胺没有显著作用。乙酰多胺氧化酶（APAO）可将 N1- 乙酰亚精胺转化为腐胺和 N- 乙酰基 -3- 氨基丙醛，也可将 N1- 乙酰精胺转化为亚精胺，但在体内对未乙酰化的多胺活性无明显影响。APAO 反应的底物是在亚精胺 / 精胺 -N1- 乙酰基转移酶（SSAT）作用下合成的，SSAT 是多胺分解代谢中的一种高度可诱导的酶，参与催化多胺的乙酰化，是多胺降解和相互转化的限制步骤。SMO/APAO/SSAT 反应的最终结果是生成腐胺，其更容易从细胞中排出，也易于被二胺氧化酶降解。

2. 多胺化合物与肠道微生物的关系

2.1 多胺化合物对肠道微生物的作用

多胺是肠道微生物生理功能所必需的，参与微生物的生长、生物膜和铁载体等的形成。将多胺结合到肽聚糖中能增加细胞壁的硬度，从而有助于微生物生长。研究发现，尸胺可共价连接到负向瘤胃单胞菌和解脂厌氧弧菌的细胞壁肽聚糖上，阻止尸胺生成和并入肽聚糖，进而促使细胞肿胀并使细胞生长受到严重抑制。此外，外源性去甲精胺通过去甲精胺传感器（NSPS）可刺激霍乱弧菌生物膜的形成。鼠疫杆菌生物膜的形成也依赖于多胺的生物合成，其基质胞外多糖生物合成基因的表达需要多胺。在枯草杆菌中，精胺的生物合成也是形成生物膜所必需的。多胺带有正电荷并具备灵活的骨架，因此常被纳入天然产物中，特别是清除铁的铁载体。如由炭疽杆菌产生的以亚精胺为基础的双回声铁载体是一种隐形的铁载体，它避免了人类天然免疫蛋白铁黄素的滞留。

越来越多的研究发现多胺在细菌致病机制中起到一定的作用。志贺氏菌是一种与人类肠道综合征有关的细胞内病原体，由于突变和缺失，志贺氏菌属丢失了尸胺，而尸胺对肠道黏膜具有保护作用，其不受肠道毒素的影响，因此能改善志贺氏菌的致病过程。亚精胺的积累也增加了志贺氏菌对氧化应激的抵抗及其在巨噬细胞中的存活率。

白念珠菌是最常见的条件致病真菌，具有毒力较强的菌丝态和毒力较弱的酵母态。研究发现，在 ODC 缺失的白念珠菌中，多胺含量很低。这种缺失菌在 0.01 mM 腐胺存在的条件下，全部生长为酵母形态，而在含有 10 mM 腐胺的环境中，可以生长为菌丝形态，毒力增强。表明多胺可以控制白念珠菌菌丝的形成，在白念珠菌形态转化方面发挥重要作用。

肠道微生物衍生的多胺代谢物会加剧肠上皮紧密连接的损伤，进而加速尿毒症毒素进入体循环，促进局部和全身炎症。研究发现慢性肾病鼠肠道微生物群发生了显著的变化，拟杆菌显著增多，同时血清代谢组学显示腐胺明显增多。拟杆菌具有编码腐胺氨基转移酶和腐胺氨基甲酰转移酶的基因及其相应的酶，与腐胺的增加相关，因此推断腐胺等多胺的增加可能是导致尿毒症进展加速的因素之一。

2.2 肠道微生物对多胺化合物的作用

肠道内高水平多胺可能源于饮食摄入过量，也可能由宿主细胞和肠道微生物生成。其中食物的摄入是肠道内多胺的主要来源，肠道上部会吸附大部分食物来源的多胺，而肠道下部的多胺则主要由微生物产生。肠道微生物产生的多胺包括亚精胺、精胺、去甲精胺、腐胺、尸胺和 1，3- 二氨基丙烷等，其中以腐胺和亚精胺最为常见，其分子水平上的合成受肠道的高度调控。

多胺的合成还可以通过特定的运输系统来控制，如大肠杆菌中的两个

ABC（ATP-binding cassette）转运蛋白可特异性作用于腐胺或亚精胺。此外，还存在腐胺和尸胺的反向转运体和单输送体，可将腐胺和赖氨酸分别转化为鸟氨酸和尸胺。另外，肠道微生物群对多胺吸收和释放的影响也可通过环境刺激引起。有研究发现，不可消化的多糖进入大肠后发酵，产生短链脂肪酸并降低 pH 值，可以改变肠道微生物的代谢和组成，并刺激肠道多胺的合成和转化。

多胺在肠道中的含量取决于产生和吸收多胺的细菌的情况。据报道，在食用添加双歧杆菌、乳酸菌等益生菌的酸奶后，肠道中的多胺浓度增加。使用不同饮食干预措施的研究表明，口服可发酵纤维和果糖可以刺激拟杆菌和梭杆菌在大鼠大肠中合成大量多胺。大肠杆菌中 cAMP 受体蛋白复合体能够在转录水平抑制 ODC 活性，从而调节肠道内多胺水平。乳酸杆菌 LKM512 定植于结肠，也能改变肠道微生物区系，产生多胺类化合物，增强对氧化应激的抵抗。

虽然产生多胺的结肠微生物种类繁多，但仍有许多结肠微生物物种不具备产生多胺的完整合成途径，因此可以推测肠道微生物之间存在相互作用。有研究发现，当肠道 pH 值降至中性时，大肠杆菌和粪肠球菌的混合培养物可产生大量的腐胺。这一新的腐胺形成途径，需要在低 pH 条件下，大肠杆菌的耐酸系统从精氨酸中产生胍丁胺，精氨酸 - 胍丁胺逆向转运体将细胞外的精氨酸转换为细胞内脱羧化的最终产物胍丁胺，随后粪肠球菌利用胍基丁胺 / 腐胺逆向转运蛋白，通过胍基丁胺脱亚胺酶途径将胍丁胺代谢为腐胺，产生 ATP、CO_2 和 NH_3。另外，其他细菌，如双歧杆菌属可在肠道中产生酸性化合物，也有利于诱导这一新的腐胺形成途径。

3. 金属与多胺化合物

3.1 多胺化合物与铁

铁和多胺化合物代谢之间存在生物化学上的综合联系。多胺可以通过氨基来螯合铁等金属阳离子，氨基越多、链长越长，其结合金属离子的稳定系数越高。这种螯合效率可能是其抗炎和抗氧化功能的原因之一。

多胺化合物和铁是细胞生长和分化所必需的成分。包括腐胺、亚精胺和精胺在内的多胺化合物可由肠道中的微生物区系在一定的环境下产生，而饮食中的铁以亚铁血红素和非亚铁血红素的形式被吸收。哺乳动物细胞中铁的吸收既可以通过铁结合运输蛋白转铁蛋白实现，也可以由非转铁蛋白结合的铁池提供。在 CHO 细胞研究中，证实了肠道微生物产生多胺及其转运系统是铁进入细胞的潜在途径。此外，一项多胺对 Caco-2 人细胞系的肠细胞样细胞铁运输影响的研究中也发现肠道中的腐胺、亚精胺和精胺在一定程度上能激活 Caco-2 细胞的铁吸收，并诱导铁蛋白水平增加，然后细胞通过多胺运输系统摄取多胺 - 铁复合体，该现象在 Caco-2 细胞增殖期比分化期更明显，因此肠道微生物等来源的多胺作为转铁蛋白非依赖性铁络合载体池的组成部分可能在肠 Caco-2 细胞的快速更新中发挥重要作用。

精胺可以与铁和磷脂分子有极性的头部形成三元络合物，可能改变 Fe^{2+} 自氧化的敏感性，从而改变其产生氧自由基的能力。在 AMP 存在下，精胺对 Fe^{2+} 自氧化有较强的抑制作用，提示多胺化合物可能是细胞被动防御 Fe^{2+} 氧化损伤机制的重要因素。当哺乳动物宿主体内处于低铁环境时，铁载体螯合铁的能力是宿主体内细菌生存和致病所必需的。其中有一类细菌铁载体是建立在多胺骨架上的，如百日咳的病原体百日咳杆菌会产生一种名为 alcaligin 的铁载体。没有功能性 ODC 的突变株不能产生这种铁载体；同样地，霍乱弧菌也能产生一种叫弧菌素的铁载体，这个铁载体使用去甲精胺作为主干结构，参与调控霍乱弧菌的毒性作用。

有研究发现，特定的铁络合剂导致的细胞铁耗竭可以抑制多胺代谢。如铁络合剂 ICL670A 能够降低腐胺、亚精胺和精胺的水平，并抑制 ODC 和 SAT1 的 mRNA 水平，从而在抗增殖和诱导细胞凋亡方面发挥作用。亚精胺作为底物参与了 eIF5A 的修饰，后者的耗尽导致生长迅速停止，也可能与铁螯合的生物学后果有关。

3.2 多胺化合物与铜

有研究发现，精胺对铜离子引起的 DNA 链断裂具有浓度依赖性效应，即在铜离子浓度较低时精胺可作为抗氧化剂，而铜离子浓度较高时则作为促氧化剂，促进铜 / 精胺 /DNA 三元络合物的形成，增加氧化损伤。同时，有研究表明铜暴露会使梭状芽孢杆菌和拟杆菌的丰度显著升高，进而引起多胺的合成增加，诱发高强度的氧化损伤效应。

另外，胺氧化酶是一种生物胺代谢过程中普遍存在的酶，它能代谢内源、饮食或异源的各种单胺、二胺与多胺。其中包括单胺氧化酶和多胺氧化酶，其特征是含有黄素腺嘌呤二核苷酸作为氧化还原辅助因子。另一类称为铜胺氧化酶（CuAOs），它是一种大小为 140~180 kDa 的二聚体蛋白质，每个单体含有一个铜离子和一个氧化还原辅助因子 2，4，5- 三羟基苯丙氨酸醌，能催化细胞内外的腐胺、尸胺和组胺等几种生物胺的伯胺基氧化脱胺，在多胺代谢中起到重要作用。

3.3 多胺化合物与钙

典型瞬时受体电位 -1（TRPC1）介导的钙离子信号转导在刺激创伤后肠上皮细胞的迁移中起关键作用，并诱导基质相互作用分子 1（STIM1）移位至质膜激活 TRPC1 介导的钙离子通道，钙离子内流增加，肠上皮得以修复。有研究发现肠道中微生物区系产生的多胺对肠上皮细胞中 STIM1 和 STIM2 的水平有不同的调节作用，进而控制 TRPC1 介导的钙离子通道以调节肠上皮修复。

多胺大量存在于几乎所有的真核细胞和细胞外液中，可以激活钙敏感受体（CaSR），从而调节 CaSR 介导的大鼠远端结肠上皮细胞内钙离子和 IP3 的增加，促使结肠维持健康状态。另外，有研究在肠道上皮特异性受体基因敲除小鼠中观察到细胞外的 CaSR 缺陷可导致肠道屏障完整性降低，肠道微生物区系组成改变，肠道模式识别受体表达改变，因此推测，肠道微生物区系组成的改变可影响多胺的形成，继而引发一系列病理生理问题。

第四节　多酚类物质与金属

1. 多酚类物质

1.1 多酚类物质的概念及其分类

多酚（polyphenol）是一类广泛存在于自然界、具有大量酚羟基结构单元的植物次生代谢产物。多酚主要分有两大类，一类是包括水杨酸、咖啡酸、阿魏酸等在内的小分子酚酸类物质及黄酮类物质，另一类是单宁类的大分子物质。按结构多酚大致可分为类黄酮、芪、酚酸和木酚素。按存在形态多酚被分为游离态多酚（5%~10%）和结合态多酚（90%~95%）。

1.2 多酚类物质的代谢

机体通过小肠吸收的多酚约为总摄入量的 10%，大部分多酚被运输到大肠，被肠道微生物分解代谢成酚酸。小肠吸收游离态多酚，结合态多酚往往需要到达结肠部位，经肠道微生物分泌的相关代谢酶降解为游离态，才能被人体吸收利用。不同种类的植物多酚在肠道中的代谢途径及介导的肠道微生物存在差异。

1.3 多酚类物质的生理功能

多酚能够有效清除自由基并发挥抗氧化作用。生物类黄酮能够阻止体内自由基在的产生，并抵抗动脉粥样硬化。研究发现，多酚能明显降低血清胆固醇（TC）、低密度脂蛋白（LDL）含量及升高高密度脂蛋白（HDL）

含量；具有降低血清和心肌组织中过氧化脂质及升高红细胞中超氧化物歧化酶（SOD）的作用。不同浓度的单宁酸、黄酮醇（儿茶酚、槲皮素）等都能抑制 LDL 的氧化；普洱茶中多酚能抑制胆固醇的合成；葡萄籽多酚和葡萄酒多酚能够抑制胆固醇升高、细胞增殖、5- 脂肪氧合酶活性。因此，多酚可以通过抑制血浆中 LDL 的氧化进而预防动脉粥样硬化的发生。

多酚具有抗菌作用。研究发现，蛇麻孢子单宁酸（HBT）和苹果浓缩单宁酸（ACT）通过与 α- 毒素形成聚合物从而起到抑制金黄色葡萄球菌、变形杆菌、绿脓杆菌毒性的作用。

多酚具有潜在的改善肠道微生态的能力。例如，柚皮素和根皮苷对伤寒沙门氏菌黏着 Caco-2 肠细胞有强抑制作用，而根皮苷和芦丁能够增强益生菌鼠李糖乳酸杆菌的活性。

多酚具有抗辐射作用。茶多酚具有多个酚羟基，可以通过清除自由基的作用来保护生物大分子，起到防护辐射损伤的作用。一方面，绿茶多酚能抑制人体氧化诱导产生的 DNA 损伤，并且可通过协同其酯化物起到增强作用；另外一方面，茶多酚还可以通过调节生物体内谷胱甘肽过氧化物酶和谷胱甘肽还原酶系及超氧化物歧化酶等各种酶的活性来起到防护辐射的作用。

多酚具有抗肿瘤作用。多酚的防癌和抗癌作用机制主要与其抗氧化，抗突变，调节免疫，抑制致癌物、促癌剂和癌细胞增殖，诱导癌细胞凋亡，抑制致癌基因表达，调控信号传导及影响机体酶活性等有关。例如茶多酚通过改变与 P53 基因以及相关的原癌基因、肿瘤基因以及细胞周期蛋白 D1 的表达来抑制由苯并芘诱导的肺癌，降低细胞增殖数量，增加细胞凋亡数量。

2. 多酚类物质与肠道微生物的关系

2.1 多酚类物质对肠道微生物的作用

膳食多酚对肠道微生物的影响表现在两个方面，一是膳食多酚影响肠道微生物的构成；二是膳食多酚影响肠道中酶的活性。具体而言，膳食多酚可选择性地促进有益菌生长，抑制有害菌生长，改变肠道微生物的构成，从而更好地发挥维持人体健康的作用。膳食多酚对酶系统产生的影响可通过多种途径实现，例如多酚通过改变肠道微生物的种类与数量来影响肠道中酶的种类与数量；与机体中的金属离子螯合，使部分酶因缺乏辅基而丧失功能活性；还可直接抑制酶的活性。因此，多酚通过可抑制病原菌，并支持作为益生元的有益菌，起到维持肠道微生物稳定的作用。

多酚最重要的特性是抗菌特性，它通过抑制有害细菌的生长来防止肠道内生物膜的形成。例如槲皮素、羟基酪醇、白藜芦醇和酚酸等多酚类物质对包括幽门螺杆菌和沙门氏菌在内的各种致病菌都有抑制和抵抗作用。白藜芦醇可以抑制大肠杆菌的增殖，减轻热应激对肉鸡的影响，而槲皮素可抑制肠球菌，影响促炎基因的表达。

综上，多酚对优化肠道微生物结构、保护肠黏膜、维持肠道微生物的稳定性具有重要意义。

2.2 肠道微生物对多酚类物质的作用

肠道微生物中的有益菌能发挥益生元的作用，促进多酚在肠道中的代谢，加速肠道对多酚及其他营养物质的吸收。肠道微生物对膳食多酚的作用主要表现在两个方面，一是肠道微生物直接作用于结合态多酚，将其降解为游离态多酚；二是在肠道分泌的相关酶作用下将多酚分解代谢并加以吸收利用，并且多酚类物质可以反向调节肠道微生物。结肠细菌的酶促作用将肠道内未吸收多酚的基本结构打破，通过将其转化为低分子量代谢物来提高其生物利用度，这些低分子量代谢物带有不同生物活性电位，可持续存在于血浆中，促进机体健康。研究发现，表儿茶素、儿茶素、三甲氧基没食子酸、没食子酸和咖啡酸等茶多酚在粪便中所含的诸多微生物的作用下可加速代谢，在肠道菌作用下产生了微生物可利用的芳香族代谢物。嗜酸乳杆菌（*Lactobacillus acidophilus*）可将植物糖苷转化为苷元，苷元可进一步被其他细菌修饰转化或者直接被宿主吸收利用。铅黄肠球菌（*Enterococcus casseliflavus*）参与槲皮素 –3–O– 葡萄糖苷等糖类的部分水解，产生乳酸、甲酸、乙酸和乙醇。此外，细枝真杆菌（*Eubacterium ramulus*）、氧化真杆菌（*Eubacterium oxidoreducens*）和梭状芽孢杆菌可能代谢槲皮素，产生短链脂肪酸、花旗松素和 3，4– 二羟苯基乙酸。

3. 金属与多酚类物质

3.1 多酚类物质与铁

多酚类物质具有特殊的结构，如黄酮类化合物具有较强的铁螯合活性，一方面通过螯合铁在一定程度上抑制铁的吸收和再分配，从而降低铁的含量；另一方面，黄酮类化合物可与铁结合形成黄酮二铁络合物，经粪便途径排出体外。

多酚类物质可以直接清除 ROS 并螯合二价金属离子以降低氧化活性，或通过诱导内源性保护性抗氧化酶发挥间接抗氧化作用，如黄酮类化合物具有很强的还原性，可用作抗氧化剂，减少铁过载引起的氧化损伤。

此外，也有研究表明，多酚类物质可调节血红素铁吸收，并以剂量依赖性方式抑制铁的吸收。

3.2 多酚类物质与铜

多酚可以通过给氢原子打破自由基链式反应，作为抗氧化剂清除自由基。过渡金属或 H_2O_2 的存在会降低酚类物质的抗氧化能力，在 Fe^{3+} 或 Cu^{2+} 存在下酚类物质的促氧化性能增强，主要是因为其能够还原金属离子。

研究发现，癌症患者的血清和肿瘤细胞中铜水平显著升高。多酚化合物可促进内源性铜离子动员和促氧化作用而成为抗癌物质。在一项成年大鼠口服铜模型中，研究证实了内源性铜参与了多酚诱导的细胞 DNA 降解，即植物多酚的重要抗癌机制可能受细胞内铜动员影响，导致 ROS 介导的细胞 DNA 断裂。

此外，多酚类物质中，儿茶素具有最强的重塑粪便微生物群活性的能力，机制是可通过对拟杆菌的偏向促进作用调节微生物群平衡，或通过对厚壁菌门的偏向抑制作用降低厚壁菌门与拟杆菌门的比例。因此，多酚类物质可以通过改变肠道微生物群组成来改变体内能量代谢途径，进而改善铜缺乏导致的肠道微生物紊乱。

3.3 多酚类物质与钼

茶多酚（tea polyphenol，TP）是典型黄酮类化合物的天然抗氧化剂，通过间接调节转录因子及其下游酶活性相关的氧化还原平衡系统而表现出抗氧化活性。日常的许多食物富含多酚，如没食子儿茶素、没食子酸酯（EGCG）可以调节肠道微生物群，促进有益细菌的增殖并增加肠道的生物多样性程度。钼浓度异常将会对机体的肠道微生物产生负面影响，而多酚类物质能通过调节肠道微生物达到体内平衡。

研究发现，单独的膳食茶多酚处理可增加门水平的厚壁菌门丰度和厚壁菌门/拟杆菌门的比例，促进敏捷乳杆菌（种）、杆菌（类）、乳杆菌（目）、乳杆菌（科）和加氏乳杆菌（种）的富集，从而使肠道中的微生物平衡有利于拟杆菌门生长。此外，也有研究发现多酚类物质能够有效占据结合位点抑制黄嘌呤氧化酶的活性，可用于治疗钼缺乏导致的高蛋氨酸血症、痛风等疾病。

3.4 多酚类物质与锌

高脂肪饮食可引起肝脏锌消耗，葡萄籽和皮的提取物（GSSE）作为复杂的多酚混合物，具有强大的抗氧化特性能阻止高脂肪饮食诱导的肝脂肪变性，保护肝脏。锌缺乏与生长迟缓、食欲下降、饲料转化率恶化和皮肤并发症有关，氧化锌在养猪业中被广泛用作管理仔猪断奶后腹泻（PWD）的有效工具，可通过靶向肠道结构、消化分泌物、抗氧化系统和免疫细胞，在整个胃肠道发挥多种积极作用。PWD 相关的最常见菌株是大肠杆菌 F4。百里酚、香芹酚和丁子香酚是对抗大肠杆菌 F4 最有效的三种性质相同的化合物，这三种单萜显著下调大肠杆菌 K88 基因的 mRNA 水平，而 K88 基因参与毒素产生、细菌与肠细胞的黏附、运动和群体感应。因此，多酚类物质可代替锌进行治疗，减少大肠杆菌 F4 感染。此外，多酚对金黄色葡萄球菌、弯曲杆菌、沙门氏菌和大肠杆菌等微生物也具有广泛的抗菌活性。

3.5 多酚类物质与钨

钨不仅可通过操纵肠道微生物群来限制肠道炎症，抑制肠杆菌科细菌种群的扩张，减少肠道肠杆菌科细菌的负荷并减少黏膜炎症，而且可以选择性地控制钼辅因子依赖性过程的细菌种群（如肠杆菌科）。另有研究发现，一些多酚可以被肠道微生物分解代谢成活性更高、吸收性更好的酚类化合物，从而影响细菌的组成。由此推测金属钨与多酚物质通过肠道微生物的调节，可能存在某种潜在联系。

第五节　甲胺类与金属

1. 三甲胺和氧化三甲胺

1.1 三甲胺、氧化三甲胺及其化学结构性质

人类肠道微生物能够产生多种代谢产物，其中三甲胺和氧化三甲胺是肠道微生物重要的代谢产物。富含磷脂酰胆碱和左旋肉碱的营养素首先在肠道微生物代谢产物三甲胺（TMA）裂解酶的作用下分解为 TMA，然后进入肝脏经黄素单加氧酶系统（FMO1、FMO3）进一步代谢产生氧化三甲胺

（trimethylamine oxide，TMAO）。TMA 是最简单的叔胺类化合物，化学式为 N（CH_3）$_3$，是一种与人类疾病密切相关的肠道微生物代谢产物；TMAO 是一种小分子有机化合物，属于胺氧化物类，化学式为（CH_3）$_3$NO，是一种无色针状晶体，一般以二水合物的形式出现。相关研究表明，TMA、TMAO 参与了心脑血管疾病、慢性肾脏病、糖尿病、癌症、肝损伤和肠炎等多种疾病的发生发展过程，调控肠道微生物 –TMA–TMAO 代谢途径已成为相关疾病领域的研究热点之一。

1.2 三甲胺、氧化三甲胺的来源及代谢

TMA 由肠道中甜菜碱、L– 肉碱及其代谢物 γ – 丁酰基甜菜碱（GBB）、胆碱和其他含胆碱的化合物通过肠道内各种酶及肠道微生物的作用通过 TMAO 转化，而后在肝脏中经 FMOs 氧化生成。参与生成 TMA 的酶主要有四种，分别为胆碱 –TMA 裂解酶（cutC/D）、肉碱单氧合酶（cntA/B）、甜菜碱还原酶和 TMAO 还原酶。此外 cntA/B 同源酶 yeaW/X 也可以利用肉碱、胆碱、γ– 丁基甜菜碱和甜菜碱生成 TMA。胆碱主要以游离胆碱及卵磷脂等胆碱化合物的形式存在于动物性食物中，红肉、鱼、家禽和蛋类中含量较高；甜菜碱主要存在于植物中，在还原 – 氧化耦合反应中作为电子受体将 TMAO 还原为 TMA；胆碱可通过胆碱 TMA 裂解酶或者转化为甜菜碱而生成 TMA；肉碱氧化还原酶负责将 L– 肉碱（多存在于动物性产品中）转化为 TMA。

TMAO 和 TMA 也可以天然的方式存在于鱼类等食物中。机体摄入的 TMAO 约有 50% 被吸收，然后主要经肾脏从尿液排泄，少量经汗腺和呼吸道排出，其余 50% 在肠道内通过 TMAO 还原酶的作用转化为 TMA。TMA 又可在肠道微生物 TMA 单氧酶的作用下再次被氧化为 TMAO。此外，一些细菌能够通过三甲胺脱氢酶和 TMAO 脱甲基酶的作用，消耗 TMA 和 TMAO，形成二甲胺（DMA）和甲醛。摄入的或在肠道内形成的大部分 TMA 通过被动扩散迅速吸收入门静脉循环，然后在肝脏中黄素单加氧酶 FMO3 和 FMO1 的作用下氧化成 TMAO，其中 FMO3 是负责将 TMA 转化为

TMAO 的主要酶。利用同位素标记法追踪食物中 TMAO 在人类体内的代谢情况，结果显示 TMAO 大部分被肝外组织吸收，此过程不需要微生物或肝脏处理，周转率高，清除速度快，而进入肠道的 TMA 大部分通过被动扩散被肠上皮细胞膜吸收，近 95% 的 TMA 被氧化，然后以 3∶95（TMA∶TMAO）的比例在 24 小时内从尿液中排出，剩下约 4% 从粪便排出，不到 1% 通过呼吸排出。

1.3 三甲胺、氧化三甲胺的生理功能

TMAO 经 TMA 的转化过程在稳定蛋白质结构、渗透调节、抗离子不稳定性、抗水压和理化因素的影响等方面具有重要的生理生化功能。此外，TMAO 具有疏水和亲水双重基团，可通过抑制胆固醇逆向转运参与脂质代谢，并促进血栓和血小板形成以及炎症的发生，因而是许多慢性疾病的潜在风险因子，如心血管疾病、慢性肾功能不全、2 型糖尿病、胰岛素抵抗、非酒精性脂肪肝和某些癌症等。

2. 三甲胺、氧化三甲胺与肠道微生物的关系

对于将从食物等来源获取的富含磷脂酰胆碱和左旋肉碱等物质转化为 TMA 来说，肠道微生物必不可少。在大鼠和人类身上进行的一些抗生素研究表明，使用广谱抗生素，如环丙沙星、万古霉素或甲硝唑等，TMA 和 TMAO 的生成几乎完全被抑制，然而停用抗生素一个月后，TMAO 水平恢复正常，提示肠道微生物在 TMA 和 TMAO 的生成中起到非常重要的作用。

TMAO 是 TMA 的氧化产物，其本身就是一种饮食成分，并可以在肠道中通过一定反应产生；胆碱是一种季铵化合物，含有一个三甲基胺的基团，因此可以作为 TMA 的前体；另外甜菜碱也可转化为三甲胺；三者在肠道中可以直接被放线菌、厚壁菌、变形菌等还原为 TMA。肠道细菌如沙雷氏菌、醋酸钙不动杆菌被认为可以裂解 L- 肉碱中的 3- 羟基过氧丁酰，从而产生

TMA。一种由cntA/B编码的酶也可以催化肉碱形成TMA，而cntA/B主要存在于厚壁菌、变形菌中。麦角硫因是一种生物胺，是组氨酸的一种衍生物，来源于饮食，它的产生在真菌和某些细菌中很常见，如放线菌、蓝细菌、拟杆菌和变形菌。在麦角硫因酶和肠道细菌的共同作用下，麦角硫因可产生TMA和硫醇酸。另外，产生TMA的细菌并不限于共生菌群，一些非共生细菌，如气单胞菌、伯克霍尔德菌、弯曲菌、沙门氏菌、志贺氏菌和弧菌等，也能够促使TMAO、肉碱、胆碱或麦角硫因转化成TMA。肠道微生物参与下生成的TMA进入肝脏，在FMOs的作用下生成TMAO。还有许多研究也发现虽然不同TMAO水平的个体肠道微生物的整体组成无明显差异，但个别菌属与TMAO水平显著相关，普氏菌属丰度高的肠道微生物生成更多的TMAO，而厌氧球菌、梭状芽孢杆菌、产孢梭菌、埃希氏菌、变形杆菌、马氏志贺菌等也可通过调节胆碱消耗和TMA积累影响体内TMAO水平。但一项针对不同TMAO水平人群的调查发现，丁酸弧菌属、普雷沃菌属与脱硫弧菌属丰度较高时，个体TMAO水平较低，可能与下列因素有关：丁酸弧菌能把葡萄糖最终转化为短链脂肪酸，起到修复肠黏膜屏障、抵抗氧化应激反应的作用；普雷沃菌属具有降解纤维素的能力，纤维素的减少对胃肠道功能产生影响；脱硫弧菌属可以将食物中的硫酸盐转化为硫化物，而硫化氢对胃肠道功能具有双重作用，在保护胃肠的同时也参与肠道损伤作用。

肠道微生物及其代谢产物三甲胺、氧化三甲胺与许多疾病的发生发展密切相关，如TMAO具有致动脉粥样硬化特性。研究发现TMAO可激活血管平滑肌细胞与内皮细胞的丝裂原活化蛋白激酶（mitogen-activated protein kinase，MAPK），通过NF-κB信号通路，导致炎性基因表达与内皮细胞黏附白细胞，同时TMAO激活NLRP3炎症小体，使血管内皮细胞产生炎症反应，从而导致血管内皮功能障碍，最终引发动脉粥样硬化。另外，TMAO促进血小板的内质网钙离子释放，导致血小板凝集与血栓形成，增加动脉粥样硬化的发生风险。有研究采用了干扰肠道细菌代谢活性的药物，通过调节肠道微生物治疗心脏病，即直接靶标肠道细菌，从源头阻止了 TMA 的形成。因此，肠道微生物及其代谢产物 TMA、TMAO 与动脉粥样硬化的进展密切相关。

TMAO 还与肥胖及糖尿病的发生有关。研究发现肠道微生物驱动的 TMA/FMO3/TMAO 途径与肥胖和能量代谢相关，血浆 TMAO 水平和 TMA/FMO3/TMAO 途径可能有助于调节葡萄糖代谢和胰岛素敏感性。同时，高脂饮食可能通过影响微生物生态平衡上调 TMAO，并降低肠 ZO-1 基因的表达，最终促使胰岛素抵抗和肥胖的发生。

3. 金属与三甲胺、氧化三甲胺

3.1 氧化三甲胺与铁

TMAO 作为 TMAO 去甲基酶的底物，在 TMAO 去甲基酶的催化下可以分解为甲醛（FA）和二甲胺（DMA）。研究发现随着 Fe^{2+} 浓度的升高，TMAO 的分解速率迅速增加，甲醛及二甲胺生成速率加快，直至 TMAO 完全分解，提示 Fe^{2+} 对 TMAO 的分解有促进作用。因此，Fe^{2+} 的增加极有可能促进大肠杆菌等肠道微生物的增殖，加速 TMAO 分解为有毒物质甲醛，危害人体健康。

3.2 三甲胺、氧化三甲胺与铜

三甲基胺尿症是一种罕见的遗传性代谢病，其特征是不能将饮食来源的 TMA 氧化并转化为 TMAO，患者体内三甲胺含量增加（身体无法代谢三甲胺），导致身体散发出臭鱼样、粪便样和垃圾样臭味。叶绿素铜是一种以桑叶或者蚕沙提取的叶绿素与氯化铜为原料反应制得的食品添加剂，具有抗氧化作用，能够抑制癌症、预防和缓解心脑血管疾病。研究发现，饮食摄入叶绿素铜（每天 180 mg，连续 3 周）能有效降低三甲基胺尿症患者尿中游离的 TMA 浓度，并使 TMAO 升高至正常水平。叶绿素铜的作用机制尚不明确，可能是其延缓TMA前体食物吸收；直接作用于粪便以消除TMA；或通过影响肠道微生物的组成从而减少TMA的形成。

氨基脲敏感性胺氧化酶（semicarbazide-sensitive amine oxidase，SSAO）是一组含铜和锟并对氨基脲敏感的多功能酶，广泛存在于哺乳动物体内脉管含量丰富的组织中，影响内源性和外源性芳香族和脂肪族一元胺的代谢。SSAO具有解除胺类物质（包括食物、体液、肠道菌群来源等）的毒性、调节葡萄糖的摄取及影响白细胞的转运等作用。SSAO介导的甲胺和氨基丙酮的脱氨基作用能分别生成有毒的甲醛和丙酮醛，这些毒物的产生与蛋白交联、氧化应激和细胞毒性有关。铜蓝蛋白是一种可能与SSAO竞争的酶，主要存在于血浆中，是一种蓝色的血浆蛋白，可以结合高达95%的循环铜，虽然结合和转运铜是其主要功能，但也能起到促进胺氧化的作用。

3.3 三甲胺、氧化三甲胺与锌

PAPP-A是一种锌结合基质金属蛋白酶，可诱导胰岛素衍生生长因子-1（IGF-1）激活，诱导炎症发生并影响脂质摄取，导致血管动脉粥样硬化和斑块不稳定。肠道微生物群从饮食来源的胆碱或磷脂酰胆碱中产生TMA，进入循环的TMA在肝脏中转化为TMAO，因TMAO能诱导巨噬细胞介导的脂质摄取增加而具有促进动脉粥样硬化的作用。因此，研究者推测PAPP-A可能与肠道微生物代谢产生的TMA和TMAO在介导脂质摄取、促进动脉粥样硬化中发挥协同作用。另外，依赖锌的金属蛋白水解酶HapA在黏蛋白、胆盐和营养限制的影响下被诱导产生，对存在于人类宿主肠道环境中的许多底物显示出蛋白质分解活性，可为霍乱弧菌提供营养，并在TMAO作为末端电子受体的情况下增加霍乱弧菌产生的霍乱毒素，提示HapA和TMAO在调节霍乱弧菌的毒性作用中起到关键作用。

3.4 甲胺与铊

一项旨在研究铊阳离子（Ⅰ、Ⅲ）对亚细胞器官（线粒体和溶酶体）影响的实验中发现，铊阳离子（Ⅰ、Ⅲ）会引起线粒体膜电位的迅速降低，而这一现象可被脂质抗氧化剂、羟基自由基清除剂、亲溶酶体剂和铁螯合剂所抑制，表明该金属引起的线粒体膜电位下降是活性氧形成和脂质过氧化的结果。铊阳离子（Ⅰ、Ⅲ）处理肝细胞可导致溶酶体膜受到严重损害，而脂质抗氧化剂、羟基自由基清除剂、铁螯合剂和孔隙密封剂能使之缓解。已知亲溶酶体剂如甲胺可抑制线粒体膜电位的下降，防止线粒体膜损伤和肝细胞蛋白溶解。因此推测食物可能在肠道微生物区系的作用下生成甲胺，随后经肝肠循环保护肝细胞内线粒体和溶酶体免受铊造成的损伤。

第六节　维生素与金属

1. 维生素

1.1 维生素及其分类

维生素是一类维持机体生命活动过程所必需的微量低分子有机化合物，一般不能体内合成，主要以维生素本身或可被机体利用的前体形式存在于天然食物中。维生素不构成组织，也不能供给能量，但在调节体内物质代谢和能量代谢中起着非常重要的作用。大多数维生素通过辅酶或辅基的形式参与生物体内的酶反应系统，也有少数维生素具有特殊的生理功能。当机体缺少某种维生素时，会使物质代谢过程发生障碍，影响正常生长发育，甚至引发疾病。

维生素按三个系统命名。按字母命名，如维生素 A、维生素 B、维生素 C 等；按生理功能命名，如抗坏血酸、抗神经炎因子、生育酚等；按化学结构命名，如硫胺素、核黄素、视黄醇等。维生素根据溶解特性可分为脂溶性维生素和水溶性维生素。脂溶性维生素包括维生素 A、维生素 D、维生素 E 和维生素 K，它们不溶于水而溶于脂肪及有机溶剂中，在食物中常与脂类共存，在酸败的脂肪中易被破坏，其吸收与肠道中的脂类亦密切相关，可储存于肝脏，摄取过量会引起中毒，摄入过少则可缓慢地出现缺乏症状。水溶性维生素包括B族维生素（维生素B1、B2、B3、B6、B12、叶酸、泛酸、生物素等）和维生素C，可溶于水，体内仅有少量储存，机体饱和时随尿排出。水溶性维生素多数以辅酶的形式参与机体的物质代谢，摄入过少可较快出现缺乏症状。

1.2 维生素的合成与代谢

维生素与碳水化合物、脂肪和蛋白质不同，在天然食物中仅占极小比例，但又为人体所必需。有些维生素如维生素B6和维生素K等能由动物肠道内的细菌合成，合成量可满足动物的需要。动物细胞可将色氨酸转变成烟酸（一种B族维生素），但生成量达不到机体所需。除灵长类动物及豚鼠以外，其他动物都可以自身合成维生素C。另外，多数植物和微生物都能自己合成维生素，不必由体外供给。

维生素经食物摄入或体内合成后，大部分在有关酶及激素的调控下以自身或其活性形式被肠道等器官吸收，而代谢物及部分维生素则可通过胆汁、尿液及粪便等途径排出体外。例如，维生素D在皮肤合成或膳食吸收后，经肝脏及肾脏羟基化，在甲状旁腺激素的调控下转化为具有生物活性的1, 25-双羟维生素D[1, 25-$(OH)_2D$]，大部分经肠道吸收，少量通过胆汁、尿液和粪便排泄。

1.3 维生素的生理功能

维生素是维持机体正常生理功能及胞内特异代谢反应所必需的物质。维生素A的主要生理功能是构成视觉细胞内感光物质；参与糖蛋白的合成，促进生长发育；维持上皮组织的正常结构与功能；维持免疫系统功能正常；清除自由基。维生素D能作用于小肠黏膜、肾及肾小管，促进钙磷吸收，有利于新骨的形成、钙化。维生素E具有抗氧化功能，可维持生殖功能和促进血红素代谢。维生素K能维持体内凝血因子Ⅱ、Ⅶ、Ⅸ、Ⅹ的正常水平，参与凝血作用。维生素B1能维持人体正常新陈代谢以及神经系统的正常生理功能。维生素 B2 参与体内多种氧化还原反应，促进糖、脂肪和蛋白质的代谢。维生素 B3 的活性形式烟酰胺腺嘌呤二核苷酸（NAD+）及烟酰胺腺嘌呤二核苷酸磷酸（NADP+）是体内多种脱氢酶的辅酶，主要起传递氢的作用。维生素 B6 的活性形式磷酸吡哆醛是氨基酸代谢过程中的转氨酶及脱羧酶的辅酶，能够促进谷氨酸脱羧并促进氨基丁酸的生成。维生素 B12 在体内促进甲基转移并维护神经系统健康。叶酸的活性形式 FH4 是一碳单位转移酶的辅酶，可参与一碳单位的转移。泛酸的活性形式辅酶 A（CoA）和酰基载体蛋白（ACP）是酰基转移酶的辅酶，参与酰基的转移作用。生物素是多种羧化酶的辅酶，参与 CO_2 的羧化过程。维生素 C 参与氧化还原反应、体内羟化反应，并促进胶原蛋白合成和铁吸收。

2. 维生素与肠道微生物的关系

维持健康人体所需的维生素多数由食物供给，只有极少部分可由体内肠道微生物合成。已有研究证实，肠道微生物区系能够合成维生素 K 和大多数水溶性 B 族维生素，如生物素、钴胺、叶酸、烟酸、泛酸、吡哆醇、核黄素和硫胺素等。与在小肠近端吸收的膳食维生素不同，肠道微生物产生的维生素主要在结肠吸收。有研究认为，体内绝大多数维生素 K 由肠道大肠杆菌等产生的甲基萘醌类化合物合成。双歧杆菌和乳酸杆菌含有叶酸合成酶，已被证实具有叶酸生物合成特性。另有研究表明，能合成维生素 B2 的肠道微生物有枯草芽孢杆菌、大肠杆菌和沙门氏菌，它们在机体提供三磷酸鸟苷（GTP）和 5- 磷酸 -D- 核酮糖的基础上，在多种酶的作用下生成维生素 B2。维生素 B12 是目前已知唯一一种完全由微生物，特别是厌氧菌产生的维生素。维生素 K 的生成主要是由一些专性厌氧菌如拟杆菌属、真细菌属、丙酸菌属和蛛网菌属完成。其他 B 族维生素如维生素 B1、维生素 B6 等也可在某种或多种菌株内合成，如有研究发现硫胺素和吡哆醇浓度的增加是由嗜热链球菌 ST5 和瑞士乳杆菌 R0052 或长杆菌 R0175 进行大豆发酵的结果。

研究发现，近 30% 的婴儿携带艰难梭菌，但在纯母乳喂养的婴儿中，这种细菌所致疾病的发病率较低，母亲食用维生素 D 可经喂养母乳降低艰难梭菌在婴儿体内的定植。另有研究探讨了维生素 D 信号通路在肠道微生物结构与结直肠癌关系中的作用，结果发现维生素 D 可能通过影响肠道微生物结构、降低人可溶性肿瘤坏死因子受体 2（sTNFR2）浓度，抑制炎症反应，从而降低结直肠癌的发病风险。在坏死性小肠结肠炎（NEC）发病分子机制的研究中发现，维生素 A 能减少 NEC 炎症因子的表达，增强 NEC 的肠上皮屏障，并调节 NEC 小鼠肠道微生物群落，扭转变形杆菌数量增加、拟杆菌数量减少的局面。

机体维生素 K 有两个来源：食物摄入（外源性维生素 K）和肠道微生物合成（内源性维生素 K）。通常认为，哺乳期婴儿维生素 K 的唯一食物来源是乳品，如母乳、牛乳或奶粉等。研究表明，母乳维生素 K 摄入不足的新生儿肠道内以无合成维生素 K2 能力的双歧杆菌为优势菌，而有合成维生素 K2 能力的肠杆菌数量则较少，这种肠道微生物优势菌的改变可能是母乳喂养的新生儿出现维生素 K 缺乏性出血的病因之一。一项研究在观察维生素 B 复合体（B1、B2、B3、B5、B6 和 B12，VBC）对自身免疫性脑脊髓炎（EAE）大鼠肠道微生物区系的影响中发现，VBC 处理和未处理的 EAE 动物组的细菌组成明显不同，提示 VBC 处理可能对 EAE 引起的微生物区系失调起到调节作用。

3. 金属与维生素

3.1 维生素 C 与铁

二价铁通过二价金属转运蛋白 1（DMT1）从食物进入十二指

肠内壁的肠细胞中，该过程需要维生素C或十二指肠细胞色素B（duodenal cytochrome B，DcytB）将Fe^{3+}还原为Fe^{2+}。一旦铁进入肠细胞内，一部分被隔离成铁蛋白分子，一部分被高度调节、相互作用的蛋白质系统输送到体内，这些相互作用的蛋白质系统能够感知身体的铁状态。若身体铁充足，吸收的铁会被铁蛋白结合，并在肠细胞脱落时丢失；若身体铁缺乏，铁通过铁转运蛋白加载到转铁蛋白上。铁转运蛋白受铁调素的调节，铁调素与铁转运蛋白结合，并使其在肠上皮细胞内降解。

维生素C是还原剂，能增加可吸收的亚铁，因此铁补充剂和维生素C联合可以治疗缺铁性贫血。有研究报道，过量铁处理的小鼠的SOD、过氧化氢酶和GSH-Px酶活性以及GSH和非酶抗氧化水平显著增加。因维生素C可发挥抗氧化活性，故其可显著改善由铁过载引起的肝损伤。

3.2 维生素B12与铁

维生素B12（钴胺素）是一种由微生物合成的含钴维生素，以不同的化学形式存在于动物源性食品中，主要包括牛奶、奶酪、鸡蛋以及人工强化食品，维生素B12对中枢神经系统的正常功能、红细胞生成和DNA合成至关重要。既往研究表明，与通过阴道分娩的婴儿相比，双歧杆菌在剖宫产婴儿的肠道定植相对延迟。剖宫产会改变婴儿前3个月的肠道微生物组成，导致放线菌门、拟杆菌门的丰度和多样性降低，而厚壁菌门的丰度和多样性增加。在3个月后补充维生素B12可有助于正常菌群恢复。同时，食用由产维生素B12的微生物发酵的饮食可能会增加血浆中的维生素B12水平，同时增强非血红素铁的吸收。

3.3 叶酸与铁

叶酸（维生素B9）是B族维生素家族中一系列水溶性化合物的总称。叶酸辅酶在单碳代谢中起着至关重要的作用，主要作为单碳单元的受体和供体。通过单碳代谢作用，叶酸辅酶介导DNA循环（胸苷酸和嘌呤的合成）和甲基化循环（同型半胱氨酸再甲基化为蛋氨酸）两个相互关联的代谢循环。叶酸缺乏症会迅速发生，且叶酸不耐热，在高温烹饪食物时会被破坏。叶酸吸收通过载体介导和被动机制发生，主要在十二指肠和空肠进行。有研究指出，减少叶酸摄入量可增加铁的吸收，这种现象的可能机制为减少叶酸使血浆铁转换率增加，或者叶酸能直接影响肠黏膜微生物区系及铁的吸收。

3.4 生物素与铁

肠道微生物可以通过产生多种代谢物直接或间接影响机体新陈代谢，包括细菌结合的 B 族维生素等。人类缺乏产生生物素的能力，因此人体所需生物素大部分通过饮食在空肠吸收，小部分在远端肠道吸收。在严重肥胖症小鼠模型中，微生物生物素减少伴随小鼠代谢潜力发生改变。

生物素可直接影响肠道微生物进而影响铁的吸收。乳酸杆菌是维持健康肠道所必需的微生物，它能产生控制潜在致病菌生长的类细菌素物质。有研究指出，生物素可以通过促进乳酸杆菌和芽孢杆菌的生长，抑制大肠杆菌和气单胞菌的生长进而影响肠道微生物的平衡。肠道气单胞菌和大肠杆菌随着膳食生物素含量增加而显著减少，而乳酸杆菌和芽孢杆菌随着膳食生物素水平显著增加。同样，在缺乏生物素的培养基中，芽孢杆菌的生长速度也会降低。处于生物素不足状态的芽孢杆菌不能以载脂蛋白形式转变成活性丙酮酸羧化酶，而且生物素缺乏会损害大肠杆菌的细胞通透性。由于发酵乳杆菌是微生物群的主要益生菌之一，具有较强的铁还原活性，能有效地将 Fe^{3+} 还原为 Fe^{2+}。因此机体可通过增加生物素摄入量促进乳杆菌的增殖并进而影响铁离子的吸收。

3.5 生物素与铜

铜的摄入可直接影响肠道微生物。在断奶猪的饮食中添加含铜蒙脱石，发现摄入含铜蒙脱石的饲料会减少断奶猪肠道梭状芽孢杆菌和大肠杆菌的总活菌数，抑制肠道 α- 葡萄糖苷酶和 β- 葡萄糖醛酸酶的活性，增加小肠黏膜绒毛高度和绒毛高度与隐窝深度的比值，改善肠道内菌群数量和形态。

生物素可调控肠大肠杆菌。肠致病性大肠杆菌和肠出血性大肠杆菌是重要的人类胃肠道病原体。在大肠杆菌中，生物素的合成通过生物素蛋白连接酶 Bira 受到严格控制，该酶可将生物素输送到新陈代谢中的酶，同时也是生物素合成操纵子的负转录调节因子。此外，有研究表明高水平生物素可显著降低小鼠肠道中肠出血性大肠杆菌的黏附性，由于生物素不会裂解细胞并强加耐药性选择，因此生物素可能有助于预防人类肠出血性大肠杆菌感染。

3.6 生物素与锌

生物素的吸收与肠道微生物存在密切关联。生物素可以从膳食来源补充，因此肠道微生物群的生物素合成减少不会立即致病，但抗生素治疗的营养不良小鼠缺乏膳食生物素会导致全身性生物素缺乏，从而导致脱发。拟杆菌属在生物素生物合成途径中会过表达编码四种酶的基因（COG0132、COG0156、COG0161 和 COG0502），而其他共生细菌则不能产生生物素，但却可以消耗从饮食和 / 或其他细菌（如拟杆菌）来源的生物素。因此，产生生物素的细菌和消耗生物素的细菌之间的平衡调控宿主可利用的生物素的量。万古霉素治疗结果显示其对鼠乳杆菌进行控制，从而减少了生物素的获得，该过程反过来又扰乱了肠道中的生物素循环系统，影响生物素的可利用性。

有研究结果表明，生物素缺乏会导致锌缺乏，因此缺乏生物素的患者表现出与肠病性肢端皮炎患者相似的症状。此外，男性雄激素性脱发患者的血清生物素和锌水平降低，也表明生物素和锌之间存在密切关联。

第七节　吲哚及其衍生物与金属

1. 吲哚及其衍生物

1.1 吲哚及其衍生物的概念和分类

吲哚是一种有机化合物，分子式为 C_8H_7N，由六元苯环和五元含氮吡咯环组成，是一种富含 π 键的杂芳烃。吲哚广泛存在于自然界的动物、植物和微生物激素中。吲哚由色氨酸酶以 5'– 磷酸吡哆醛为辅酶催化 L– 色氨酸产生，同时产生的还有丙酮酸和氨。色氨酸是人体必需氨基酸之一，也是唯一含有吲哚结构的氨基酸，只有细菌编码的色氨酸酶才可以产生吲哚，而真核生物则没有合成吲哚的能力，故吲哚仅广泛存在于多种细菌中，如乳杆菌属、大肠埃希菌属、梭菌属、拟杆菌属等，是肠道微生物代谢产物之一。这些细菌能将色氨酸分解转化为吲哚类代谢产物，主要包括吲哚、色胺、吲哚乙醇、吲哚丙酸、甲基吲哚，吲哚甲醛等。这些化合物通常具有比吲哚本身更强的生物活性和药理学特性。吲哚酮是一种重要的研究工具，被广泛用于生物学和医学研究中。吲哚乙酸则被认为具有抗肿瘤和抗炎活性，可用于治疗炎症性肠病和其他相关疾病。

1.2 吲哚及其衍生物的代谢

吲哚及其衍生物多是芳香族化合物受体 AhR 的配体，可参与调节机体与微生物的稳态。肠道微生物色氨酸酶将色氨酸代谢为吲哚，进入宿主内循环，在肝脏中转化为硫酸吲哚酚，再由肾脏排出。高水平硫酸吲哚酚具有肾毒性，并且由于吲哚代谢物具有疏水性，可自由扩散通过细胞膜，或由转运蛋白 Mtr 或外排蛋白 AcrEF–TolC 转运至微生物体外。肠道微生物能对色氨酸进行多种转化，包括产生多种吲哚衍生物和色胺，通过激活 5– 羟色胺 4 型受体（5–HT4R）促进结肠运动。

1.3 吲哚及其衍生物的生理功能

吲哚及其衍生物在生物体内具有多种生理功能，包括：①激素调节：吲哚及其衍生物在动物体内可以作为激素发挥作用，参与调节生长、发育、免疫和代谢等过程。例如，雌激素就是一种由吲哚类化合物合成的激素；②抗氧化作用：吲哚及其衍生物能够清除体内的自由基，保护细胞免受氧化应激的伤害。这一特性与预防癌症等慢性病有关；③抗癌作用：吲哚及其衍生物具有抗癌作用，能够阻止癌细胞的增殖和扩散。其中，角叉菜中的吲哚-3-甲醛已被证明对乳腺癌和结肠癌有预防和治疗作用；④调节免疫系统：吲哚及其衍生物可以调节免疫系统的功能，促进抗病毒和抗菌作用。它们还可以通过调节T细胞的分化和功能来抑制自身免疫疾病。

总的来说，吲哚及其衍生物在生物体内具有广泛的生理功能，这些功能可能与其化学结构和代谢途径有关。吲哚类化合物已经成为研究人员关注的一个热点，其在预防和治疗各种疾病方面具有广阔的应用前景。

2. 吲哚及其衍生物与肠道微生物的关系

吲哚是一种由植物和动物产生的多环芳香族化合物，是一种天然存在于环境中的物质。它是人体内一种重要的代谢产物，可通过肠道吸收进入血液循环并发挥多种生物学作用。吲哚与肠道微生物密切相关，因为某些肠道细菌可以代谢吲哚，从而对人体健康产生影响。吲哚代谢产物与多种疾病的发病机制有关。有研究表明，一些吲哚代谢产物可以抑制炎症和促进肠道细胞的增殖，从而预防炎症性肠病和结肠癌的发生。此外，吲哚还可以作用于神经元的生长和活动来影响神经系统，并与情绪、认知和行为有关。

不同的肠道微生物对吲哚的代谢产物产生不同的影响。研究表明，某些菌株可以促进吲哚的代谢，例如嗜酸乳杆菌属和芽孢杆菌属，而其他菌

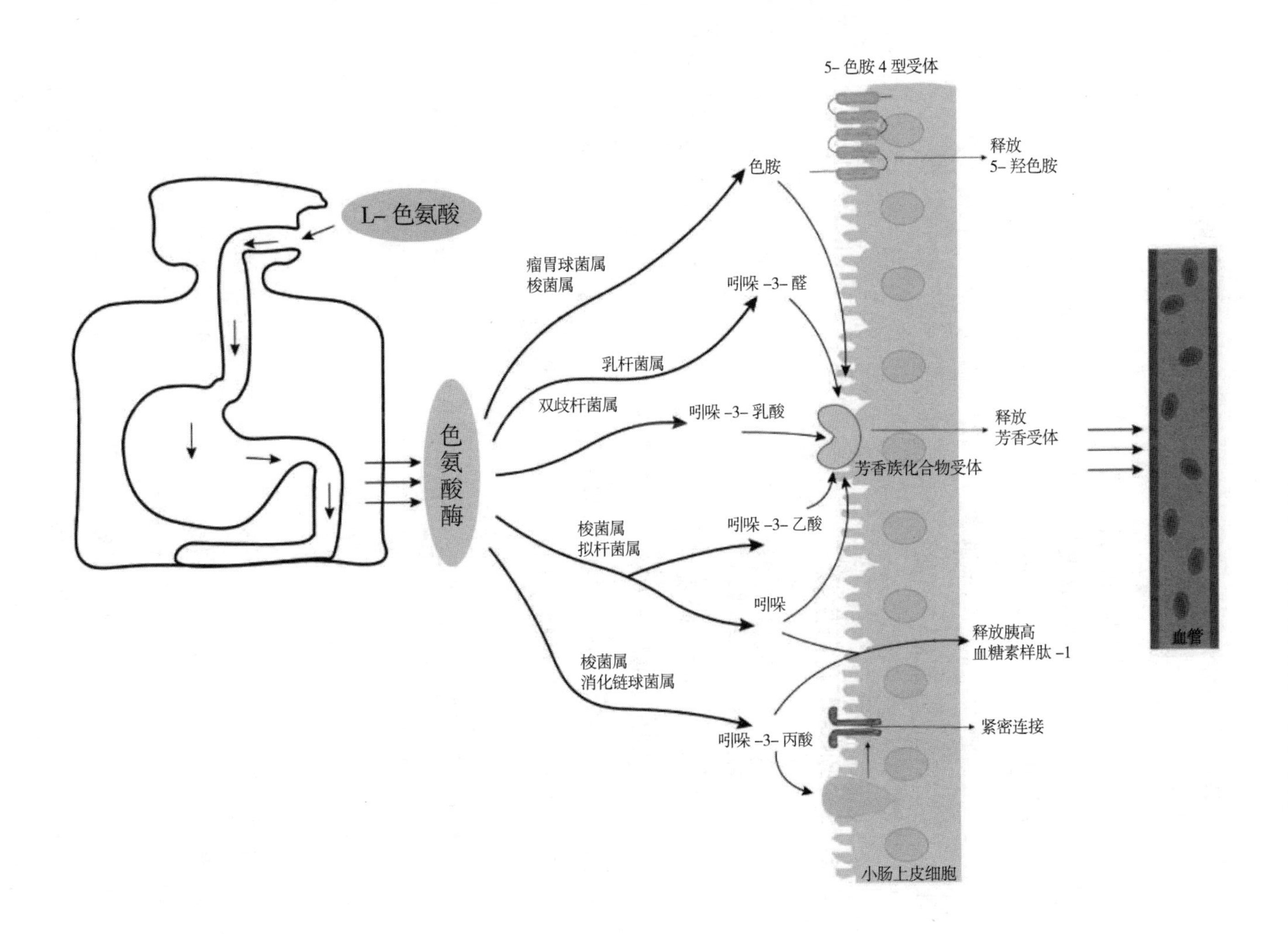

L- 色氨酸
色氨酸酶
瘤胃球菌属
梭菌属
乳杆菌属
双歧杆菌属
梭菌属
拟杆菌属
梭菌属
消化链球菌属
色胺
吲哚 -3- 醛
吲哚 -3- 乳酸
吲哚 -3- 乙酸
吲哚
吲哚 -3- 丙酸
5- 色胺 4 型受体
芳香族化合物受体
小肠上皮细胞
释放
5- 羟色胺
释放
芳香受体
释放胰高
血糖素样肽 -1
紧密连接
血管

株则可能会抑制吲哚的代谢，例如某些厌氧菌和葡萄球菌属。

肠道微生物的变化也可能导致吲哚代谢产物数量和类型的变化，从而对人体产生影响。肠道微生物可以将吲哚代谢成一系列代谢产物，如3-羟基吲哚、3-甲基吲哚、3-异戊基吲哚和3-乙酸基吲哚等。这些吲哚代谢产物在人体中发挥多种生物学作用，包括调节免疫系统、影响神经系统、抑制炎症等。例如，某些肠道微生物的增多可能导致吲哚代谢产物的水平升高，从而增加患上肥胖和代谢综合征的风险。

3. 金属与吲哚及其衍生物

3.1 吲哚及其衍生物与铁

铁超载（iron overload）是指机体内铁的积累过多，超过了正常的需要和代谢水平。研究表明，吲哚作为一种天然产物，可以通过多种途径影响铁代谢，从而对抗铁超载。吲哚可以通过激活铁蛋白（ferritin）的表达来促进铁在体内的储存和利用，同时抑制转铁蛋白受体（transferrin receptor）表达，减少铁的吸收和进入血液循环。此外，铁可用性的增加会影响细菌的毒力，并改变肠道中共生细菌的平衡，从而促进更多致病性细菌生长（如肠杆菌科），同时牺牲对铁的依赖性较低的保护性细菌（例如乳酸杆菌）。在输血性铁超载小鼠模型中，发现梭菌类细菌随着铁水平的增加而增加；而副杆菌属随着铁可用性的增加而减少。

此外，吲哚还可以通过调节肠道微生物的代谢活性来影响铁代谢。肠道微生物是铁吸收和代谢的重要调节因子，它们可以影响肠道内铁的形态和利用率。吲哚可以促进肠道微生物代谢产物的合成，从而改变肠道环境和微生物组成，调节铁代谢。经常接受静脉铁剂治疗的慢性肾病患者表现出微生物组菌群失调，尤其是乳酸菌种类减少。有研究表明，铁介导的微生物群变化与其产生代谢物的变化有关，尤其是吲哚，肠道微生物群可以通过细菌色氨酸酶从色氨酸中产生吲哚，进而诱导白细胞刺激、内皮功能障碍和促炎反应。吲哚通过增加紧密连接蛋白的表达、减少上皮炎症和赋予小鼠对葡聚糖硫酸钠诱导的结肠炎的抵抗力来保护肠黏膜。在不同的组织中，皮肤不仅暴露于内源性促氧化剂，而且还直接暴露于外源性促氧化剂，因而更易受到氧化应激的损害。吲哚–3–丙酸是色氨酸的脱氨基产物，它由肠道中的细菌代谢产生并存在于脑脊液中，具有显著的抗氧化性。研究发现吲哚–3–丙酸可以防止由对应于病理状况的亚铁离子引起的脂质过氧化，起到保护猪皮肤中高浓度铁诱导的膜脂氧化损伤的作用。

吲哚可以通过多种机制促进机体对铁的吸收和利用，从而预防和治疗铁缺乏相关性疾病。首先，吲哚可以促进肠道中铁的吸收，通过增加肠道铁离子通道的活性、促进铁离子的转运、增加铁离子在肠道中的可溶性等方式，提高身体对铁的吸收率。其次，吲哚可以促进红细胞对铁的利用率，增加血红蛋白的合成和氧气的运输，预防缺铁性贫血等疾病。再次，吲哚可以促进肌肉细胞对铁的利用率，提高肌肉的运动能力和稳定性，或与铁离子形成络合物，增强铁的稳定性和生物利用度。最后，吲哚还可以抑制铁离子的氧化，减少铁的流失。虽然目前吲哚调节铁代谢的机制还需要进一步的研究，但其在预防和治疗铁缺乏相关疾病方面具有很大的潜力，尤其是一些贫困地区人群铁缺乏问题突出，吲哚的应用可以作为一种低成本、高效率的营养干预手段改善人们的健康状况。

3.2 吲哚及其代谢物与钙

钙超载是一种常见的细胞功能紊乱，可能导致多种疾病的发生和发展，如心血管疾病、神经退行性疾病等。吲哚作为肠道微生物的代谢产物，在近年来的研究中被发现可以调节细胞内钙的浓度，从而对钙超载产生影响。

首先，吲哚可以影响钙离子通道活性调节细胞内钙的浓度。研究表明，吲哚可以激活 / 抑制钙离子通道，增加 / 减少细胞内钙的浓度，加重 / 缓解钙超载。其次，吲哚可以调节细胞内钙离子平衡。吲哚可以影响钙的摄入和释放等过程，从而影响细胞内钙的平衡状态，进而调节钙超载。最后，吲哚可以通过抑制胆碱能受体活性，降低胆碱能介导的钙释放。胆碱能受体介导的钙释放是细胞内钙浓度调节的重要机制，它涉及多种细胞类型和组织，包括神经系统、心脏、肌肉等。

一些研究还表明吲哚可能通过调节细胞内钙的浓度来影响细胞凋亡和存活。研究发现，吲哚可以降低肝癌 / 肺癌细胞中钙离子浓度，从而抑制肝癌 / 肺癌细胞的增殖并促进凋亡。还有研究表明吲哚对神经系统的保护作用可能与钙离子浓度的调节有关。研究发现吲哚可以通过调节细胞内钙离子浓度和抑制氧化应激来保护神经元免受损伤，并通过调节胆碱能神经元中钙离子的浓度和抑制氧化应激预防阿尔茨海默病的发生。

吲哚可以促进肠道中钙的吸收，通过增加肠道钙离子通道的活性、促进钙离子的转运、增加钙离子在肠道中的可溶性等方式，提高身体对钙的吸收率。吲哚可以促进骨细胞对钙的利用，增加骨骼中钙的沉积，从而增强骨骼的强度和稳定性。此外，吲哚还可以促进肌肉细胞对钙的利用，提高肌肉收缩力度和稳定性，减少肌肉痉挛等不适症状。吲哚可以抑制尿中钙的排泄，减少身体中钙的流失。

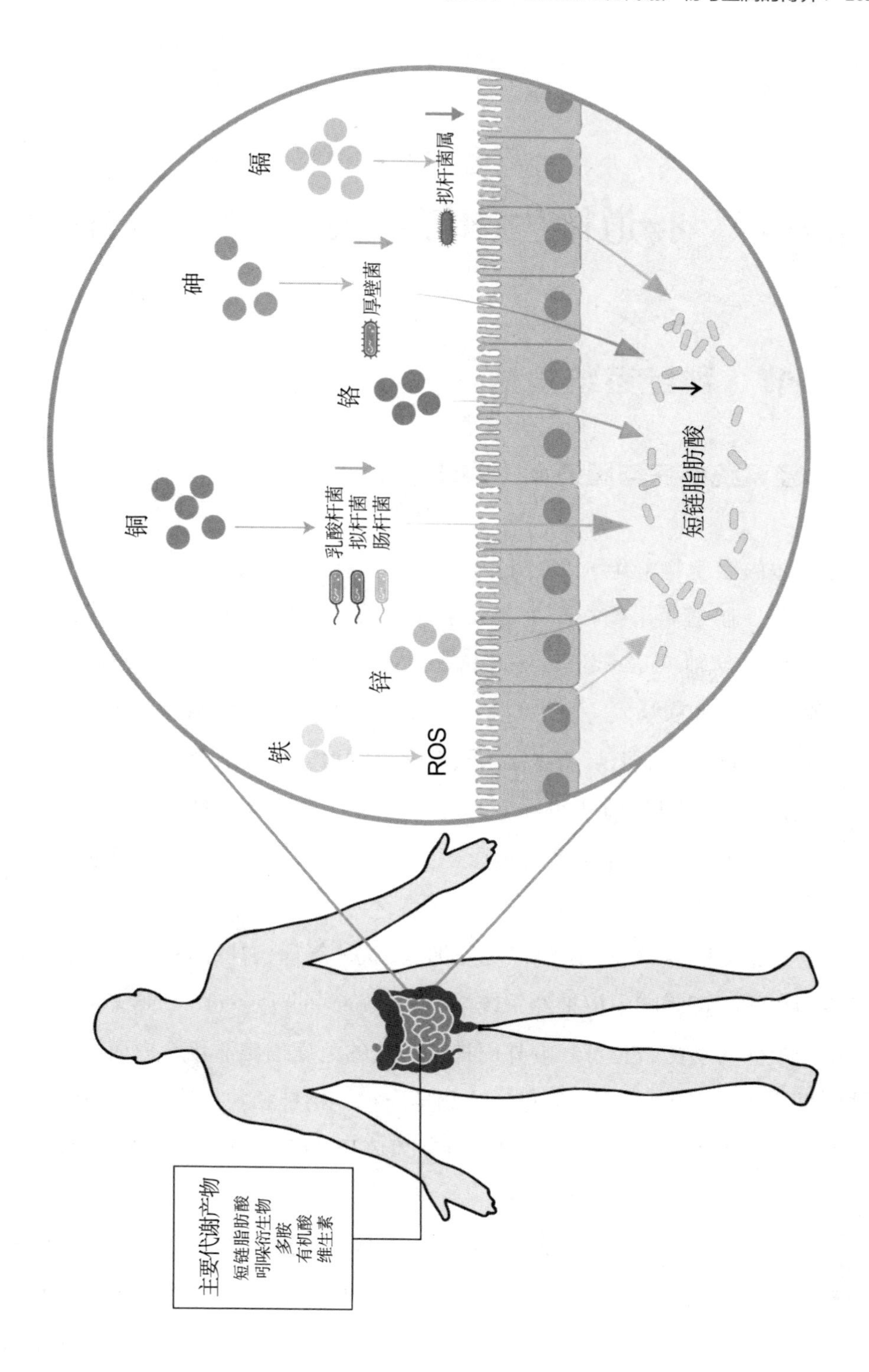

镉
拟杆菌属
砷
厚壁菌
铬
铜
乳酸杆菌
拟杆菌
肠杆菌
锌
铁
ROS
短链脂肪酸
主要代谢产物
短链脂肪酸
吲哚衍生物
多胺
有机酸
维生素

第六章　肠道微生物与金属在疾病中的作用

第一节　神经系统疾病

1. 神经系统疾病与肠道微生物的关系

人体内微生物群绝大多数定植于肠道。肠道与大脑之间存在双向信息交流网络，肠道微生物在其中起着重要作用，研究人员据此提出“肠道微生物 - 肠 - 脑轴（microbiota-gut-brain axis，MGBA）”这一概念。肠 - 脑轴在健康维持和疾病发生发展过程中起着关键作用，肠道微生物已成为肠 - 脑轴的关键调节点。无菌动物体内缺乏微生物群，其大脑会受到明显影响，且在生命早期或成年前使用抗生素会对大脑、脊髓和肠神经系统造成长期影响。已有临床实践证实了肠道微生物的重要作用，如通过使用抗生素清除肠道微生物来治疗肝性脑病。

自身免疫性神经系统疾病以免疫细胞、抗体等损伤神经系统为主要特征。肠道微生物既可影响中枢神经系统（central nervous system，CNS）中的免疫细胞的成熟与功能，也可影响外周神经系统的免疫细胞活化，进而影响中枢神经系统相关疾病。此外，肠道微生物还与神经精神相关疾病存在密切关联，如抑郁和焦虑症、精神分裂症、孤独症谱系障碍、癫痫、偏头痛、帕金森病等。

1.1 多发性硬化

多发性硬化（multiple sclerosis，MS）是一种以中枢神经系统炎性脱髓鞘病变、神经胶质增生和退行性病变为主要特征的免疫介导性疾病。常见表现为体感疲劳、视物模糊、感觉障碍等。在 MS 患者肠道中发现具有促炎作用的甲烷短杆菌和阿克曼菌丰度相对升高；而丁酸单胞菌丰度下降，其代谢产物丁酸盐具有抑制脱髓鞘和促进髓鞘再生的功能，同样具有抗炎和保护神经作用的普雷沃菌丰度也降低。在给予自身免疫性脑脊髓炎小鼠丁酸梭菌灌胃后，其肠道普雷沃菌丰度提高，病症得以改善。

1.2 视神经脊髓炎谱系疾病

视神经脊髓炎谱系疾病是一种累及视神经和脊髓，并可导致失明和瘫痪的通过视神经脊髓炎 IgG 介导的以脱髓鞘为病理特征改变的中枢神经系统疾病。研究发现该类患者肠道微生物细菌丰度发生改变，如普雷沃菌的下调会阻碍 Treg 细胞表达的正常上调，进而加重自身免疫性脑脊髓炎症状；而肠道链球菌和鲍氏梭状芽孢杆菌含量升高，肠道链球菌可激活 T 细胞活性或上调炎症因子，鲍氏梭状芽孢杆菌与活化 B 细胞反应的基因有关，可进一步加剧炎症反应。

1.3 自身免疫性脑炎

自身免疫性脑炎（autoimmune encephalitis，AE）泛指一类由自身免疫机制介导的脑炎，临床上主要表现为意识障碍、精神行为异常、局部神经功能缺损和癫痫等，通常由自身抗体介导，不具有传染性。研究发现，抗 N- 甲基 -D- 天冬氨酸受体（NMDAR）脑炎患者体内 α 多样性指数显著降低。同时，有学者在抗 NMDAR 和抗富亮氨酸胶质瘤失活基因 1 抗体的自身免疫性脑炎患者肠道内发现产短链脂肪酸菌属的柔嫩梭菌、罗斯伯里菌、毛螺菌丰度显著降低，梭状芽孢杆菌丰度明显下降。此外，在排除精神疾病影响的前提下，自身免疫性脑炎患者的肠道微生物中韦荣球菌丰度较高，其分泌产生的代谢物可以预防精神性疾病。

1.4 重症肌无力

重症肌无力（myasthenia gravis，MG）系神经肌肉间传递障碍，是由 B 淋巴细胞介导的自身免疫性疾病，主要症状是易疲劳和肌无力。研究发现类患者肠道中的绒毛菌、拟杆菌和普雷沃菌等有害菌含量增加，微生物 α 多样性指数下降。在眼肌型重症肌无力患者肠道内发现拟杆菌含量升高，而瘤胃球菌、丹毒丝菌、消化链球菌等有益菌丰度下降；在全身型重症肌无力患者肠道内有益菌毛螺菌含量呈现下降。

1.5 吉兰－巴雷综合征

吉兰－巴雷综合征（Guillain Barré syndrome，GBS）是由免疫介导引起的以周围神经系统广泛性炎性脱髓鞘为病理特征改变的自身免疫性疾病，临床上常表现为肢体对称性无力，反射降低甚至消失。该病患者通常有前驱感染史，以空肠弯曲菌感染多见。空肠弯曲菌能够产生神经细胞神经节苷脂的类抗原——脂寡糖，并通过激活机体免疫细胞损伤神经元，继而引发综合征。因此，目前治疗该病的首选药物是大环内酯类抗生素。

1.6 重度抑郁症

重度抑郁症（major depressive disorder）是由于患者个体内遗传系统（基因）存在异常，或后天环境的巨变所引起的一种情绪性功能障碍，以持久自发性的情绪低落为主的一系列抑郁症状。肠道微生物是其众多致病因子中的重要一员。与健康人相比，重度抑郁和焦虑症患者肠道微生物中能够产生短链脂肪酸的菌属丰度显著降低，而埃希氏菌属、志贺菌属、梭杆菌、瘤胃菌属丰度升高。通过系统评价发现，患者体内拟杆菌、普雷沃氏菌、粪杆菌、粪球菌、萨物氏菌属和小类杆菌属丰度降低；而放线菌、伊格尔兹氏菌和乳酸菌丰度升高。此外，当把抑郁或焦虑症患者的粪便移植至健康小鼠体内时，健康小鼠会表现出抑郁和焦虑样行为改变。

1.7 精神分裂症

精神分裂症（schizophrenia），是一种病因未明的复杂精神疾病，目前还没有特效药物，只能在一定程度上缓解症状。研究发现精神分裂症患者的肠道微生物丰度和多样性没有改变，但在门类水平上变形菌含量降低，而在属水平厌氧球菌相对升高；另外，嗜血杆菌、萨特氏菌属和梭菌属在多样性不变的同时数量下降。此外，琥珀酸弧菌属和棒状杆菌属与精神分裂症的严重程度有关，可能作为诊断精神分裂症的特异性标志物。

1.8 孤独症谱系障碍

孤独症谱系障碍（ASD）是指神经发育障碍，表现为社交损害，语言和肢体交流缺陷或限制以及重复、刻板的行为，具体包括孤独症、阿斯伯格综合征、广泛性发育障碍。ASD 好发于儿童，通常伴随抑郁、焦虑心理症状，也有因肠道失调引起的恶心、呕吐、腹泻等生理症状。已有研究报道，ASD 患儿肠道微生物改变与母亲怀孕期间服用抗生素或出生后频繁服用高剂量抗生素有关；与健康人群相比，ASD 患者肠道梭菌属含量显著增加，拟杆菌与厚壁菌比率下降，乳酸菌属和脱硫弧菌属含量升高。其中梭状芽孢杆菌与神经毒素产生相关，释放的神经毒素通过迷走神经传入中枢神经系统，抑制神经递质释放，从而引起 ASD 相关的行为表现。

1.9 癫痫

癫痫（epilepsy）是一种持续时间长、容易自发产生、由神经元兴奋与抑制失衡导致的神经系统疾病。研究发现耐药癫痫患者和非耐药癫痫患者间肠道微生物组成存在差异。年均癫痫发作 4 次及以下的患者其肠道微生物中的双歧杆菌和乳酸杆菌含量比年均癫痫发作 4 次以上患者多。此外，在耐药癫痫患者组还发现其肠道微生物中的 α 多样性升高，但尚不能确定耐药癫痫患者肠道微生物中 α 和 β 多样性组成是否发生改变。

1.10 偏头痛

偏头痛（migraine）被认定为全球 50 岁以下个人致残的主导诱因之一，曾有研究揭示肠道微生物失调通过上调三叉神经系统中促炎细胞因子水平（如 TNF-α）产生偏头痛样疼痛。随后的研究发现偏头痛者粪便中肠道微生物 α 多样性在种和属水平上显著降低，同时厚壁菌门中的梭状芽孢杆菌属含量较健康人群显著增加。

1.11 帕金森病

帕金森病（Parkinson's disease，PD）是一种进展性神经退行性疾病，目前帕金森病的治疗主要以对症治疗为主。一项针对帕金森病患者肠道微生物的荟萃分析揭示嗜黏蛋白阿克曼菌属数量增加，该菌属能够提高肠道通透性，降低产 SCFA 微生物数量，包括罗斯伯里氏菌属和普拉梭菌。通过进一步荟萃分析研究还发现包括乳杆菌属、双歧杆菌属、疣微菌科和厚壁菌门（其中的瘤胃菌科和克里斯滕森菌科）含量升高，而普雷沃氏菌属和毛螺菌属家族含量下降。有学者对帕金森病小鼠模型使用具有抗炎作用的二甲胺四环素，发现其能缓解症状，还有学者研究发现在健康人肠道内提取正常粪菌，进行粪菌移植后，通过降低 TNF-α 信号通路而降低小胶质细胞和星形胶质细胞活性，也能够缓解帕金森病症状。

2. 神经系统疾病与金属的关系

在中枢神经系统中，金属离子可作为酶的辅助因子参与催化反应，也可作为神经元间和神经元内信号调节的关键组成要素参与神经生理调节，因此保持金属离子稳态对维持大脑正常生理功能具有重要意义。镉、铅和汞会影响人类神经发育和导致神经退行性疾病，因此被世界卫生组织列为十大主要公共卫生化学物。

2.1 阿尔茨海默病

阿尔茨海默病（Alzheimer's disease，AD）作为神经退行性疾病的典型代表，其致病因素和发病机制错综复杂，晚发型阿尔茨海默病（late onset Alzheimer's disease，LOAD）占据所有类型 AD 的 90% 以上，并且没有明确的血缘关联。目前研究发现在自然环境中，铝、铁、铜、锌四种金属与 AD 致病有关。

通过增加斑块病变和神经元间缠结，铝可导致神经递质释放不足和大脑神经元网络结构破坏，即铝能导致“神经毒性”促进 AD 发生。在自然状态下，人体可通过食物、自来水、化妆品等途径长期暴露于铝，伴随而来的结果是铝在神经系统内沉积。当铝沉积达到神经毒性阈值浓度时便会触发“依赖于铁驱动的氧化应激反应”。

当机体内铁含量升高时，催化机体氢氧自由基生成，生成的自由基引起诸如血红蛋白、细胞色素 C 等蛋白释放铁离子。当细胞内游离铁增多时，正向调控“铁超载”，加剧细胞氧化应激反应程度，伴随神经炎症反应和凋亡发生。但 AD 患者大脑内铁离子含量是否升高还存在争议，有荟萃分析发现 AD 患者大脑中游离铁含量并没有增高，仅在额叶皮质有少许升高。

越来越多事实证明高剂量铅暴露与 AD 患者记忆力下降强相关，并且有基于人群的病例对照研究表明 AD 患者的血液铅浓度水平（blood lead level，BLL）显著高于对照组，高达 22.22 mg/dL。另有研究发现，BLL 与 AD 患者病死率之间存在正相关。此外，灵长类动物出生后的两个月时间里暴露于铅环境，可在 23 年后观察到严重的大脑改变，如淀粉样蛋白形成和老年斑块沉积，且淀粉样蛋白形成通路中的关键基因 APP 上调。在大鼠中也有类似的发现，大鼠生命早期暴露于铅时 APP 的 mRNA 表达上调，并在 20 个月时观察到大鼠脑中 β- 淀粉样蛋白积聚。

2.2 帕金森病

帕金森病是第二大常见的神经退行性疾病，病理观察发现黑质致密部多巴胺能神经元消失是该病的主要特征改变，同时伴随有路易小体生成，行为上表现为运动障碍。一项流行病学调查发现，在铅暴露下患 PD 风险增加 3.21 倍。相较于 AD，在体外几乎不能实现铅干预下的 PD 模型，所以动物实验和细胞实验未见相关研究报道。

2.3 肌萎缩侧索硬化

肌萎缩侧索硬化（amyotrophic lateral sclerosis，ALS）是一种选择性上、下运动神经元消失的神经退行性疾病，分为家族性和散在性两种亚型。一项病例对照研究结果显示，骨铅与 ALS 的关联性比血铅更强。血中每分升增加一克铅，患 ALS 风险增加 1.9 倍，而当骨铅含量增加一倍，患 ALS 风险增加 2.3~3.6 倍。由于缺乏铅直接引起的 ALS 动物模型，所以目前关于 ALS 在动物层面表观遗传作用的病理变化特征缺失。在细胞层面，研究人员发现 ALS 模型细胞中 DNA 甲基转移酶（DNA methyltransferase，DNMT）和 5- 甲基胞嘧啶（5-mC）表达上调，同时在一只生命早期暴露于铅的 23 岁灵长类动物中发现 DNMT 蛋白表达发生改变。在组蛋白修饰层面上，研究发现携带有 ALS 相关的 SOD1 突变基因的小鼠表现出具有组蛋白脱乙酰酶功能的 Sirt1 表达下调。Sirt1 是在小鼠海马中铅的表观遗传靶目标，因为神经毒性能够抑制 Sirt1 磷酸化，从而可进一步加重 ALS。

2.4 注意缺陷与多动障碍

注意缺陷与多动障碍（attention deficit and hyperactivity disorder，ADHD）俗称多动症，指发生于儿童时期，与同龄儿童相比，以明显注意集中困难、注意持续时间短暂、活动过度或冲动为主要特征的一组综合征。世界范围内有超过 10% 的人口患有 ADHD。大量研究表明铅暴露是导致 ADHD 的主要因素之一，1991 年美国疾病预防控制中心设定需要引起关注的血铅基线阈值，即关注水平（level of concern）为 10 μ g/dL，但近年研究表明，儿童血铅水平即使低于 10 μg/dL，仍可导致神经发育方面的损害。一项针对中国儿童的病例对照研究显示病例组 ADHD 患儿血铅浓度显著高于年龄性别相匹配的对照组儿童。在另一项研究中，通过检测发现 ADHD 患者的额叶皮质中 MeCP2 表达下调，动物模型中也发现铅暴露后，海马中 MeCP2 以及 DNMT 表达发生改变。

2.5 亨廷顿舞蹈症

亨廷顿舞蹈症（Huntington's disease，HD）患者疾病发作时，患者大脑中神经元锰含量及依赖锰元素的关键酶活性降低，而当锰含量恢复时，HD 症状有所缓解，提示锰在体内的平衡代谢和 HD 发病可能存在关联。

3. 肠道微生物、金属与神经系统疾病

目前研究主要集中于神经系统疾病与肠道微生物、神经系统疾病与金属，而肠道微生物、金属与神经系统疾病三者之间关系的研究罕见报道。

动物层面，缺锌饮食对孕鼠的子代小鼠产生的损伤要大于孕鼠，包括子代小鼠行为学水平表现出焦虑样行为增多，即幼儿群体中高发重度抑郁症。如前所述，饮食中缺锌通过调节毛螺菌等能够在锌缺乏的肠道微环境中产生诸如 IL-6、GFAP 等炎症因子，可能正是这些炎症因子最终导致了重度抑郁症的发生。

除了金属锌，有研究发现金属镉可通过脑 - 肠 - 肝轴诱发神经系统退行性疾病，如嗜黏蛋白阿克曼菌（Akk 菌）增多能够引发肠道炎症，而 PD、ASD、MS 患者的肠道中 Akk 菌增多，且存在肠道炎症反应。虽然镉影响 Akk 菌的机制尚不清楚，但通过饮水暴露镉的 ApoE4-KI 雄性小鼠模型发现其肠道 Akk 菌增多，并表现出 AD 症状的这一结果，间接提示镉可能影响 Akk 菌继而导致神经退行性疾病发生。

铅暴露人群肠道发现包括普雷沃氏菌、双歧杆菌、拟杆菌属、粪球菌属、梭菌属和考拉杆菌属在内的多种菌属组成改变。同时在小鼠通过饮水铅暴露后发现其肠道微生物平衡被打乱，以副杆菌属为代表的机会性致病菌常参与炎症过程。结合目前报道，在神经系统自身免疫性疾病中往往发现患者有炎症反应，铅在内的多种金属对肠道微生物的影响可能是导致炎症的源头因素之一。

此外，高剂量氧化锌饮水组小鼠远端小肠和盲肠 pH 值升高，而其中有机酸（乳汁、琥珀酸盐和短链脂肪酸）浓度却下降。短链脂肪酸作为肠道微生物有益菌代谢产物的存在，其浓度下降必然与产短链脂肪酸菌群丰度降低有关，如柔嫩梭菌、罗斯伯里菌、毛螺菌等。进一步研究证实上述细菌丰度的降低会导致自身免疫性脑炎，提示高剂量氧化锌可能通过影响菌

群结构从而参与自身免疫性脑炎的发生发展过程。

第二节　呼吸系统疾病

1. 呼吸系统疾病与肠道微生物的关系

呼吸系统疾病是严重危害人体健康的常见病，死于呼吸系统疾病的人数在我国居民死因调查结果中排名靠前。肠道是人体最大器官，不仅帮助人体消化食物，还承担维持正常免疫功能的防御任务，协调人体完成多种生理生化调节。近些年伴随着支气管镜和高通量测序等基因组学技术陆续投入临床使用，人们对呼吸系统和肠道微生物相互影响的认识日益深刻。

1.1 呼吸道感染性疾病

呼吸道感染最常见的病因是微生物侵袭，当呼吸道物理屏障损伤时，微生物会侵入呼吸道深部引起严重的呼吸道感染。呼吸道感染能够引起肠道微生物生理功能改变，反过来肠道微生物紊乱也会改变呼吸道菌群从而加重呼吸系统疾病程度。已有研究证实小鼠感染呼吸道合胞病毒、H1N1 流感病毒后其肠道多样性发生明显改变，包括拟杆菌门数量增加，毛螺菌属和乳杆菌属含量相对下降。此外，导致肺炎脓毒症的假腮腺伯克霍尔德菌会引起放线菌减少和变形菌增加。另外一项研究发现小鼠呼吸道感染 H9N2 病毒后，其肠道中葡萄球菌、链球菌和棒状杆菌明显增加，有益的乳杆菌却显著降低；肠道紧密连接蛋白 ZO-1 和 Occludin 明显下调，导致肠道物理屏障破坏，通透性增加。临床研究发现，在反复呼吸道感染儿童的肠道中大肠埃希菌和肠球菌数量上升，而乳酸菌属、普雷沃氏菌属、双歧杆菌属数量降低，即有益菌数量减少，有害菌数量增多。与肠道微生物正常的鸡相比，肠道微生物缺失的鸡呼吸道 I 型干扰素显著下调，更易感染 H9N2 流感病毒。肠道微生物紊乱除了可能会加重肺部感染之外，在生理情况下，其对于呼吸道具有一定保护作用，例如存在于回肠末端的分节丝状菌（SFB）可促进中性粒细胞快速分解，保护免疫缺陷小鼠的肺组织。

1.2 慢性阻塞性肺疾病

慢性阻塞性肺疾病（chronic obstructive pulmonary disease，COPD），是一种常见于中老年患者的慢性呼吸系统疾病，以气流受限为特征。流行病学调查显示吸烟和空气中颗粒物都是 COPD 的高危险因素，这些危险因素能够引起肠道微生物中梭状芽孢杆菌丰度升高，毛螺菌科属数量下降，厚壁菌门和拟杆菌门丰度依赖于环境条件不同而改变。沉积在上呼吸道的颗粒物通过黏液、纤毛运动移位至胃肠道引起肠道炎症反应，引起肠道黏蛋白和紧密连接蛋白表达减少，而炎性标志物表达显著增加，因此，COPD 患者更易患炎症性肠病。多中心前瞻性流行病学调查显示，肠道系统改变的严重程度与 COPD 严重程度呈高度正相关，更体现出肠 - 肺轴联系的紧密性，同时意味着在治疗 COPD 的同时也要注意肠道微生物变化，避免因忽视肠道微生物而加重 COPD 的临床症状。

1.3 囊性纤维化

囊性纤维化（cystic fibrosis，CF）是一种常染色体隐性遗传病，发病部位主要在消化道和呼吸道，临床上表现为反复呼吸道感染和营养不良。患有 CF 的婴儿在出生一年后肠道微生物多样性未达到期望标准水平，更严重的是在出生 6 周后，拟杆菌门即呈现显著降低，随后一年之内出现罗斯菌属细菌数量下降而韦荣球菌属上升，同时伴随有呼吸气道不断恶化的趋势。患有 CF 的婴儿在其上呼吸道和肠道均可见韦荣球菌、链球菌、双歧杆菌和拟杆菌丰度相对较高，其中拟杆菌和双歧杆菌于呼吸道首次恶化前在定植的部位会显著减少，而沙门菌数量明显增加。CF 患者往往直接死于慢性呼吸道感染。

有研究发现给 CF 婴儿用母乳喂养时，其肠道微生物能发生明显好转，微生物多样性增加的同时首次呼吸道症状恶化的时间推迟。此外，在维生素 D 缺乏的患者肠道内发现 γ- 变形菌纲含量增加，大量潜在致病菌种含量也增加，但是当维生素 D 缺乏者被给予充足维生素 D 补充后，肠道内拟杆菌门、乳球菌属含量上升，韦荣球菌属含量明显下降。这些改善举措提示应尽早识别和采取措施，通过呼吸道和肠道微生物“双管齐下”预防性治疗，有望改善囊性纤维化预后。

1.4 肺结核

肺结核（tuberculosis，TB）是造成死亡人数最多的单一传染病，主要是由个体感染结核分枝杆菌（*Mycobacterium tuberculosis*，Mtb）引起。其机制是 Mtb 能够引起肠道微生物改变，与此同时肠道微生物使个体对 Mtb 易感性增加。与健康人相比，TB 患者肠道微生物多样性总体降低，具体表现为厚壁菌门含量降低，变形菌门以及包括促进炎症反应的普雷沃氏菌属和条件致病菌中的肠球菌属含量上升，而能够产生 SCFA 的双歧杆菌科、瘤胃球菌科、罗氏菌、普拉梭菌等有益菌含量显著减少，说明 Mtb 对机体产生损害作用可能由短链脂肪酸介导。肠道微生物改变提高机体对 Mtb 敏感性的可能原因是发生肠道微生物紊乱时，肺组织大量炎性细胞聚集和免疫清除能力降低，导致机体无法有效控制 Mtb。而在肠道微生物发生紊乱时，CD4+T 细胞活化能力降低，导致效应 T 细胞以及记忆 T 细胞数量减少，使机体对 Mtb 的敏感性增高。TB 患者 T 细胞免疫应答队列研究结果显示，免疫反应水平与黏膜相关恒定 T 细胞有关，积聚的黏膜相关恒定 T 细胞数量受肠道微生物数量的影响。

1.5 呼吸道变应性疾病

呼吸道变应性疾病（airway allergic disease，AAD）是多种炎性细胞及细胞因子共同参与的免疫调节异常疾病，包括变应性鼻炎和哮喘等。卫生条件差、生活方式不健康、饮食结构单一等都是 AAD 的危险因素。有研究发现 AAD 患儿肠道需氧菌如大肠杆菌和金黄色葡萄球菌丰度升高，而厌氧菌如乳酸杆菌、双歧杆菌、拟杆菌丰度相对减少。在生理情况下，1 型辅助 T 细胞（Th1）和 2 型辅助 T 细胞（Th2）及其分泌的细胞因子互相制约以维持平衡状态。肠道微生物通过病原分子组分或发酵产物，促进原始 Th0 细胞向 Th1 分化并分泌抗炎症因子，从而抑制 Th2 炎症反应，延缓 AAD 发展。此外，肠道微生物可分解膳食纤维产生短链脂肪酸，从而降低肺组织内嗜酸性粒细胞数量和白介素 -4（IL-4）、白介素 -17A（IL-17A）等炎症因子表达，同时减少包括血清总免疫球蛋白 E 和屋尘螨特异性免疫球蛋白 G1 的分泌，进而抑制抗原和抗体产生，最终缓解气道炎症性反应，说明改善肠道微生物或许能够减轻 AAD 患者气道炎症性反应。

1.6 喘息性支气管炎

喘息性支气管炎（asthmatic bronchitis）常引起患儿气管痉挛，严重时可诱发儿童哮喘。其病因和病理机制十分复杂，Th1 和 Th2 细胞可通过分泌白介素 -17（IL-17）产生多种前炎症因子和趋化因子，加重炎症反应。研究发现，在患有喘息性支气管炎儿童的肠道内双歧杆菌丰度降低，同时伴随菌群定植能力下降，提示促进肠道微生物平衡可能有助于缓解喘息性支气管炎。

1.7 新生儿呼吸机相关性肺炎

新生儿呼吸机相关性肺炎（ventilator-associated pneumonia，VAP）多发于早产儿，其病原体 90% 以上是细菌，而其中 50%~70% 是定植于胃肠道中的革兰氏阴性杆菌。早产儿生命早期需要在重症监护病房监测生命体征，通过胃管留置给予营养的操作不仅有损伤胃肠括约肌的可能，还会刺激咽部反射，从而导致细菌移位；同时，由于早产儿肠道菌群尚未完全建立，生命早期使用抗生素可能在一定程度上引起肠道微生物失衡。因此，预防新生儿呼吸机相关性肺炎的关键举措需要维持新生儿肠道微生物平衡并防止胃肠道内细菌移位。

呼吸道作为开放性器官与外界自然环境直接相通，在呼吸、咳嗽、打喷嚏等气体交换过程中能够排出部分呼吸道菌群。呼吸道不仅外开放于自然环境，还内开放于消化道、口咽等旁器官，所以空气、胃食管反流极有可能使定植于口咽、肠道的菌群移位至呼吸道，定植菌群移位也是诱发呼吸系统疾病的高危因素。在形态学层面，组织胚胎学证实肺和肠在胚胎时期有共同的起源。基于肺部独特的生理结构，肠－肺轴（intestine–lung axis）的概念被提出，即指在肠道和肺部中共生微生物双向调控对免疫系统功能产生影响，表现为呼吸道和肠道微生物与呼吸系统和消化系统疾病之间彼此相互干扰。在慢性支气管炎大鼠模型中发现肠道和呼吸道的微生物系统呈现同步紊乱状态；此外，在急性呼吸窘迫综合征患者肺部发现肠杆菌科含量升高，均提示肠－肺轴在呼吸系统疾病中的关键作用。

1.8 肺癌

肺癌（lung cancer）常发生于肺部支气管黏膜或者腺体。有研究指出，与健康人相比，尽管肺癌患者肠道微生物 α 多样性没有显著改变，但 β 多样性具有显著性差异，具体表现在门水平上，酸杆菌门和厚壁菌门丰度下降，变形菌门和疣微菌门丰度上升；而科属水平上肠杆菌科、链球菌属、普雷沃菌属、肠球菌含量升高，布劳特菌属、粪球菌属、双歧杆菌属和毛螺菌属含量降低。

临床研究还发现非小细胞肺癌患者肠道中产丁酸细菌数量显著减少，且肠道微生物结构发生改变也会影响肺癌的发生与进展，如以神经元特异性烯醇化酶升高为特征的肺癌患者肠道微生物中拟杆菌门降低，而肠杆菌科、梭杆菌科及疣微菌门数量升高；以癌胚抗原升高为主要特征的肺癌患者肠道微生物中拟杆菌和链球菌丰度升高；以细胞角蛋白 19 片段升高为特征的肺癌患者肠道中普雷沃菌科和韦荣球菌科富集发生变化。

2. 呼吸系统疾病与金属的关系

由金属化合物引起的呼吸系统疾病的类型取决于金属化合物的性质、物理化学形式、剂量、暴露条件和宿主因素。几种金属的烟雾或气体形式，例如镉、锰、汞、羰基镍、氯化锌、五氧化二钒，可能导致急性化学性肺炎、肺水肿或急性气管支气管炎。吸入锌、铜等金属烟雾后可能出现的金属烟雾热，是一种流感样反应，伴有急性自限性中性粒细胞肺泡炎。慢性阻塞性肺病可能是由于职业性接触矿物粉尘（可能包括一些金属粉尘）或涉及金属化合物加工（如焊接）的工作所致。镉暴露可能导致肺气肿，铂盐、镍、铬或钴可能参与引发支气管哮喘，但铝厂工人哮喘的病因尚不明确。沉积在肺部的金属粉尘可能会导致肺纤维化和功能损害，并与该制剂的纤维化潜能有关。吸入铁化合物导致的铁质沉着症是一种很少或没有纤维化的尘肺病。钴可能引起硬质金属肺病，其特征是脱屑性和巨细胞间质性肺炎。慢性铍病是一种伴有肉瘤样上皮样肉芽肿的纤维化，可能是由铍介导的细胞免疫反应所致。职业暴露接触金属物质可能与肺癌的发生发展相关，地下开采铀或铁会暴露于氡，与较高的肺癌发病率有关；砷、铬和镍是公认的人类肺部致癌物，同时也有证据表明罹患肺癌的镉工人和钢铁工人的病死率增加。

3. 肠道微生物、金属与呼吸系统疾病

微生物生长繁殖需要从外界获取大量的铁。引起肺部感染的常见细菌如肺炎双球菌、金黄色葡萄球菌、流感嗜血杆菌、肺炎克雷伯菌、结核分枝杆菌和绿脓杆菌等的生长繁殖均需要从宿主肺部获取铁。资料显示，细菌可通过分泌一种被称为嗜铁素（siderophore）的小化合物促进其主动吸收铁，也可通过分泌嗜血红素（hemophore）主动吸收血红素作为铁源，或者像结核分枝杆菌、链球菌、流感嗜血杆菌等还具有从转铁蛋白、乳铁蛋白、铁蛋白等含铁蛋白质获取铁的能力，此外，细菌也可以通过其自身受体途径与宿主竞争含铁蛋白供自身利用。大量临床和动物研究已证实，铁在细菌性肺炎中具有重要作用，如铁过多可增加肺炎克雷伯菌、结核杆菌等多

种病原菌的毒力，高铁饮食与活动性肺结核的发生呈正相关，补铁治疗纠正贫血后反而会增加疟疾、布鲁菌病和结核病等潜伏期病原菌的再感染。

肿瘤细胞生长迅速，铁需求量较高，因此肿瘤细胞的铁代谢备受关注。流行病学调查发现，机体总铁含量越高，患癌症的风险就越高。特别是转铁蛋白饱和度超过 60% 的受试者，被报告患肺癌的风险明显增加。临床研究发现，非小细胞肺癌患者血清铁、铁蛋白水平显著高于肺炎患者，且与肿瘤 TNM 分期相关。与正常组织细胞相比，高铁需求的癌细胞铁吸收蛋白表达升高，铁输出蛋白表达降低，综合表现出细胞内铁池含量升高。

综上，金属在参与机体功能的同时，与机体内共生微生物也有一定程度直接或间接的相互作用，而金属在体内的稳态也决定着疾病的进展，肠道微生物、金属与呼吸系统疾病之间的相互作用还有待进一步的深入研究。

第三节　免疫系统疾病

1. 免疫系统疾病与肠道微生物的关系

微生物在肠道中生活并发挥正常生理功能，具有保护机体免受病原体入侵和伤害的作用。肠道微生物可分别对肠道内和肠道外的免疫系统产生影响。肠道内免疫系统主要依赖肠黏膜固有层浆细胞分泌免疫球蛋白 SIgA，其分泌受肠道微生物的影响，一般情况下，当无外源致病病原体入侵肠道时，SIgA 分泌量极少。在肠道外的免疫调节中，研究证明 G 蛋白偶联受体 43 抗体（GPR43）参与其中。GPR43 存在于先天性免疫细胞和炎症细胞中，SCFA 作为目前已知的 GPR43 的唯一配体，其产生有赖于肠道内正常微生物代谢分泌，所以维持肠道内微生物处于正常生理功能对人体免疫系统十分重要。

1.1 类风湿性关节炎

类风湿性关节炎（rheumatoid arthritis，RA）是一种自身免疫性疾病，可累及全身系统并伴有慢性炎症症状，滑膜炎和血管翳是其典型病理改变。RA 的临床表现是关节软骨和骨破坏以及外周组织损伤，导致关节形态畸形、功能逐渐丧失并最终累及全身。

有研究通过宏基因组测序发现，早期 RA 患者肠道内定植更多普氏菌，而拟杆菌和梭状芽孢杆菌丰度明显降低。不仅如此，还有研究发现放线菌属含量改变也与 RA 的发生发展密切相关。在动物模型中，胶原诱导性关节炎的小鼠肠道中乳酸杆菌属含量丰富，体内辅助性 T 细胞 17（Th17）活性水平明显升高。在无菌条件下将分节丝状细菌单一微生物移植入 K/BxN 小鼠肠道后，肠道固有层再次出现 Th17 细胞，伴有抗体产生并发展成为关节炎，说明肠道微生物群可通过调控 T 细胞，诱导 Th17 细胞分化，从而导致免疫性关节炎发生。肠道中的微生物在生长和分裂过程中会伴随肽聚糖的产生，这些肽聚糖从肠道细胞壁上脱落下来后，可以穿过肠道屏障最终进入循环系统。有研究者使用胶原诱导性关节炎小鼠和胶原抗体诱导关节炎两种模型小鼠证明肠道微生物可通过间接增加肽聚糖的产生，诱发促炎症通路活化，加重 RA 的炎症反应。因此，增强黏膜屏障可能是一种有效的 RA 治疗方式，除此以外，还包括抗菌治疗和增强免疫调节治疗，进一步说明肠道微生物可能影响 RA 的发生与发展。

1.2 免疫系统发育

在子宫内，胎儿免疫系统需要对母体同种异体抗原保持耐受。出生后，新生儿进入复杂抗原环境中。在出生时，肠腔中形成肠杆菌、葡萄球菌为主导的兼性厌氧和耐氧微生物，这些微生物定植能够影响肠道 CD4+T 或 CD8+T 细胞数、T 细胞活化状态、CD4 亚群和肠微结构，使新生儿体内 CD4+、CD25+、Tregs 等细胞数量丰富且可以良好执行其功能。出生后 1~7 天内，肠腔内微生物“爆炸式”增殖，肠道免疫细胞中性粒细胞也呈“指数式”

增长，伴有单核细胞和巨噬细胞的发育。最终在出生后第 7 天肠道形成厚壁菌、拟杆菌、放线菌、变形杆菌等为主导的微生物生态系统，同时单核细胞和巨噬细胞也达到成熟状态。肠道免疫细胞与肠道微生物二者的成熟“相伴而行”，从而适应肠道复杂的环境。

在婴儿期之后，肠道微生物群与免疫系统相互作用，共同构建一个和谐有序的肠道微环境。断奶前，肠道中的抗体来自母乳中的 SIgA，肠道微生物以变形杆菌和乳酸杆菌为主导；断奶后，肠道中原本由母乳提供的 SIgA 缺失，肠道菌群总量增加，产生的代谢产物刺激 B 细胞分化为成熟的浆细胞并产生 IgA，此时肠道微生物以梭状芽孢杆菌和拟杆菌为主导，逐渐趋向成人肠道菌群。

上述结论在动物模型中也得到了验证。小鼠出生后第 14~21 天（断奶期），小肠固有层绒毛和上皮内的 B 细胞和 T 细胞数目显著增多。与此同时，肠道拟杆菌逐渐占主导地位，细菌总量也显著增加，免疫细胞和肠道微生物的数量呈现平行变化。一项关于断奶期肠道免疫细胞和拟杆菌的研究为上述平行性变化提供了理论依据。研究发现，多形拟杆菌或是肠道微生物群定植的 GF 小鼠血管生成素（angiogenin4，Ang4）可恢复至正常水平，表明在断奶期间诱导 Ang4 表达需要肠道微生物群参与，据此推测由于断奶期母乳免疫球蛋白介导的被动免疫逐步减弱，肠道微生物改变，刺激肠道免疫细胞和抗菌成分发生改变，从而参与肠道上皮宿主的免疫调节。

免疫系统中浆细胞（plasma cell，PC）和细菌的分布具有平行性。从肠道近端到远端，PC 逐渐增多并在结肠内达到峰值。与此相平行地，从上到下，细菌数量逐渐递增，十二指肠约 10^2 CFU/mL，近端回肠约 10^3 CFU/mL，远端回肠约 10^7~10^8 CFU/mL，结肠约 10^{11}~10^{22} CFU/mL，细菌数量也在结肠达到峰值。其原因是肠道微生物通过抗原特异性和非特异性方式促进肠道免疫系统发育完善，并定植其中，使肠道免疫系统具有维持宿主与高度多样化且不断发展的微生物具备共生关系的能力。

1.3 哮喘

有研究结果显示，婴儿体内的微生物群落会因出生方式、喂养方式、环境和抗生素使用等原因而有所不同，而这种差异与相关患病存在某种相关性，如新生儿哮喘和过敏。若婴儿粪便中含有拉希诺皮拉菌、韦荣球菌、粪细菌、罗斯氏菌四种肠道细菌，其患哮喘的风险明显增加，而控制这些肠道细菌的组成则可能预防哮喘发生。此外，也有研究提示肠道微生物数量和丰度降低时，儿童患哮喘的可能性增大。

1.4 系统性红斑狼疮

系统性红斑狼疮（systemic lupus erythematosus，SLE）是一种典型的炎症性结缔组织病，可累及人体多个器官，患者通常会同时出现颊部红斑、关节炎或光过敏等症状。

SLE 患者的肠道微生物和正常人相比差别较大。未经治疗的 SLE 患者，肠道中双歧杆菌及乳酸杆菌丰度明显低于正常对照组，与之相应的典型条件致病菌大肠埃希菌则要比对照组高出很多。此外，SLE 患者的 IL-17 水平明显更高，但转化生长因子 -β（TGF-β）水平则相对偏低。在 SLE 状态下，乳酸杆菌的数量与 TGF-β 水平可能相关，但其相关性还受体内其他微生物影响，尚有待进一步研究。另有研究显示，SLE 患者的肠道微生物中，厚壁菌门细菌数量占比明显低于正常人，但不影响微生物本身的多样性。

脂多糖（LPS）是一种革兰氏阴性细菌细胞壁成分，可被 Toll 样受体 4（TLR4）识别。SLE 患者血液中可溶性 CD14 蛋白（sCD14）升高，而 sCD14 水平与疾病自身的进展有紧密关联，间接说明 LPS 可介入 SLE 的形成演变。此外，TLR4 的激活也被证明可促进转基因小鼠 SLE 发生。SLE 是在过度表达 TLR4 分子伴侣的情况下自发的，进一步提高了狼疮的反应性；抗生素治疗破坏菌群可显著改善 SLE 表型，提示 TLR4 对肠道微生物（含 LPS）的高反应性在 SLE 的发生发展中起重要作用。

1.5 强直性脊柱炎

强直性脊柱炎（ankylosing spondylitis，AS）是一种以关节僵硬和脊柱强直为主要表现的慢性炎性疾病，主要侵犯骶髂关节和脊柱，炎症和骨破坏贯穿整个病程，AS 与 HLA-B27 基因高度相关。

研究发现，AS 患者回肠末端微生物菌群与健康对照受试者之间存在差异显著。早在 1995 年刘毅等就发现 AS 患者肠道肺炎克雷伯菌检出率增高且与病情活动相关。另有研究发现，AS 患者中，韦荣氏球菌科和斑龙科的细菌数量明显减少，而毛癣菌属和疫霉属细菌数量显著增加。AS 还与炎症性肠病相关，70% 左右的 AS 患者可出现肠道炎症，5%~10% 左右的 AS 患者同时合并炎症性肠病。

肠道微生物的内部构成和人类平时的饮食习惯有关。当饮食习惯发生变化后，肠道微生物的实际构成也会有所改变。研究发现，高糖低蛋白饮食人群粪便中克雷伯菌的平均数量是低糖高蛋白饮食人群的 40 倍。另一项研究发现，低淀粉饮食对 AS 患者的病情控制有效。该研究选取 36 例处于活动期的 AS 患者，低淀粉饮食干预 9 个月后，患者血沉和血清总 IgA 均显著下降，症状也显著缓解。

有研究者报道，22 例 AS 患者均接受结肠镜检查，其中 13 例肠镜显示异常。在该研究中，大于 50% 的 AS 患者在小肠镜下均已发现回肠炎症，说明血肠屏障或将影响肠道细菌正常的抵抗力，参与 AS 的发病过程。另有研究表示，AS 患者肠黏膜通透性提升，肠黏膜固有层抗原递呈细胞上的白细胞分化抗原 80（CD80）表达升高，血清 IgA 抗体水平明显上升，所以认定 AS 为肠道免疫性疾病。吴启富等也指出，AS 患者结肠组织中的上皮细胞间隙逐步扩增，相较于健康对照组差异有统计学意义。同时还有研究显示，低剂量的丁酸盐可增强肠道屏障功能，而高剂量能够增加肠通透性，诱导肠黏膜上皮细胞发生快速凋亡。临床研究证实四环素可以降低 AS 患者肠道通透性，调节患者肠道微生物从而缓解 AS 的发生发展。因此推测，肠道通透性增加可使肠道微生物的代谢产物更易进入机体，激活免疫系统，继而导致 AS 的发生发展。

2. 免疫系统疾病与金属的关系

某些重金属能严重影响免疫系统，引起机体广泛性的病理损害。免疫系统由不同细胞、组织和可溶性介质组成，其功能是保护宿主免受病原体的侵害，免疫能力受损会增加对病原体的易感性，导致不良健康影响。免疫系统失衡受多种机制影响。根据特定金属浓度、暴露途径和持续时间以及生物可用性分析，金属可能是通过免疫抑制或刺激免疫细胞活性来影响免疫系统。重金属长期过度刺激会导致慢性炎症反应、癌症发展、超敏反应、过敏和自身免疫性疾病。汞是一种已知的能加重自身免疫反应的重金属。汞暴露的主要来源是药物或化妆品。20 世纪 60 年代，汞局部应用于治疗银屑病，但后续发现汞可导致肾病综合征。汞暴露的另一个主要来源是牙科汞齐，在高温下会持续释放少量汞蒸汽。曾有研究显示汞与多发性硬化、系统性红斑狼疮、自身免疫性甲状腺炎等疾病的发病有关。此外，流行病学研究支持汞暴露与自身免疫系统疾病之间的联系。

3. 肠道微生物、金属与免疫系统疾病

肠道微生物可参与促炎或是抗炎的整个过程，从而直接关系到 SLE 的演变。有研究比较了正常人与 SLE 患者 CD4+T 细胞中的 Fe^{2+} 水平，发现 SLE 患者 CD4+T 细胞中的 Fe^{2+} 水平显著升高，并与 Tfh 细胞的百分比呈正相关。进一步研究发现高铁饮食有利于小鼠体内 Tfh 细胞和记忆 B 细胞扩增，增加 CD4+T 细胞炎症因子 IFN-γ 和 IL-17A 分泌，促进 SLE 小鼠体内自身抗体产生并加重疾病表型。补充铁离子可以促进 Tfh 细胞体外诱导分化。

相反，2, 5-二羟基苯甲酸和铁螯合剂 CPX 可以减少细胞内的铁离子蓄积，从而显著抑制 Tfh 细胞分化。

进一步研究 miR-21/BDH2 通路在调控 Tfh 细胞中 Fe^{2+} 蓄积以及分化中的作用。研究人员构建了 CD4+T 细胞特异性敲除 miR-21 的小鼠，发现 miR-21 敲除可抑制 Tfh 细胞分化，减弱 Tfh 细胞介导的抗原特异性体液免疫反应，缓解 SLE 小鼠模型的自身免疫表型。与 miR-21 作用相反，其靶基因 BDH2 过度表达抑制了 Tfh 细胞的分化。体外补充铁或者螯合细胞内铁离子可逆转 miR-21/BDH2 通路对 Tfh 细胞分化的调控作用，进一步证实 miR-21/BDH2 通路通过调控细胞内铁离子水平影响 Tfh 细胞的分化。

总之，最新研究揭示了 miR-21/BDH2/Fe^{2+} 调控 SLE 中 Tfh 细胞异常分化的新机制，在该过程中，肠道微生物与铁是否共同参与 SLE 的进展还需进一步研究，而 SLE 进展过程中铁离子与肠道微生物是否相互影响也需要深入探索。

第四节　消化系统疾病

消化系统（alimentary system）由消化管和消化腺两大部分组成。消化管是一条自口腔延至肛门的肌性管道，包括口腔、咽、食管、胃、小肠（十二指肠、腔肠、回肠）和大肠（盲肠、结肠、直肠）等。消化腺有小消化腺和大消化腺两种。小消化腺散在于消化管各部的管壁内，大消化腺有三对唾液腺（腮腺、下颌下腺、舌下腺）、肝和胰，它们均借导管将分泌物排入消化管内。

消化系统从口腔延续到肛门，负责摄入食物、将食物粉碎成为营养素、吸收营养素进入血液，以及将食物的未消化部分排出体外。肠道微生物主要位于下消化道结肠及直肠中，因此肠道微生物与消化道的关系最为密切，几乎所有的消化道疾病均与肠道微生物存在一定的联系，如炎症性肠病、肠易激综合征、功能性消化不良、结直肠癌、非酒精性脂肪性肝病、肝硬化、胰腺疾病等。

人类正常肠道微生物包括需氧菌、兼性厌氧菌和厌氧菌，形成一个极其复杂的微生态系统，适应在胃肠道内生存，对人类健康有重要影响。肠道微生物也可分为常住菌（原籍菌群）和过路菌（外籍菌群），前者是在肠道内保持着稳定的群体；后者由口摄入并单纯经过胃肠道。常住菌是使过路菌不能定植的一个因素。肠道微生物广泛参与了人体的生理、病理过程，与人体形成动态平衡，一旦平衡被打破，极有可能导致或加重疾病的发生和进展。

尽管大多数金属并不直接作用于肠道微生物，但一些金属可以通过不同途径进入人体并与肠道微生物群相互作用。已有多项研究表明，暴露于某些重金属环境污染物，会改变肠道微生物群的组成，导致能量代谢、营养吸收和免疫系统功能障碍或产生其他毒性效应。

1. 消化系统疾病与肠道微生物

1.1 炎症性肠病

炎症性肠病（IBD）为累及回肠、直肠、结肠的一种特发性肠道炎症性疾病，是由多种病因引起的肠道慢性及复发性炎症，其主要类型有溃疡性结肠炎（UC）和克罗恩病（CD），临床表现为腹泻、腹痛，血便。其病因及发病机制尚未完全清楚，环境因素、遗传因素、感染以及免疫紊乱等被认为是主要病因，且有研究认为肠道微生物可能参与IBD的复杂发病机制。

研究表明微生物是IBD的促发因素，活动期UC患者的肠道内双歧杆菌、乳酸杆菌数量较正常对照组显著减少；肠杆菌数量较正常组显著增加，肠球菌及小梭菌也有增加的趋势。提示活动期UC患者的益生菌减少和肠杆菌等条件致病菌增加导致肠菌群失调，这种失调可能是UC的发病因素之一。

而缓解期 UC 患者的双歧杆菌、肠杆菌数量较正常对照组无显著差异，提示 UC 患者肠道微生物的改变程度与 UC 的病理改变严重程度具有一定关联。由此可见，肠道微生物与人体健康关系密不可分。

与健康人群相比，IBD 患者肠道微生物的多样性及数量均有减少，但个体间差异较大，且至今尚未发现特异性致病菌。IBD 患者肠道中拟杆菌和厚壁菌减少，而变形菌和放线菌增加。不同类型 IBD 患者肠道微生物也有差异，克罗恩病患者肠道普氏菌、双歧杆菌减少，而梭菌、大肠杆菌、瘤胃球菌增多；溃疡性结肠炎患者大肠埃希菌、瘤胃球菌增多，而粪球菌、普氏菌减少。也有研究提示在无菌条件下培养的动物不发生结肠炎，而抗生素治疗可改善 IBD 患者肠道微生物活性及黏膜炎症。上述表明肠道微生物改变在 IBD 的发生发展过程中发挥重要作用。

通过检测宿主对微生物群反应的生物标志物，以及易感个体中引起宿主反应的微生物类群和代谢产物水平，有助于解决 IBD 患者疾病表型和治疗反应的异质性问题。已有研究证实一些特定微生物及其代谢产物与 IBD 有关，但其作为临床生物标志物的应用仍处于起步阶段。

1.2 肝硬化

肝脏是与肠道接触最密切的器官，且暴露于大量的肠道微生物成分和代谢产物中。各种肝脏疾病，如酒精性肝病、非酒精性脂肪性肝病和原发性硬化性胆管炎，都与微生物群的改变有关。微生物失调可能通过与宿主免疫系统和其他类型细胞的多重相互作用，影响肝脏脂肪变性、炎症和纤维化程度。

肝硬化是多种慢性肝病发展过程中的一个阶段，总体预后欠佳，肠道微生物与肝硬化有着密切关联。有证据表明，在肝硬化患者中，口腔微生物群在下肠道中的比例过高，这可能与疾病的进程和严重程度有关。研究发现肝硬化患者的疾病进展伴随肠道菌群的进行性改变，失代偿时变化更加显著。与健康人群相比，肝硬化患者肠道微生物的组成及丰度均发生了改变，拟杆菌显著减少，而变形菌和梭杆菌增加。肠道微生物可能通过菌群移位对肝硬化的发生发展产生影响，也有研究表明其可通过微生物产物与肝细胞表面的 Toll 样受体发挥作用，促使肝细胞发生炎性反应和纤维化以致肝硬化。此外，肠道微生物通过影响人体代谢物质，如胆碱、胆汁酸等，引起肝细胞脂肪变性、炎症改变和纤维化等。另有研究提示肠道微生物与肝硬化相关并发症的发生相关，如肝性脑病、门脉高压、自发性细菌性腹膜炎及肝衰竭等。

1.3 酒精性肝病、非酒精性脂肪性肝病

酒精性肝病（alcoholic liver disease，ALD）是导致肝硬化和肝相关死亡的主要原因之一。早期有关酒精性肝病的研究已证实门静脉循环中细菌内毒素水平增加，表明了肠源性毒素在 ALD 中的作用。事实上，饮酒可以破坏肠上皮屏障，导致肠道通透性增加，这是导致 ALD 的一个主要因素。细菌内毒素“脂多糖”是一种微生物产生的炎症信号，可通过激活 Toll 样受体 4（TLR4）导致 ALD 炎症。研究还表明，饮酒与肠道微生物的改变有关，肠道微生物中致病性和共生性菌群的失衡可能是导致 ALD 肠 – 肝轴异常的原因之一。既往人群队列研究和动物模型提示，细菌的“纯化”可改善 ALD 相关症状。

非酒精性脂肪性肝病（non-alcoholic fatty liver disease，NAFLD）是临床常见的肝病，但其发病机制尚未完全明确，被认为与遗传、环境、代谢等相关。越来越多的研究表明肠道微生物可能通过肠 – 肝轴、改变肠黏膜通透性、改变能量及营养代谢、影响体内物质代谢等机制在 NAFLD 发生发展过程中发挥重要作用。

1.4 肠道传染病

被病原体所污染的饮用水及食物，在经过口腔进入肠道后可能在肠道内繁殖且分泌毒素，破坏肠黏膜组织，引起肠道功能紊乱和损害，严重影响人体健康。一旦被感染，患者由粪便排出的病原体将再次感染他人，这

样的传染病被定义为肠道传染病。肠道传染病包括细菌引起的细菌性痢疾、伤寒、副伤寒、霍乱、副霍乱以及食物中毒等，阿米巴原虫引起的阿米巴痢疾，以及其他相关病毒引起的病毒性肝炎、脊髓灰质炎（小儿麻痹）等。

一项荟萃分析表明，肠道微生物群有益于预防肠道传染病。通过检测患者治疗过程中的胆汁酸水平，发现能够抑制生长和孢子发芽的抑制性胆汁酸水平与对艰难梭菌的敏感性成反比，提示调节肠道微生物是复发性艰难梭菌患者的可行治疗选择。

1.5 肝损伤和肝再生

与大多数器官不同，肝脏具有较强的组织修复和再生能力，急性损伤或疾病会刺激肝细胞增殖和分化，使肝脏及时修复从而迅速恢复功能，即肝再生。但在严重的肝损伤情况下，肝细胞的增殖难以满足肝脏修复的需要，则导致肝再生异常。

肠道内含有丰富的微生物以及由宿主和定植细菌产生的代谢产物，通过肠－肝轴对肝脏的完整性和功能产生巨大影响。内毒素脂多糖（LPS）是革兰氏阴性细菌外膜的主要成分。LPS 具有 O- 抗原，核心寡糖和脂质 A 三种成分。O- 抗原在细菌的外表面暴露并被宿主抗体识别。通过 TLR4，LPS 的受体脂质 A 产生炎症导致败血性休克并介导激活哺乳动物免疫系统。LPS 给药经常用于诱导肝损伤，以进行体内研究肝脏再生和功能。最初认为细菌会对肝脏再生产生负面影响，但证据表明内毒素对于肝脏再生是必需的。肠道衍生的内毒素在部分肝切除术（PHX）诱导肝 DNA 合成和数种肝营养因子（例如胰岛素）释放中发挥重要作用。当阻止肠道衍生的内毒素到达肝脏时，小鼠的肝 DNA 合成受损。此外，细菌消除或内毒素降低可能会在肝切除后抑制 DNA 合成。

1.6 消化道肿瘤

越来越多的研究表明肠道微生物与多种消化道肿瘤关系密切，如结肠癌、直肠癌、胃癌、食管癌等。结直肠癌患者与正常健康人群肠道微生物的种类及丰度有显著差异，并且肠道微生物失调程度不同，癌症的进展也不同。有研究指出结直肠癌患者有更多的肠球菌、链球菌、埃希氏杆菌和克雷伯菌，同时罗氏菌和产丁酸盐细菌则显著减少。也有文献报道幽门螺杆菌、具核梭杆菌、粪肠球菌以及大肠杆菌等菌群与结直肠癌发病相关。肠道菌群参与结直肠癌形成的机制主要有黏膜屏障受损、免疫异常、慢性炎性反应以及代谢产物的毒性作用等。西尔斯（Sears）和帕多尔（Pardoll）提出了肠道微生物诱导结直肠癌发生发展的 Alpha-bugs 模型，他们认为肠道微生物通过分泌毒性蛋白可直接导致肠道上皮细胞发生癌变；此外肠道微生物改变造成黏膜免疫反应异常，无法对癌变的肠道上皮细胞进行及时清除导致结直肠癌发生。

1.7 肠易激综合征

肠易激综合征（irritable bowel syndrome，IBS）是临床常见功能性疾病，主要表现有腹痛、腹部不适伴排便习惯改变等，根据罗马Ⅳ标准，IBS 有便秘型、腹泻型、混合型及不定型四种亚型。IBS 的病因机制尚未完全了解，多认为是遗传、精神心理障碍、胃肠道动力改变、内脏感觉异常、免疫激活等多种因素共同作用的结果，也有研究表明 IBS 与肠道微生物改变密切相关。

IBS 患者肠道微生物与健康人群相比存在差异，主要表现为菌群多样性以及微生物比例的改变。有研究提示 IBS 患者肠道中厚壁菌门 / 拟杆菌门的比例升高，乳酸菌和双歧杆菌的丰度降低，链球菌和瘤胃球菌的丰度增加。也有研究表明 IBS 患者肠杆菌比例增加，而双歧杆菌和乳酸杆菌比例减少。不同类型的 IBS 肠道微生物也有差异，如与便秘型 IBS 相比，腹泻型 IBS 患者肠道中乳酸杆菌显著下降。与健康人群相比，便秘型 IBS 患者肠道中韦永氏球菌明显增多，腹泻型 IBS 肠道中肠杆菌科的含量较高而费卡氏菌的含量较低。多项研究结论不同的可能原因是人群的异质性和个体微生物多样性差异。有研究提示肠 - 脑轴在 IBS 发病中起重要作用，而肠道微生物参与其中，形成双向调节途径。对 IBS 的肠道微生物与脑进行关联研究发现，不同的 IBS 类型，其脑部结构的改变存在明显差异，如梭状芽孢杆菌、拟杆菌与感觉整合区域存在相关性。另一项关于 IBS 患者心理、临床特点及肠道微生物的研究发现，大部分 IBS 患者有心理问题，如焦虑、抑郁等，而不同心理问题患者的肠道微生物也不同。

免疫激活是 IBS 的另一种可能机制，肠道微生物也可能在其中发挥作用。肠道微生物及其代谢产物通过受损的肠上皮屏障与黏膜内免疫细胞接触而启动炎症信号通路。研究发现便秘型 IBS 患者粪便中乳酸杆菌和双歧杆菌丰度与 IL-10 相关，而腹泻型 IBS 患者粪便中革兰氏阳性菌和革兰氏阴性菌与 CXCL-11 相关。

2. 消化系统疾病与金属的关系

铁是血红蛋白的组成部分，缺铁容易造成缺铁性贫血，结肠癌患者中缺铁和贫血较常见；但是过量补铁也会促进肠道病原菌的生长，进而降低肠道中铁的利用率，甚至促进结肠癌的发生。铁剂的吸收有赖于肠道黏膜功能完整，而肝脏是铁储存最大的器官，多项研究发现，慢性肝脏疾病与铁含量过高密切相关。

细胞内钙（Ca^{2+}）是胃肠道（GI）生理中重要的细胞信号成分。胞质钙作为第二信使，控制 GI 上皮液和离子转运，黏液和神经肽分泌，以及突触传递和运动。GI 上皮负离子和流体转运在维持 GI 正常生理功能中起关键作用。GI 上皮阴离子分泌缺陷与溃疡病、炎症、腹泻 / 便秘甚至代谢性酸中毒的病理生理密切相关。因此，钙离子对消化功能的调节具有关键性作用。

锌主要在十二指肠和空肠吸收。缺锌时，小肠黏膜刷状缘的酶活性降低、蛋白质合成减少，影响细胞分裂及生长，前列腺素合成减少，影响小肠动力。此外，锌可稳定膜的结构与功能，故在缺锌时小肠黏膜的结构与功能发生改变，进一步加重吸收不良。

3. 肠道微生物、金属与消化系统疾病中

众多肠道病原菌，如沙门氏菌、志贺氏菌和大肠杆菌，会在肠道中争夺未被吸收的铁。适宜的铁浓度会影响这些细菌在肠道中的定植能力和毒性。乳杆菌属的肠道共生菌能够阻止肠道病原菌的定植，它们不需要铁来进行自身的代谢过程，而且缺乏从肠腔吸收铁所需的铁载体；取而代之的是，它们吸收锰来进行自身的代谢。铁摄入过量会导致肠道病原菌的大量生长，降低宿主肠道中铁的利用率。缺铁会导致肠道罗斯拜瑞氏菌属、拟杆菌属细菌和直肠真杆菌的减少以及肠杆菌科细菌增加。一项对克罗恩病患者的研究表明，从饮食中去除铁元素，可以改善患者的肠道微生物并降低疾病的严重程度。

幽门螺杆菌感染已成为影响人类健康的全球性问题，尽管抗生素疗法已取得了较好的治疗效果，但其本身存在重大缺陷，如抗生素缺乏靶向性且耐药菌盛行、无法有效解决炎症反应和胃黏膜损伤问题，以及副作用大从而诱发各类肠道疾病。为了解决上述问题，研究人员开发了一种具有炎症靶向功能的微环境响应性金属有机框架产氢平台，其治疗过程通过外层带负电荷抗坏血酸棕榈酸酯（AP）水凝胶实现了纳米粒子的胃内炎症靶向递送和原位释放。在到达感染部位后，纳米粒子在胃酸条件下降解产生锌离子同时释放还原氢，从而高效清除幽门螺杆菌。释放的还原氢还可以调节免疫反应并修复受损的胃黏膜，整个体系可准确靶向胃酸中的致病菌，因而对肠道微生物的副作用明显小于常规抗生素疗法。

第五节　循环系统疾病

循环系统是分布于全身各部的连续封闭管道系统，包括心血管系统和淋巴系统。心血管系统内循环流动的是血液，淋巴系统内流动的则是淋巴液。淋巴液沿着一系列的淋巴管道向心脏流动，最终汇入静脉，因此淋巴系统也可认为是静脉系统的辅助部分。循环系统由心脏、血管和调节血液循环的神经体液装置组成。其功能是为全身各组织器官运输血液，将氧、营养物质输送到组织，并在内分泌腺和靶器官之间传递激素，同时将组织代谢产生的废物和二氧化碳运走，以保证人体新陈代谢的正常进行，维持机体内部理化环境的相对稳定。研究发现心肌细胞和血管内皮细胞也具有内分泌功能，能分泌心钠肽、内皮素、内皮舒张因子等活性物质，在调节心、血管的运动和功能方面有重要作用。

心血管疾病是循环系统的常见疾病，肠道微生物与心血管疾病间的关系已成为众多研究者的研究方向之一。关于肠道微生物与心血管疾病的报道层出不穷。有研究发现，冠心病患者肠道微生物失衡，其大肠埃希菌、幽门螺杆菌、链球菌均明显增加，而双歧杆菌、乳杆菌明显减少。肠道微生物代谢产物三甲胺 -N- 氧化物（TMAO）与心脏左室舒张功能障碍指标及左房容积指数之间存在正相关关系，并且 TMAO 对心衰患者 5 年内发生不良临床事件（死亡 / 移植）风险具有预测价值。高血压方面，通过对自发性高血压大鼠的研究，发现肠道微生物可通过交感神经 - 肠道轴促进肠道病理变化、菌群失调及肠道炎症的发生，在高血压中发挥重要作用。

1. 循环系统疾病与肠道微生物

1.1 动脉粥样硬化

动脉粥样硬化(atherosclerosis, AS)是多因素作用的血管炎症。研究发现，动脉粥样硬化与肠道微生物组成改变有关，其斑块中的特定细菌类群也存在于肠道中，因此肠道微生物是动脉粥样硬化斑块内细菌的潜在来源。通过宏基因组分析发现，与健康人相比，动脉粥样硬化患者肠道内含有较高水平的链球菌和肠杆菌。肠道内微生物的膳食代谢产物会影响动脉粥样硬化斑块的形成与发展。

肠道微生物区系的特定物种可以将富含胆碱、磷脂酰胆碱和L-肉碱的物质代谢成三甲胺（TMA），TMA吸收入血，进入肝脏后由黄素单加氧酶氧化为氧化三甲胺（TMAO）。TMAO是一种可改变蛋白质构象的小分子活性物质（即模拟蛋白质伴侣）。研究发现，TMAO通过激活PKC-NF-κB通路，上调血管内皮细胞炎症因子的表达，引起血管内皮细胞功能障碍，进而促进动脉粥样硬化的发生。TMAO也可通过刺激泡沫细胞的形成及增强血小板的高反应性，从而促进动脉粥样硬化形成。

1.2 高血压

高血压是常见的慢性非传染性疾病，也是心血管病十分重要的危险因素。高血压的出现与遗传、环境有着密不可分的联系。有研究发现，肠道微生物在高血压发生和发展中起到至关重要的作用。在自发性高血压、血管紧张素Ⅱ灌注的高血压模型研究中发现一系列肠道生理功能转变，如肠道微生物结构失衡、肠壁紧密连接蛋白降低等。而肠道微生物失衡、炎症状态增加会使交感神经与肠道相互间功能异常，可引发并维持高血压，因而提示，肠道微生物失衡与高血压发生、维持密切相关。

近年研究致力于从微生物学方面探索高血压的致病机制。有研究发现，自发性高血压大鼠（spon-taneouslyhypertensiverat，SHR）的血压水平和肠道微生物改变有关；通过口服米诺环素治疗可使SHR的肠道微生物恢复平衡，减缓血压升高；研究还对小样本人群高血压的肠道微生物进行测序分析，发现存在肠道微生物失调，肠道微生物丰富性及多样性降低。高血压患者肠道的梭菌属数量比正常对照组增多，并与血清总胆固醇呈正相关；

而拟杆菌属明显减少，并与血清三酰甘油呈负相关，这提示肠道微生物中拟杆菌属数量减少可能与高血压的发生有关。此外，每天摄入益生菌的量 $\geq 10^9$ CFU，可以降低收缩压和舒张压，间接表明肠道微生物可能在调控血压平衡中起到重要作用。

1.3 缺血性脑卒中

脑卒中是脑血管病最常见的类型，具有高发病率、高死亡率、高致残率和高复发率的特点，是导致我国人口残疾和死亡的首要原因，给社会及家庭带来了沉重的负担，其中缺血性脑卒中约占脑卒中事件的 70%~80%，其病因学基础主要涉及动脉粥样硬化。

肠道与大脑之间通过多种机制进行信号传递和交流，即肠 – 脑轴。中枢神经系统能直接调控肠道功能和内环境的稳态，反之肠道微生物菌群的组成和数量等的紊乱也会对中枢神经系统功能造成影响。随着研究的深入，越来越多的证据表明，肠 – 脑轴与缺血性脑卒中之间有着密切的联系。肠道屏障在防止细菌成分移位方面起着关键作用，当肠道微生物群稳定时，这种屏障是有效的，而在某些不利环境下，如高脂肪、高胆固醇饮食或发生某些疾病时，宿主微生物群结构可能发生重大变化，进而引起肠道屏障作用的破坏。缺血性脑卒中发生后机体出现应激状态，肠道屏障功能遭到破坏，进而出现菌群移位，肠道微生物从胃肠道转移到胃肠道以外的器官，甚至可由消化道转移至血液，从而诱发系统性的免疫和炎症反应，而免疫和炎症反应已被证实是脑缺血性损伤发生机制中的关键环节。

肠道含有体内 70% 以上的炎性细胞和免疫细胞，在缺血性脑卒中发生后可以迁移至大脑，与中枢神经系统相互作用，促进并发症的发生，影响患者预后。此外，缺血性脑卒中可以通过神经系统和肠道屏障传递信号，释放细胞因子，直接或间接引起肠道微生物群失调。肠道微生物群失调会影响机体对营养物质的消化吸收，削弱肠道的屏障作用，破坏机体平衡，促进缺血性脑卒中并发症的发生，进一步加重缺血性脑卒中患者的病情。

有相关基因组学研究表明，缺血性脑卒中患者的肠道微生物结构与正常人之间存在明显差异，其瘤胃球菌属含量明显增加，而真杆菌属和拟杆菌属的比例明显减少，可见肠道微生物影响疾病进展。同时还有研究证实，严重的脑梗死发生后会改变患者肠道微生物分布，并导致卒中后体内稳态失调，诱导免疫应答，且在脑梗死发生后通过粪菌移植能够显著改善缺血性脑卒中患者的生存预后。

1.4 川崎病

对 20 例川崎病（Kawasaki disease，KD）患儿、20 例急性发热患儿和 20 例健康儿童的粪便中常见微生物类群进行研究，结果显示 KD 患儿粪便中乳酸杆菌检出率明显低于发热患儿和健康儿童，因此提出肠道微生物可能与 KD 的发病有关。另外，研究发现，KD 患儿的肠道微生物丰度和结构均发生了明显改变，乳酸杆菌属、韦荣氏球菌属和梭菌属丰度降低，拟杆菌属、肠球菌属和副杆菌属丰度增加。随着研究的深入，已证实肠道微生物区系的失衡可能间接干扰先天性免疫和获得性免疫功能，并且可变的微生物区系与环境因素（主要是感染性因素）相互作用可能选择性地促进遗传易感儿童 KD 的发展。也有相关研究采用比较宏基因组学方法，分析 KD 病程中肠道微生物的变化，结果发现急性期罗氏菌属和葡萄球菌属最为丰富；非急性期，反刍球菌、布鲁氏菌、粪便杆菌和玫瑰花杆菌的数量相对增加，提示这些菌属可能与 KD 的病情发展相关。此外，急性 KD 患儿全身炎症生物标志物水平显著升高，肠球菌属和螺杆菌属微生物群落的改变与 IL-6 呈正相关，提示肠道微生物的改变与全身炎症密切相关。但相关肠道微生物在 KD 发病中的作用及机制尚未完全阐明，有待进一步探索。

1.5 乳糜泻

乳糜泻（celiac disease，CD）又称麦胶敏感性肠病、非热带性脂肪泻，是一种免疫介导的胃肠疾病，由对麦胶产生的固有免疫及适应性免疫反应所致，肠道微生物群在某种程度上影响了 CD 的发病与进展。研究表明，肠道微生物群之间的不平衡也会影响CD的发病，其中主要的肠道内细菌可能在麦胶水解过程中发挥至关重要的作用。大多数研究证实，CD的肠道微生态失调主要表现为革兰氏阴性杆菌及拟杆菌增加、双歧杆菌及乳酸杆菌减少。由于肠道微生物群可能参与调节细胞因子环境，有害的微生物群会促进CD患者对麦醇溶蛋白的免疫反应，而益生菌的应用可能会减少促炎细胞因子的产生，因此，肠道微生物失调可能是CD发病机制的另一项重要的环境因素。

虽然人体内的消化蛋白酶对麦胶蛋白的作用已为人所熟知，但是肠道微生物群在蛋白代谢中的作用却常常被低估。有报道指出，麦胶－微生物及宿主－微生物的相互作用会驱动麦胶介导的免疫反应发生与变化。在长期严格的无麸质饮食（gluten-free diet，GFD）过程中，人体内的微生物群可能发生改变，而这一改变可能具有潜在的致病性，将促使胃肠道症状的持续存在。因而，对于伴有严重并发症及难治性CD的患者，仅单一使用GFD治疗效果并不理想。虽然GFD对微生物群调节的研究数据尚存矛盾，但目前已有研究证据指出，将GFD与益生菌联合应用，能通过改变肠道微生物的组成，下调参与CD发病的细胞因子，并改善肠道黏膜炎症反应的严重程度，进而缓解CD患者的胃肠道症状。

2. 循环系统疾病与金属

有研究从人类动脉粥样硬化斑块的活性成分中分离出亚铁离子，并能够在体外诱导脂质过氧化反应。其机制是铁通过催化自由基的形成，促进脂蛋白的脂质和蛋白质部分的过氧化，形成氧化的低密度脂蛋白（LDL），参与动脉粥样硬化的形成。摄食中铁的供应增加及血清铁蛋白本身均可增加LDL氧化修饰的易感性；反之，铁剥夺可使LDL氧化易感性降低。

一项流行病学调查表明，美国35个地区饮用含锌浓度高的饮水人群中心血管病发病率显著降低，而缺锌可引起血脂代谢异常已被大量实验研究所证实。血清锌含量与血清 LDL 呈负相关，与血清总胆固醇（TC）、高密度脂蛋白（HDL）呈正相关，而锌的低摄入与血清甘油三酯（TG）无明显相关性。对缺锌大鼠给予适量补锌，其血脂指标可完全恢复，但如大量补锌则血脂指标有延迟恢复趋向，表明锌过高对血脂代谢也会产生不良影响。锌与高血压的关系尚无定论，多数研究者认为锌是增高动脉血压的因子，通过肾素 – 血管紧张素调节血压，使血压增高；也有研究结果表明，锌可以降低体内血管紧张素Ⅱ和内皮素活性，对血压的降低有一定的作用。

铜过量或缺乏均可致动脉粥样硬化。血清铜与血清 TC、TG 及磷脂呈显著的负相关。低铜膳食导致 LDL 显著升高和 HDL 明显下降，可能与血浆脂蛋白代谢障碍有关。在遗传性铜代谢紊乱（Menkes 综合征）患者体内，铜含量严重低下而血清 LDL 异常升高。

有相关研究发现，铅可导致智力低下、造血功能障碍、高血压、肾病等。铅引起高血压的可能机制是铅通过影响交感神经系统，使血液中儿茶酚胺浓度升高，血管收缩，血管阻力增强，从而使血压升高；其次，通过激活肾素血管紧张素系统（RAS），一方面使具有收缩血管功能的血管紧张素Ⅱ生成增多，外周阻力增加，另一方面刺激肾上腺皮质球状带，使具有保钠排钾作用的醛固酮分泌增加，血容量增大，血压升高。针对铅矿工人的研究发现，血铅对血压具有急性影响和积累效应。也有动物实验表明，慢性低剂量的铅接触能够引起高血压和心血管疾病。

动脉硬化的形成过程就是钙盐矿物质的吸收和沉积过程，Ca^{2+} 对动脉粥样硬化的影响机制是多方面的，如介导血小板聚集、平滑肌细胞增殖、胆固醇沉积等。动脉平滑肌细胞的钙内流可破坏细胞功能，引起血小板在损伤处聚集，导致细胞对 LDL 和纤维蛋白原摄入增加，从而引起动脉粥样硬化斑块形成。Mg^{2+} 可以和 Ca^{2+} 竞争性地结合 Ca^{2+} 通道，抑制细胞外 Ca^{2+} 内流，因而在动脉粥样硬化的发生发展过程中起关键性作用。一方面，

Mg^{2+} 减少或 Ca^{2+}/Mg^{2+} 比例升高时，血管平滑肌细胞外 Ca^{2+} 内流增加，同时 Mg^{2+} 可能通过对钾离子通道的影响，间接影响钙内流；另一方面，人体缺镁能引起 TC 和 TG 水平上升，促使动脉粥样硬化斑块形成。

此外，镉对心血管系统的影响主要是导致高血压、贫血、心肌病、动脉粥样硬化、血管内皮细胞损伤。其产生影响的机制是镉能降低心肌内高能磷酸盐贮存量，使心肌细胞收缩性和心血管系统的兴奋性降低。

第六节　内分泌系统疾病

随着人们生活方式、饮食习惯的改变及工作压力的增大，内分泌代谢疾病如糖尿病、桥本氏甲状腺炎，和以肥胖、高血压、血脂异常等为特征的代谢综合征的发病率呈逐年上升趋势，已成为社会公共健康问题之一，严重影响患者的生活质量。目前大多数内分泌疾病的发病机制尚不明确，其预防和治疗急需新的突破。

内分泌系统是由内分泌腺及存在于某些脏器中的内分泌组织和细胞所组成的一个体液调节系统，其主要功能是在神经系统支配下和物质代谢反馈基础上释放激素，调节人体的生长、发育、生殖、代谢、运动、病态、衰老等生命现象，维持人体内环境的相对稳定。内分泌疾病的发生，是由于内分泌腺及组织发生病理改变所致。许多疾病通过代谢紊乱也可影响内分泌系统的结构和功能。

人体主要内分泌腺包括下丘脑、垂体、甲状腺、甲状旁腺、肾上腺、胰岛、性腺等。按功能可将内分泌腺分为三组：①功能亢进，常伴腺体增生、腺瘤（癌）分泌激素过多而引起的临床综合征，如原发性醛固酮增多症、甲状旁腺功能亢进等；②功能减退，由于内分泌腺受多种原因的破坏，如先天发育异常、遗传、酶系缺陷、炎症、肿瘤浸润压迫、供血不足、组织坏死、变性、纤维化或自身免疫、药物影响、手术切除和放射治疗等引起的激素合成和分泌过少而发生的临床综合征，如垂体前叶功能减退、慢性肾上腺皮质功能减退等；③功能正常但腺体组织结构异常，如单纯性甲状腺肿和甲状腺癌等，其功能正常，但有组织结构的病理改变。内分泌系统疾病是内分泌腺或内分泌组织本身的分泌功能和（或）结构异常时发生的综合征，还包括激素来源异常、激素受体异常和由于激素或物质代谢失常引起的生理紊乱所发生的综合征。

许多内分泌系统疾病可以预防，如地方性甲状腺肿、产后垂体前叶功能减退症、肾上腺结核致慢性肾上腺皮质功能减退症和甲状腺危象等。内分泌疾病的治疗原则主要是根除病因或纠正病理生理引起的功能紊乱和代谢失常。探讨肠道微生物在内分泌系统常见疾病发生发展中的作用，并研究其与金属之间的关联，分析三者之间的关联与互作，可为内分泌疾病的预防和治疗提供新的思路。

1. 内分泌系统疾病与肠道微生物

1.1 甲亢

甲亢是一种自身免疫性疾病，是人体内促甲状腺激素（TSH）受体的自身抗体将其激活，诱导甲状腺合成和分泌甲状腺激素过多，造成机体代谢亢进和交感神经兴奋的一组高代谢综合征。甲亢的病因包括弥漫性毒性甲状腺肿、炎性甲亢等。有研究分别对 15 例毒性弥漫性甲状腺肿（又称格雷夫斯病）患者和健康人粪便中的肠道微生物结构和组成进行差异分析，结果发现健康组菌群丰度显著高于病例组，并发现厚壁菌门的比例相对降低、拟杆菌的比例相对升高；在属的水平上，病例组的毛螺旋菌属、乳杆菌属和聚集杆菌属的丰度显著高于健康组。乳酸杆菌是肠道的优势菌，其通过分泌 IL–17 和 IL–22 帮助保护 Th17 细胞，并通过抑制吲哚胺 2, 3– 双加氧酶 1 活性调节 Th17 轴，从而避免炎症反应的发生，维持肠黏膜的屏障功能；

研究中还发现病例组中乳酸杆菌的丰富度较高，表明毒性弥漫性甲状腺肿的发病可能与乳酸杆菌的增加有关。

1.2 桥本甲状腺炎

桥本甲状腺炎（Hashimoto thyroiditis，HT）是一种以自身甲状腺组织为抗原的慢性自身免疫性疾病，为临床中最常见的甲状腺炎症。研究表明，女性更易患 HT，可能与性激素对肠道微生物组成和免疫反应的影响有关，雌二醇和睾酮可直接影响或通过调节肠道黏膜免疫环境间接影响肠道微生物组成；在女性中，β-雌二醇可促进树突状细胞分化成 IL-12，产生 γ 干扰素，激活促炎细胞因子 IL-6 和 IL-8 通路，而 T 细胞可极化为促炎细胞因子 Th1 和 Th17，通过降低肠道通透性增加促炎反应；在男性中，睾酮可通过抑制 T 细胞增殖来降低免疫应答和维持免疫系统平衡。近年来，HT 与肠道微生态的关系相继被报道，肠道微生物的变化与 HT 的发生关系密切。研究指出，HT 的发病基础可能为肠道内的微生态失衡导致自身抗原的耐受性丧失、肠道内膜的通透性增加和上皮内淋巴细胞浸润。

1.3 甲状腺功能减退

甲状腺功能减退（甲减）是由于甲状腺激素合成及分泌减少或其生理效应不足所致的机体代谢降低的一种疾病。按病因可分为原发性甲减、继发性甲减和周围性甲减，临床以原发性甲减多见。通过回顾性研究小肠细菌过度生长的患者发现，甲减患者与替代甲状腺素治疗的患者相比表现出更高的小肠细菌过度生长风险，表明甲状腺激素的代谢对于肠道中菌群的生长繁殖具有潜在影响，推测可能与甲减导致的肠道蠕动减慢有关，且甲状腺素替代治疗对甲减患者引起的肠道微生物的改变不能逆转。此外，幽门螺杆菌感染可能会引起甲减，可能与患者自身免疫功能降低、幽门螺杆菌感染后与甲状腺滤泡发生交叉反应等有关。

1.4 甲状腺癌

甲状腺癌是内分泌系统肿瘤中最常见的肿瘤，也是头颈部发病率最高的肿瘤，全球发病率呈快速增长的趋势。甲状腺癌有明显的性别差异，女性的发病率约为男性的 3 倍。有研究探索了甲状腺癌患者体内肠道微生物的种类以及随着病情变化而发生的肠道微生物改变，提示肠道微生物的脂类、黄酮类化合物、苯类和其他代谢物可能对甲状腺癌的发生和发展有一定的影响。

1.5 糖尿病

1 型糖尿病(type 1 diabetes mellitus，T1DM)是自身免疫系统缺陷性疾病，可导致视网膜病变、肾病等严重并发症，主要影响儿童和青少年。研究表明，肠道微生物组成在 T1DM 的发展中发挥重要作用。一个研究团队跟踪分析了 47 例患有胰岛自身免疫或新发 T1DM 儿童的肠道微生物组、血浆短链脂肪酸、小肠通透性和饮食摄入，发现有多个胰岛自身抗体减少和抗炎普雷沃氏菌属、丁酸单胞菌属较少，缺乏抗炎细菌导致肠道通透性增加和肠道微生物组紊乱。另有动物研究显示，T1DM 大鼠体内与炎症相关的致病菌(如瘤胃球菌科、志贺菌科和肠球菌)丰度升高，而有益菌和产短链脂肪酸菌(如乳酸杆菌、丁酸梭菌和粪异杆菌) 丰度降低，说明肠道微生物失调与 T1DM 大鼠的发病率显著相关。

2 型糖尿病 (type 2 diabetes mellitus，T2DM) 是以胰岛素分泌不足，靶器官对胰岛素敏感性降低为特征，其发生与胰岛素抵抗和胰岛素相对缺乏相关。人类肠道微生物主要为拟杆菌门和厚壁菌门，正常人体内拟杆菌门多于厚壁菌门；而最近的研究表明，T2DM 患者厚壁菌门与拟杆菌门的比值低于正常人群。T2DM 患者肠道微生物以黏液降解菌增多、纤维降解菌减少为主要特征。有研究发现，肠道中葡萄糖水平增加可能导致 T2DM 患者粪便乳酸菌种类和数量增加；空腹血糖和糖化血红蛋白与乳酸菌丰度呈正相关；5 种梭状芽孢杆菌丰度与空腹血糖、糖化血红蛋白、胰岛素、C 肽和三酰甘油呈负相关。有研究对 345 例 T2DM 患者的肠道微生物进行宏基因组关联分析，鉴定出约 6 万个与糖尿病相关的分子标记，在分子水平上阐明了糖尿病和非糖尿病人群肠道微生物组成的差异。

多项研究显示，肠道炎症和短链脂肪酸减少导致的肠道微生物失衡可能与T1DM的发病机制有紧密联系；胆汁酸是胆固醇在肝脏中降解的代谢产物，也是胆汁的重要组成部分，胆汁酸调节需要肠道微生物、肠道和肝脏共同作用，初级胆汁酸主要通过肠肝循环重吸收，约有5%到达肠道后由肠道微生物转化为次级胆汁酸，从而影响胰岛素的分泌；革兰氏阴性菌的外层多糖脱落可能在T2DM和肥胖患者中诱发炎性反应。

2. 内分泌系统疾病与金属

铁过载发生在胰岛素抵抗之前，降低血清铁水平可以增强胰岛素敏感性。目前，关于铁导致糖尿病发生的机制主要有诱发炎症反应和促进氧化应激两种假说。机体铁过载可引起氧化剂和抗氧化剂失衡，诱导氧化应激，产生大量的ROS，其中过氧化最主要的产物丙二醛可造成人体胰腺组织特别是胰岛B细胞损伤，而胰腺组织坏死或胰岛B细胞凋亡都可导致胰岛素分泌减少，进而使血糖升高。此外，铁过载还可激活细胞核因子，同时促使TNF-α释放增加，而TNF-α通过激活多个炎症通路诱发胰岛B细胞凋亡，导致胰岛素分泌下降。同时，炎症反应可导致胰岛素信号转导通路中断，引起胰岛素敏感性下降，继而出现糖代谢紊乱。

血清铁蛋白在能量代谢紊乱中起关键作用，高水平的血清铁蛋白可能使脂质代谢异常来影响糖代谢，铁蛋白水平升高会激活促炎细胞因子进一步诱发炎症反应。临床研究表明，血清铁蛋白水平与绝经后妇女的胰岛素抵抗和代谢综合征呈正相关。铁调素是铁代谢和脂质运载蛋白的主要调节器，肥胖人群的铁调素基因表达水平显著升高，而肥胖常伴随铁过载，这也是肥胖导致胰岛素抵抗和代谢综合征的原因之一。研究显示，采用去铁酮治疗可降低糖尿病心肌病大鼠的血清铁、血清铁蛋白、丙二醛、血糖水平和胰岛素抵抗指数，升高超氧化物歧化酶水平，提示去铁治疗有利于降低血糖，减轻胰岛素抵抗，进而降低糖尿病发生风险。

甲状腺癌患者存在铜代谢异常。有研究测定了130例甲状腺疾病患者血和甲状腺组织中铜、锌及硒的浓度，结果发现甲状腺疾病患者血铜、血锌浓度高于对照组，血硒浓度低于对照组；其中甲状腺癌患者的血及甲状腺组织中铜 / 锌、铜 / 硒比值最高，提示铜可能通过参与DNA、RNA合成及细胞分裂过程调节甲状腺组织增生，但具体机制不清。

人体铜代谢失衡时，可导致内分泌、血液、神经系统疾病的发生。有研究发现，糖尿病患者血清中的铜离子浓度高于非糖尿病患者，血清铜离子浓度与胰岛素抵抗呈正相关。还有研究发现，头发中铜离子浓度与胰岛素抵抗呈正相关。以上研究结果提示铜可促进胰岛素抵抗的发生。此外，高血铜水平是代谢综合征和糖尿病并发症的影响因素；铜还是一种强氧化剂，是催化电子转移理想的辅酶因子。铜可以参与ROS的Fenton反应，过多的活性氧可引起氧化应激，损伤人体细胞，而氧化应激在胰岛素抵抗过程中扮演重要角色。

镁离子能激活糖、蛋白质代谢中的多种酶，还可影响胰岛素与其受体的结合，胰岛B细胞内钙 / 镁离子的比例，对维持胰岛素的正常分泌也有很大关系。由于胰岛素分泌不足而引起的高血糖渗透性利尿作用使患者尿量增多，尿镁排出增多，或镁离子在肾小管内的重吸收受到抑制而随尿排出。此外，糖尿病患者肾小管分泌镁增多，以及血镁被转移到骨和细胞内；外源性胰岛素的应用，亦可使尿镁排出增多及肌肉摄取镁增多；高血糖引起的维生素D代谢障碍影响镁从肠道的吸收等，也可致血镁下降。适量的镁是胰岛素分泌不可缺少的，缺镁可造成胰腺细胞的结构不良及B细胞颗粒减少，致B细胞对糖的敏感性下降，导致胰岛素的合成和分泌不足。糖尿病患者合并的某些疾病也可能与低血镁有关。当患者镁缺乏时，糖的利用率降低，胰岛素需要量增加，可引发脂质代谢紊乱，高密度脂蛋白下降，致血液的高凝状态，促进动脉粥样硬化的形成。

糖尿病患者有糖代谢异常的同时，也有锰元素代谢异常，尽管糖尿病患者与正常人群血锰水平无显著差异。糖尿病患者血锰水平下降，主要是继发于糖代谢障碍所引起的高渗性利尿作用，造成锰元素从尿中持续丢失以及高血糖抑制了肾小管对锰元素的重吸收；或是糖尿病患者对锰元素的摄取和代谢出现障碍所致。锰能够直接作用于胰岛，促进胰岛素的分泌；还能激活丙酮酸羧化酶及其他与糖代谢有关的酶。因此，锰缺乏与糖尿病的发病也有一定关系。缺锰可使动物胰腺发育不全，胰岛数目及B细胞减少，糖耐量受损，葡萄糖利用率降低；缺锰又能损害葡萄糖的异生能力，降低胰岛素的产生；缺锰还可使胰岛素同受体的结合减弱，机体对胰岛素的敏感性降低。

研究发现过多的铝摄入与人体血糖升高相关。铝引起糖代谢紊乱的机制较为复杂，目前未能完全阐明。铝进入机体后导致体内的炎症因子（IL-6、TNF-α等）通过与胰岛素抵抗相关的炎症通路诱导胰岛素抵抗可能是其机制之一。有研究发现，长期高铝暴露人群血清中IL-6、C反应蛋白等炎症因子水平显著升高，并伴随有胰岛素抵抗，说明高铝可通过炎症反应引起胰岛素抵抗及糖代谢紊乱。

锌是胰岛素分子中的重要组成部分，参与维持胰岛素的稳定性和生物效应，其对于胰岛B细胞中胰岛素的合成、储存和分泌起关键作用，能够增加胰岛素信号通路的活性，锌缺乏时导致胰岛素分泌减少。此外，锌缺乏还会增加糖尿病的发病风险，其原因是胰岛素在合成过程中需形成含锌六聚体，而缺锌将导致胰岛素合成受限，胰岛素敏感性降低。有研究显示，青春期前儿童的血清锌水平与胰岛素抵抗相关，血清锌浓度下降的儿童胰岛素抵抗发生率为96%。且血清锌水平与空腹血糖、餐后血糖、糖化血红蛋白水平及胰岛素抵抗指数呈负相关，进一步提示锌可促进胰岛素分泌、提高胰岛素敏感性，在维持血糖稳定中发挥积极作用。锌还能抑制胰高血糖素的分泌，虽然具体机制尚不明确，但补锌可以改善2型糖尿病患者的血糖控制情况，但并不能增加糖尿病患者的胰岛素分泌。

有研究表明低血硒和甲状腺组织的低硒水平会增加甲状腺癌的发生概率。针对 3 038 例足血硒参与者和 3 114 例低血硒参与者的研究发现，足血硒参与者的甲状腺疾病发生率显著低于低血硒水平的参与者。另有研究比较了甲状腺癌组、甲状腺结节组和健康组人群的血硒水平，发现低血硒与甲状腺癌发病率增高存在相关性。

3. 肠道微生物、金属与内分泌系统疾病

铜、铁、锌等多种金属元素与内分泌系统疾病有着千丝万缕的联系。以铜为例，目前在人体中已发现 20 余种含铜酶，如酪氨酸酶、单胺氧化酶、超氧化物歧化酶、血铜蓝蛋白等，而酶通过直接杀死肠道菌、刺激特定肠道微生物增殖、干扰微生物网络三种主要方式影响肠道微生物，对于维持包括内分泌系统在内的多系统的正常功能有重要影响。

研究发现，桥本甲状腺炎的发病基础可能是肠道内的微生态失衡，继而导致自身抗原的耐受性丧失、肠道内膜的通透性增加以及上皮内淋巴细胞浸润。HT 的发生影响甲状腺激素的分泌与代谢，而甲状腺激素影响微量元素尤其是锌和铜的代谢。另有研究探索了甲状腺癌症患者体内肠道微生物的种类以及肠道菌群改变，指出肠道微生物的脂类、黄酮类化合物、苯类和其他代谢产物可能对甲状腺癌的发生和发展产生一定影响，而甲状腺癌患者中普遍存在铜代谢的异常。

第七节　泌尿系统疾病

泌尿系统由肾脏、输尿管、膀胱、尿道及其相关的血管、神经等组成，其主要功能包括过滤、重吸收、排泄以及内分泌功能，在泌尿系统疾病中

最常见的是肾脏方面的疾病，肾脏疾病通常是以某种临床综合征的形式表现，并且相互之间可能存在症状的重叠。近年来，有研究表明慢性肾脏疾病在发展为终末期肾病的过程中，肠道微生物群落的组成和功能发生改变并可能参与调控慢性肾脏疾病的转归与进程。此外，随着工业化进程的发展，环境污染也愈加严重，伴随金属毒素暴露，可能进入人体并影响人体健康，而肾脏作为人体过滤和排泄有毒有害物质的主要脏器，受到损害不言而喻。

1. 泌尿系统疾病与肠道微生物

1.1 慢性肾脏病

慢性肾脏病（chronic kidney disease，CKD）是指发现肾损害（肾脏结构或功能持续异常）的病史大于 3 个月的疾病，是一种慢性非传染性疾病。有研究表明，CKD 患者肠道中微生物生态失调，从而导致人体内环境发生多种紊乱，如蛋白质同化受损、肠壁水肿、代谢性酸中毒等，并且还会影响铁治疗。另外，有研究证实，在尿毒症患者中发生蛋白质同化，会促进蛋白水解、细菌增殖和肠道微生物发酵。肠道微生物发酵会形成包括吲哚、酚、氨、硫醇和胺等潜在的有毒代谢物，其进入体循环，导致肾脏负荷增加和疾病表型加重。

吲哚是一种细胞间信号分子，可调节肠道上皮细胞基因的表达，控制肠上皮细胞中促炎和抗炎因子的分泌，以此来维持机体肠道微生物稳态。在 CKD 患者中，吲哚乙酸（IAA）水平升高，而肠道微生物产生的 IAA 可刺激肾小球硬化和间质纤维化，加速 CKD 进展。结肠黏膜和肝脏可硫酸化人体内的甲酚和吲哚，形成硫酸吲哚基酯（IS）和对甲酚硫酸酯（PCS）。有研究表明，在肾小管近端细胞中，IS 会刺激 NF-κB 因子和纤溶酶原激活剂抑制剂 1 型的表达，刺激参与肾小管间质纤维化的组织抑制剂和转化生长因子 TGF-β1 的表达，从而产生肾毒性。需要特别注意的是，透析难以清除 IS，加之其促炎作用，已成为慢性肾炎临床治疗的一大难题。

肠道微生物（如乳酸杆菌、拟杆菌、肠杆菌、双歧杆菌和梭状芽孢杆菌）会通过酪氨酸和苯丙氨酸分解产生酚类，其中包括一种有效的生物功能抑制剂 P- 甲酚，其会与 IS 协同激活肾内肾素 - 血管紧张素系统和促进肾纤维化的 TGF/Smad 通路。此外，研究证明了硫酸吲哚醇和对甲酚硫酸盐可对生物体产生多模式的有害作用，如刺激氧化应激、纤维化和炎症反应，并且 PCS 和 IS 与 CKD 患者终末期肾病进展及死亡率的升高有关。

在 CKD 患者中，肠道微生物失调并不只会加重机体进一步的损伤，其内的菌种也会自发性地缓解和修复肠道失调，起到保护机体的作用。研究指出，益生菌、益生元、蛋白质、纤维等其他营养物质和生物活性物质可能参与了慢性肾病的肠道微生物群生态调节，例如膳食营养干预可以缓解 CKD 患者肠道失调，改善尿毒症的临床症状及其带来的代谢改变和免疫异常，改善预后。

1.2 慢性肾功能衰竭

慢性肾功能衰竭（chronic renal failure，CRF）由多种慢性肾脏病引起，表现为肾实质严重破坏、代谢产物潴留、机体内环境失衡以及肾功能的持续减退，特别是末期阶段，许多物质和溶质如电解质、激素、尿素和肌酐等毒性物质的逐渐积累。CRF 会损害肠屏障功能导致内毒素血症和全身炎症。健康人胃肠道上皮细胞间隙处于密封状态，对于防止生物毒素、抗原和其他有害产物进入组织和内部环境至关重要。但 CRF 会导致胃和小肠上皮紧密连接破裂，破坏肠上皮屏障，导致局部和全身炎症，所产生的血氨、尿酸、肌酐也可能改变肠腔内 pH 值，最终改变肠道微生物群，影响肠道微生物共生生态系统。尿素被认为是导致肠屏障功能改变的关键因素。尿素是人体中含量最高的废物，它和其他代谢毒素一起进入胃肠道，引起胃肠道管腔选择性压力改变，导致产脲酶细菌过度生长，产生过量的尿酸酶、吲哚和对甲酚形成酶。对甲酚硫酸盐和吲哚硫酸盐可发挥多模式的有害作用，如刺激氧化应激、纤维化和炎症反应。此外，肠道微生物群的细菌分解脲酶产生尿素和氢氧化铵，会提高胃肠道管腔 pH 值，改变微生物群，且氢氧化铵本身具有腐蚀性，可进一步导致紧密连接屏障蛋白降解。尿酸是膳食和内源性嘌呤的最终产物，草酸是一种潜在的有毒化合物，在正常情况下，尿酸和草酸盐会通过尿液排出。然而，在晚期 CRF 患者体内的此类化合物的排除受到阻碍，导致其在体内潴留进而引发相关疾病。

2. 泌尿系统疾病与金属

汞对人体有直接毒性作用，且与剂量密切相关。当含有汞的尿液流经近曲小管时，近曲小管细胞成为汞毒性的主要靶器官，近曲小管对汞进行重吸收和排泄，从而使肾小管上皮细胞发生空泡、变性坏死，进而造成肾损伤。汞对含巯基的物质也具有强亲和力，使体内一些重要的活性基团失去活性，从而影响机体的生理生化功能。尤其是 Hg^{2+} 对巯基有高度的亲和力，会影响细胞蛋白功能，从而导致多器官系统发生毒性效应。例如，在肾脏中 Hg^{2+} 可以诱导金属硫蛋白的表达，金属硫蛋白的表达可以拮抗部分汞离子对肾脏的毒性作用，但当体内汞含量超过金属硫蛋白的解毒能力时，便会引起肾损伤。高浓度的细胞内 Ca^{2+} 可引发机体一系列的损伤过程，甚至导致细胞死亡。有研究利用 MDCK 细胞证明了汞能够独立激活钾离子通道，增加细胞 Ca^{2+} 浓度，通过使用 Fura-2 作为钙离子敏感染料，证实了 Hg^{2+} 诱导与 Ca^{2+} 浓度依赖性细胞中的 Ca^{2+} 浓度升高之间存在关联。Hg^{2+} 作为强大的巯基结合剂，还影响 NF-κB 细胞的激活。汞离子与巯基的结合还可能导致谷胱甘肽水平降低，产生活性氧自由基，如超氧阴离子自由基、过氧化氢和羟基自由基，自由基的形成和随后的脂质过氧化是诱导肾细胞死亡的可能原因。

微量的 Hg^{2+} 可以与肾上皮细胞 DNA 结合，导致其凋亡。小剂量的汞尤其是无机汞暴露就可以损伤肾组织，使其抗原性发生改变，产生自身抗体，造成肾小球免疫性损伤，并进一步引起肾病综合征或肾小球肾炎等慢性肾脏疾病。有研究表明，给予大鼠或小鼠无机汞会使其产生系统性的自身免疫疾病，形成多种特异性的自身抗体，产生蛋白尿，引起肾小球肾炎。汞的肾毒性作用及其机制已经被广泛研究，但汞引起肾脏损伤的机制十分复杂，各种机制共同存在且互相影响，还需不断的探索与推进。

19 世纪首次报道了铅引起的肾毒性。从那时起，人们普遍认为暴露于高浓度的铅环境是引起肾功能损伤的危险因素之一。人体主要通过消化系统、呼吸系统和皮肤来吸收铅，进入机体的铅主要通过尿液排出体外，可能与泌尿系统疾病相关联。铅会与低分子蛋白质结合形成含铅蛋白，经肾小球完全滤过，并通过细胞的内吞作用被机体重吸收。在细胞内，铅会损伤线粒体、形成自由基并损耗细胞内谷胱甘肽，最终使肾细胞凋亡；铅也会影响钙参与的酶反应，钙传感受体反作用激活铅，提示可能存在其他机制导致铅引起的肾毒性。此外，铅能够诱发核转录因子激活 NF-κB 细胞，并增强肾脏肾素 - 血管紧张素系统和巨噬细胞间的吸引力，这一过程会使肾间质发炎并诱发肾小管间质损伤，引起相关的慢性肾脏疾病。

锶是人体必需的微量金属元素之一，常以 Sr^{+} 的形式存在于人体，主要经过肾脏排泄、肾小管重吸收。CKD 患者肾功能受损后可能造成锶蓄积，进而导致一系列的病理生理改变。有研究表明，对于慢性肾衰终末期患者，心血管疾病是导致患者死亡的重要因素之一，而锶与细胞线粒体的结构与功能关系密切，过量的锶会加重血管钙化，诱发心血管疾病，导致终末期患者死亡率增加。

关于镉肾毒性的研究也有很多，有学者通过研究孕鼠发现，饮用镉水的孕鼠生出的仔鼠断奶后，肾脏重量明显下降，肾脏中碱性与酸性磷酸酶活性降低，Mg^{2+}-Ca^{2+}-ATPase 活性与 Na^{+}-K^{+}-ATPase 活性均下降；还有研究表明镉会抑制肾小管上皮细胞 Na^{+}/H^{+} 交换体的表达，从而抑制机体 Na^{+}/H^{+} 交换，进而抑制肾小管对碳酸盐的吸收；有研究观察了镉对肾小管上皮细胞的毒性，发现镉对肾小管上皮细胞的毒性作用过程可能与 E 钙黏素有关。

镉在肾小管细胞蓄积后，由于金属硫蛋白（MT）的耗竭，通过镉自由基作用，导致线粒体等损伤从而引起肾小管细胞的凋亡或坏死。可能机制为镉通过二价金属离子转运体 1（DMT1）从胃肠道吸收，该转运蛋白也存在于近端肾小管细胞中，可能负责来自溶酶体的镉输出，而这些溶酶体吸收了 Cd– 金属硫蛋白复合物后在肾小球处自由过滤并被近端小管重新吸收并蓄积于体内。

金属硫蛋白结合的镉具有非常长的半衰期，一般为 10~30 年，因此其会在体内缓慢积累。镉暴露导致肝脏和肾脏中的金属硫蛋白产生增加，这是一种保护性反应，可限制游离镉（Cd^{2+}）的毒性，但是当近端肾小管细胞的金属硫蛋白耗尽，细胞内 Cd^{2+} 水平进一步增加，就会发生进行性的肾小管细胞损伤。此外，镉还可以诱导产生金属硫蛋白抗体，这可能与肾小管自身的解毒作用有关。

3. 肠道微生物、金属与泌尿系统疾病

镉、汞、铅等是世界各国普遍存在并且对环境健康与人体健康会产生影响的金属污染物。这些金属主要通过被污染的饮食和饮水进入肠道，破坏肠道微生物的结构，损伤肠道屏障，从而使机体内的金属蓄积，造成肾功能损伤，又或者是这些金属污染物使肠道内有益菌数量减少，有害菌数量增加，金属与肠道致病菌相互作用，最终破坏宿主与病原体在金属争夺中的平衡。

以汞为例，甲基汞是汞的甲基化产物，是一种具有神经毒性的环境污染物。环境中任何形式的汞均可在一定条件下转化为甲基汞，并在动植物体内蓄积。体外研究结果显示，肠道微生物可通过改善肠道机械屏障功能

来阻止肠上皮细胞对粪便中浓缩甲基汞的再吸收。微生物紊乱小鼠的肠道出现了肠绒毛坏死溶解、上皮细胞脱落等病理改变，并且微生物紊乱小鼠的紧密连接蛋白 Claudin-1、Occludin、ZO-1 的 mRNA 表达水平下降，提示肠黏膜机械屏障受损。肠道通透性增加可使甲基汞更易通过肠屏障或直接从肠细胞间渗漏，促进甲基汞的吸收。肠道微生物产生的水解酶催化底物生成的有机酸及短链脂肪酸可降低肠腔 pH 值，通过影响金属离子的溶解性和细胞表面基团的电离状态干扰其转运。该研究发现菌群紊乱小鼠盲肠及结肠内容物 pH 值高于对照组，提示肠道微生物通过参与维持肠道内环境的稳态来影响甲基汞的吸收，当体内汞含量超过金属硫蛋白的解毒能力时，便会引起肾损伤，但是其引起肾损伤的程度如何、是否会造成机体发生慢性肾脏疾病等系列问题，还有待进一步探索。

第八节　生殖系统疾病

生殖系统的主要功能是繁殖后代，形成并维持第二性征。生殖系统由内、外生殖器两部分组成，男性内生殖器由生殖腺（睾丸）、输精管道（附睾、输精管、射精管、男性尿道）和附属腺（精囊、前列腺、尿道球腺）组成；女性内生殖器由生殖腺（卵巢）、输送管道（输卵管、子宫和阴道）和附属腺（前庭大腺）组成。大量临床研究表明，当人体脂代谢紊乱时，男性精子质量会发生改变，而肠道微生物可能在一过程中发挥作用。

1. 生殖系统疾病与肠道微生物

1.1 雄性生殖系统相关疾病

有学者为验证高脂饮食诱导肠道微生物失衡对男性生殖功能的影响，构建了高脂饮食诱导的肠道微生物失衡的雄鼠模型，发现高脂饮食诱导的肠道微生物失衡在雄鼠受体体内定植后，会使受体雄鼠的精子质量下降，表现为精子活力和精子数量显著下降。在该过程中，拟杆菌属和普雷沃氏菌属中的某些微生物数量大幅上升，可能是潜在的致病菌。同时，这些菌群在肠内定植后会使小肠局部被慢性炎症细胞浸润，引起内毒素血症，并进一步引发附睾炎，最终导致精子质量显著下降。在临床粪便、血清、精浆的样本分析中，发现肠道内拟杆菌属和普雷沃氏菌属的总丰度与精子活力呈负相关，普雷沃氏菌属的丰度与血中内毒素水平呈正相关。该研究发现肠道微生物失衡可能是诱发男性精子质量下降的因素之一，为生殖疾病的基础研究提供了新方向。

1.2 多囊卵巢综合征

多囊卵巢综合征（POCS）是育龄期妇女最常见的内分泌代谢疾病，多在青春期发病，常有月经失调及高雄激素相关临床表现，同时会增加子宫内膜癌的发病率。目前我国多囊卵巢综合征发病率为 5.61%。2012 年特里梅伦（Tremellen）等首次提出多囊卵巢综合征和肠道微生物相关的假说，该假说认为多囊卵巢综合征表征的多个卵巢小囊肿和无排卵的发展与肠道微生态失调有着密切关联，由此开启了多囊卵巢综合征与肠道微生物之间关系的研究。肠道微生物作为“人类第二基因组”不仅和人类基因组一起改变人类的生理代谢，而且还可改变肠道微生物构成及其代谢产物，并通过肠道屏障的变化影响机体的内分泌代谢。肠道微生物介导的内分泌和代谢异常已被证实是多囊卵巢综合征的一个主要病理机制，内分泌代谢功能异常也可反作用于肠道微生物，引起肠道微生物失调，因此肠道微生物和多囊卵巢综合征之间的关系具有重要的研究价值。

Zonulin 蛋白是调控肠道通透性的蛋白，正常情况下与肠道上皮细胞是紧密相连的。当肠道微生物失调时，Zonulin 蛋白过量分泌进而开放这种紧密连接，肠道通透性改变，损害了肠道屏障的正常功能。肠道通透性增加，内毒素和致病菌增多，内毒素释放进入循环系统，与相应的受体结合并传导危险信号，引起慢性炎症、胰岛素抵抗和高雄激素血症等内分泌代谢异常，从而进一步导致睾酮升高、高胰岛素血症、糖脂代谢异常及月经不调等。而肠道微生物中的益生菌则通过提高肠道有益菌相对数量、上调紧密连接蛋白和黏蛋白合成起到改善慢性炎症的作用。

肠道微生物还能通过影响宿主免疫系统导致多囊卵巢综合征。上述研究同时提到，肠道微生物与免疫屏障及慢性炎症存在关联。该关联与 Treg 细胞介导的炎症信号通路有关，小鼠在 DHT 诱导下会使调节 T 细胞减少，从而影响肠道免疫屏障功能。胃球菌可以协调 CD4+T 细胞的 H3 乙酰化，进而影响 Th17/Treg 的平衡，诱导肠道免疫功能紊乱，引起不孕和高雄激素血症等内分泌失调。

此外，肠道微生物可通过其代谢产物调节宿主卵巢内分泌代谢。有研究表明，胆汁酸在调节多囊卵巢综合征引起的雄激素过剩、胰岛素抵抗、致病菌过度增殖中起到主要作用。另有研究表明，胆汁酸能够激活糖脂代谢和炎症信号通路，通过与相应受体结合抑制 NLRP3 炎症小体和免疫细胞的激活，从而改善慢性炎症、胰岛素抵抗和高雄激素血症。胆汁酸盐可以抑制肠道致病菌增殖，保护肠道屏障功能，缓解内毒素血症引起的多囊卵巢综合征相关表型。因此，肠道微生物的代谢产物也成为肠道和宿主卵巢内分泌代谢之间的重要信号通路。

1.3 卵巢癌

相关动物模型研究表明，在使用抗生素耗尽人卵巢腺癌细胞 SKOV-3 细胞荷瘤裸鼠的肠道微生物后，卵巢肿瘤的生长速度明显加快，证实肠道微生物群的失调会促进卵巢癌的发展。此外，有研究者对 10 例卵巢癌患者和 20 例良性卵巢肿瘤患者的腹腔积液进行高通量测序，发现卵巢癌患者的腹腔积液富含肠道来源的革兰氏阴性菌，并鉴定出 18 种微生物可作为卵巢癌的新标志物。

近年来不断有研究证实雌激素与肠道微生物群相互作用可以促进卵巢

癌的发生及进展，绝经后女性肠道微生物的多样性随尿雌激素代谢物比例的增高而增加。研究表明 TLR4 和 TLR5 在致癌过程中具有重要作用。乳杆菌通过调控微小 RNA-21 和 miR-200b 来调节人上皮性卵巢腺癌细胞 CAOV-4 中 TLR4 的反应性，从而达到治疗卵巢癌的目的。同样，TLR5 与微生物介导的免疫抑制、肿瘤炎症及转移也密切相关。TLR5 与细菌鞭毛蛋白结合后激活 MyD88/肿瘤坏死因子受体相关分子 6（TRAF6）/NF-κB 通路，上调 IL-6 等因子，加速肿瘤生长。这种促癌作用依赖肠道微生物，去除相关肠道细菌后，促瘤生长的影响也随之消失。

2. 生殖系统疾病与金属

动物实验研究表明，哺乳动物睾丸极易受到镉损害，镉会损伤睾丸生发细胞并导致睾丸坏死，其也可通过直接作用于睾丸血管系统，降低睾酮分泌，影响附属生殖器官。在注射可溶性镉盐的动物模型中出现各种急性效应，如血清睾酮降低，睾丸、附睾、输精管、前列腺和精囊的大小和重量减少，精子产量和活力下降，性欲和生殖能力被抑制。在致命剂量镉的作用下，可以观察到动物睾丸萎缩、坏死和生育能力下降。在大鼠中，长期饮用含有镉的水，会导致其睾丸发生病理改变，引起肝脏和肾脏损伤，生殖能力降低。

一项环境流行病学研究表明，普通环境条件下，砷暴露和男性精子质量存在一定的相关性。有学者研究了美国不孕症患者的血砷和精子质量之间的关系，结果显示血液中总砷含量与精子运动能力呈显著负相关。采用电感耦合等离子体 - 质谱法（inductively coupled plasma-mass spectrometry，ICP-MS）测定男性人群精浆中的金属含量，并探讨砷含量与精子浓度之间的关系，结果亦显示总砷浓度和精子浓度呈显著负相关。

有学者认为砷作为干扰物的作用机制是干扰激素受体在信号传导方面

出现功能异常，如不能激活某些开关基因，导致激素不能与受体结合，从而导致男性生殖功能发生异常。另外有观点认为哺乳动物精子细胞核中富含硫醇基团，鞭毛中富含巯基，而砷可与蛋白质巯基发生亲电结合，或与酶的硫醇活性位点结合，从而抑制酶活性，影响生殖功能；此外，有研究认为是砷代谢过程中的氧化应激诱导机制影响了内分泌系统，进而损伤雄性生殖功能。

最新的研究提出砷化物是一类环境雌激素（environmental estrogens，EEs）物质，环境雌激素可以影响人体的生殖和发育，更重要的是可以引起雌激素依赖器官和多种非雌激素依赖器官的肿瘤，因而环境雌激素及雌激素受体效应成为目前学术界的研究热点。雌激素受体存在 2 种亚型，即 ERα 和 ERβ，这两种受体是可以与雌激素、DNA 结合位点结合的核蛋白。雌激素通过与雌激素受体结合，形成激素 - 受体复合物，激活的受体与 DNA 上特异的反应元件相互作用，刺激靶基因转录，从而刺激细胞的增殖和分化。另有研究表明，砷可以对 ERα 基因表达产生影响，研究阐明 $As2O_3$ 并不是通过与雌激素竞争结合影响 ERα 基因表达，而是通过抑制转录下调 ERα mRNA 的表达，使雌性小鼠生殖系肿瘤发生率升高。

作为汽油抗爆剂的锰在环境中的含量持续升高，其生殖毒性作用也引起学者关注。研究表明，锰可穿过血睾屏障蓄积于睾丸中，从而损伤雄性生殖系统，并且锰还可以抑制大鼠睾丸乳酸脱氢酶（LDH）活性，干扰生精过程的能量合成，使生精过程和精子活动力发生障碍，导致精子数量下降和精子活动度降低，并且该研究也证实了锰可以穿透白膜，渗透到睾丸内部，对睾丸组织结构产生直接的破坏作用。在睾丸 LDH 活性受到抑制的同时，其在血清中的活性反而上升，一方面可能是锰破坏了生精细胞的细胞膜，导致 LDH 流失到血清；另一方面，LDH 作为机体应激反应的标志酶，其升高也许是锰中毒所造成的机体其他组织器官损伤后内部 LDH 的释放。

锌参与精子发生过程中的一系列酶活性，参与精子生成、成熟而与男性生殖系统密切相关。精子细胞膜上的多不饱和脂肪酸和磷酸对过氧化物损害敏感，而锌能清除自由基，抑制细胞膜发生脂质过氧化反应，锌还可以通过抗氧化作用降低铬对睾丸产生的病理损害以及铅诱导产生的活性氧对精子功能的损害。缺锌可能降低睾丸脂质、增加蛋白及DNA分解代谢，导致睾丸体积减小、曲细精管萎缩，生精上皮萎缩。

镉被认为是一种金属雌激素，研究表明，镉可以与雌激素受体结合并刺激雌激素受体分泌，同时，镉也可以增加孕酮受体数量。因此，镉被认为是雌激素依赖性疾病的潜在病原体，如乳腺癌和子宫内膜癌、子宫内膜异位症和自然流产。镉可导致卵巢功能的异常，参照职业镉暴露剂量对雌性大鼠进行亚急性染毒，会导致雌鼠多囊卵巢综合征和卵巢功能早衰。

镍广泛应用于生产硬币、珠宝、不锈钢、电池、医疗设备、碳颗粒，以及镍精炼、电镀和焊接工业。这种广泛使用导致环境中镍污染增加，提高了人群暴露。有相关研究结果显示多囊卵巢综合征患者血清中的镍浓度高于对照组，且结果有统计学意义。

锌在影响金属蛋白功能中具有关键作用，锌缺乏可能通过降低抗氧化能力和诱导细胞凋亡来引发多囊卵巢综合征，与健康对照组相比，多囊卵巢综合征患者组的血清锌浓度显著降低。

铜可以通过催化ROS的形成和降低谷胱甘肽水平来诱导氧化应激。在多囊卵巢综合征的发生过程中，高血糖症会刺激单核细胞产生ROS，并通过循环系统释放TNF-α而在炎症中发挥作用。

三氧化二砷（As_2O_3），俗称砒霜，是中药中常用的药物。有报告表明其在许多癌症中表现出潜在的抗癌活性，包括肝细胞癌、肺癌、胰腺癌、前列腺癌和宫颈癌等。As_2O_3的抗癌作用主要表现在癌细胞增殖、凋亡和转移方面，但其潜在机制尚未深入探索。此外，有研究显示As_2O_3在卵巢癌血管生成中发挥作用，潜在机制是其抑制了VEGFA-VEGFR2信号通路，导致血管生成相关基因表达的下调，提示低浓度的As_2O_3可以抑制卵巢癌的血管生成。

有研究发现卵巢癌患者血清硒含量显著低于对照组，并且与肿瘤负荷状态无关，说明卵巢癌患者硒降低是肿瘤发生的危险因素之一。其机制主要是硒作为一种抗氧化剂，可以抑制癌前物转化为致癌物，硒半胱氨酸作为谷胱甘肽过氧化物（GSH-Px）的活性部分，能抑制过氧化反应、保护细胞膜以及防止细胞癌变。

锰具有参与酶的合成与激活、调节内分泌以及提高机体免疫功能的作用。有研究显示卵巢癌患者血清锰含量显著低于对照组，可能原因是缺锰会造成机体内环核苷酸调控系统失调，因而出现细胞无限制地分化增殖而发生癌症。

铜是血、肝、脑等铜蛋白的组成部分，是几种胺氧化酶的必需成分。大量研究表明恶性肿瘤患者血清铜含量增高，其机制可能是肿瘤组织中唾液酸转移酶增加使铜蓝蛋白在肿瘤表面再磷酸化导致铜蓝蛋白分解下降，最终使血中铜蓝蛋白及铜的含量升高。

3. 肠道微生物、金属与生殖系统疾病

砷不仅具有生殖发育毒性，而且具有雌激素效应。研究表明，与妊娠相关的雌激素浓度会降低 NK 细胞、炎性巨噬细胞、Th1 细胞活性以及炎性细胞因子的产生；增加调节性 T 细胞的活性和抗炎细胞因子的产生，进而改变对微生物感染的免疫反应。而且肝内结合后的雌激素在胆汁中可以被肠道内具有 β- 葡萄糖苷酶（β-glucronidases）活性的细菌去共轭，通过去结合和非结合的“活性”雌激素作用于雌激素受体 ERα 和 ERβ，导致它们被重新吸收到循环中，进而影响与雌激素有关的生殖系统功能。睾酮及其转化产物二氢睾酮都可以通过葡萄糖醛酸化增加化合物的水溶性，醛酸化后的雄激素可以经尿液或胆汁排出。在盲肠和小肠中，微生物的细菌数量

和代谢能力较强，一些细菌菌株在体外已被证明具有代谢雄激素的能力，也有研究在微生物含量较高的盲肠和小肠中，发现了大量葡萄糖醛酸化的睾酮和二氢睾酮，进一步证明了微生物参与睾酮的转化与代谢过程。

Zonulin 蛋白是调控肠道通透性蛋白，当肠道菌群失调时，Zonulin 蛋白过量分泌增加肠道通透性，而镉可以与雌激素受体结合刺激雌激素受体分泌并增加孕酮受体数量。当肠道通透性增加，镉或砷进入循环，和雌激素受体结合并刺激雌激素受体分泌，引发慢性炎症、胰岛素抵抗和高雄激素血症等内分泌代谢异常，进而导致睾酮升高、高胰岛素血症、糖脂代谢异常及月经不调等。此外，肠道微生物可通过其代谢产物调节宿主代谢。胆汁酸能够激活糖脂代谢和炎症信号通路，通过和相应受体结合抑制 NLRP3 和免疫细胞的激活从而改善慢性炎症、胰岛素抵抗和高雄激素血症；胆汁酸盐也可以通过抑制肠道致病菌的增殖来保护肠道屏障功能，缓解内毒素血症引起的多囊卵巢综合征相关表型。

金属对细胞的氧化应激损伤是金属损害生殖系统的重要机制。金属容易与巯基结合，导致谷胱甘肽水平降低，产生更多活性氧自由基，损害生殖系统健康。有研究指出，自由基的形成和随后的脂质过氧化是细胞损害的机制之一。肠道炎症由多种应激源或感染物质介导，生成活性氧并干扰氧化还原的平衡状态，而金属作为一种对机体有较强刺激的应激源，可能会导致细胞氧化自由基水平升高，加剧肠道损伤，损害胃肠道驻留的微生物，引起肠道微生物群失调，最终促进卵巢癌进展或损害其他生殖器官。

第九节　运动系统疾病

运动系统由骨、骨连结和骨骼肌组成，约占成人体重的 60%~70%，执行支持、保护和运动功能，全身各骨以不同形式连接构成骨骼，支撑体重，保护内脏，维持体态，赋予人体基本形态。钙是人类骨、齿的主要无机成分，骨钙主要以非晶体的磷酸氢钙和晶体的羟磷灰石两种形式存在，其组成和物化性状随人体生理或病理情况而不断变动。骨骼通过不断的成骨和溶骨作用使骨钙与血钙保持动态平衡，但这种平衡很容易受到其他因素的影响，从而导致骨关节疾病。肠道微生物与骨骼代谢之间存在密切的关系，且已经有研究证实肠道微生物失调与骨质疏松症的发生密切相关，肠道微生物可以通过多种机制影响骨骼的代谢。有大量研究证实了肠－肌轴的存在，认为肠道微生物对肠道产生的影响，会进展到肌肉运动系统方面，引起相关疾病。

1. 运动系统疾病与肠道微生物

1.1 骨质疏松症

我国正逐步进入老龄化社会，骨质疏松症的发病率逐年增加，骨质疏松性骨折已经成为影响老年人身体健康的一个重大医疗卫生问题，给个人、家庭及社会带来了沉重的经济负担。骨质疏松症是一种以骨量减少、骨组织微结构破坏，骨折风险增加为特征的全身性代谢性疾病。骨质疏松引起的脆性骨折主要发生在椎体、髋部、桡骨远端等受力集中部位，极大地增加了患者致残率和死亡率。

有大量研究表明，肠道微生物与骨骼代谢之间存在密切的关系，且已经有研究证实肠道微生物失调和骨质疏松症的发生密切相关，肠道微生物可以通过多种机制影响骨骼代谢。有研究将正常小鼠的肠道微生物移植给GF小鼠，结果显示移植后1个月GF小鼠的骨量减少，移植后8个月GF小鼠的骨量增加，并逐渐恢复到正常小鼠的水平，结果提示肠道微生物对骨量的影响是一个动态的过程，短期移植会促进骨的分解代谢，而一段时间后骨的合成代谢又会恢复。肠道微生物在激素调节骨代谢的过程中也发挥了核心作用。研究发现，GF小鼠缺乏性甾体，但破骨细胞以及细胞因子未增加，表明肠道微生物是性甾体缺乏性骨丢失的关键。

一项实验研究表明，无菌小鼠肠道移植梭状芽孢杆菌等细菌后，转化生长因子 β 含量增加，通过促进小鼠 Treg 细胞的分化，出现骨量增加和免疫机制的改变。这可能与破骨细胞的减少以及 T 淋巴细胞的表达增加有关。研究也采用抗 T 细胞抗体治疗 T 细胞缺乏的大鼠，用于预防大鼠骨量丢失的发生，由此可见，肠道免疫系统会影响骨代谢过程，肠道微生物通过肠道免疫对骨代谢以及宿主产生的影响是由多方面机制共同调控的，该过程可以减缓骨吸收，从而抑制骨质疏松症的发生。

短链脂肪酸主要由肠道中的梭状芽孢杆菌、双歧杆菌和乳杆菌产生，可以通过增加钙的结合水平，蛋白质转录水平以及上调 VDR 来增加钙与维生素 D 的吸收，并通过提高血清中 IGF-1 的水平发挥骨保护作用。

5-HT 是由肠嗜铬细胞产生的一种神经递质，棒状杆菌、链球菌和大肠杆菌可以产生 5-HT。研究发现成骨细胞表面具有 3 种 5-HT 受体，分别为 Htr1B、Htr2A 和 Htr2B，5-HT 以成骨细胞为靶点，通过 Htr1B、Htr2A 和 Htr2B 等信号通路调节成骨细胞增殖。

益生菌是一种对人体健康有益的活性微生物，益生元则是一种不可消化但可被肠道微生物发酵的食品成分。有研究证实补充益生菌可以预防骨丢失，且越来越多的研究聚焦于益生菌和益生元对人体骨代谢的调节作用和影响。

1.2 老年肌少症

肌少症是指随年龄增长而出现的进行性的骨骼肌质量减少、伴有肌肉力量和（或）肌肉功能减退的一种肌肉数量和质量降低的疾病，其中低肌力是肌少症是其关键特征。随着人口老龄化愈加严重，肌少症的患病率也随之提高，肌少症患者需要长期护理，需要大量的医疗资源。有研究发现，肠道微生物群对骨骼肌的稳态平衡有调节作用，无肠道菌群的 GF 小鼠会出现肌肉萎缩的症状，IGF-1、骨骼肌生长以及线粒体功能相关的基因表达降低。将无特殊病原体小鼠（SPF）的肠道微生物移植到GF小鼠体内，发现移植肠道微生物的GF小鼠其肌肉萎缩的情况得到改善、骨骼肌质量增加，肌肉氧化应激能力提高，证明了肠道微生物群在小鼠肌肉功能稳态调节的重要作用，也间接证明了肠－肌轴的存在。另有研究显示，肠道微生物群在老年肌少症的发病中起到重要作用，年龄引起的肠道微生物群改变可能通过影响肌肉蛋白质合成或其代谢产物的直接作用影响肌少症的发生，其可能机制阐述如下。肠道微生物可参与蛋白质在肠道内的水解与吸收，同时合成氨基酸、维生素等营养物质，参与肌肉蛋白质的合成与分解代谢，对骨骼肌的质量和组成产生影响。老年人由于机体功能水平的下降且肠道微生物构成改变，骨骼肌对蛋白质合成刺激敏感性降低，即发生合成代谢抵抗。合成代谢抵抗的机制尚不清楚，它与肌肉合成相关蛋白质基因表达的改变、氨基酸转运至肌肉组织的速率下降、肌肉组织血流灌注不足、蛋白质消化吸收减少及分解增加等有关，可引起肌肉蛋白质合成减少及随后的肌肉生理学改变，为肌少症的发病提供基础。老年人肠道微生物群会发生改变，其中的产丁酸盐细菌，如乳杆菌的减少，可能会引起短链脂肪酸产物（丙酸盐、丁酸盐、乙酸盐）的生成减少。短链脂肪酸产物是骨骼肌细胞的主要能量来源之一，其通过调节蛋白质合成分解代谢平衡、刺激骨骼肌的葡萄糖摄取、影响骨骼肌细胞的胰岛素敏感性等来反作用调节肌肉蛋白质的代谢。另外，老年人肠道微生物合成赖氨酸、亮氨酸、异亮氨酸、缬氨酸等蛋白质底物数量下降，对骨骼肌蛋白质的合成代谢也会产生影响，也可导致肌少症的发生。

随着老年人肠道微生物群改变与肌少症相关研究的深入，研究发现补充含乳杆菌属成分的益生菌或益生元，可使肠道内的乳杆菌、双歧杆菌数量增多、增加肌肉质量，使益生菌或益生元制剂成为防治肌少症的新切入点。动物实验发现，给肥胖小鼠喂养益生元（低聚果糖）后，循环中的LPS及炎症因子减少，肌肉质量增加，此外，补充益生元可对肠道微生物群产生影响，逆转厚壁菌门 / 拟杆菌门比值，促进乳杆菌和双歧杆菌属的增殖。临床试验发现，给老年人补充益生菌或益生元可使其肠道微生物群发生改变、肠道内双歧杆菌以及乳杆菌等的比例增加、老年人握力得到改善，提示补充益生元或益生菌可能通过增加乳杆菌和丁酸盐产物，减轻老年人肌肉萎缩、改善肌肉功能，但是其安全性及有效性还有待大规模的临床对照研究来证实。

2. 运动系统疾病与金属

骨代谢贯穿骨质疏松症发生发展的全过程，钙在细胞内外的转运与骨代谢过程存在密切关联。成骨细胞发生的骨形成与破骨细胞发生的骨吸收两者之间保持动态平衡是骨代谢活动维持正常状态的基础，体现骨形成与骨吸收过程的特征性生化指标即为骨代谢指标。雌激素是骨代谢的一个重要调节因素，雌激素受体（ERα、ERβ）能通过与不同的配体结合产生生物学效应，使雌激素水平急剧下降或缺乏，导致骨密度降低、机械负荷增加，ERα、ERβ 转录和翻译水平受到抑制；血钙降低，甲状旁腺激素分泌增加，会使大量骨钙入血并最终导致骨质疏松症的发生。TRPV5/TRPV6 是跨细胞 Ca^{2+} 转运的重要通道，通过调节高选择 Ca^{2+} 的 TRPV5/TRPV6 通道状态，进而影响成骨细胞、破骨细胞的增殖分化，起到改善骨代谢现状、调节破骨细胞、成骨细胞增殖的作用。

成骨细胞是骨骼形成过程中不可缺少的功能细胞，具有形成骨基质、维持骨代谢平衡的重要功能。成骨细胞分泌的骨保护素（OPG）通过调控破骨细胞的分化来影响骨吸收，当机体受到骨吸收刺激时，成骨细胞 / 基质细胞膜上会表达核因子 κB 受体活化因子配体（RANKL），并且通过与破骨细胞前体细胞膜的细胞核因子 κB 受体活化因子（RANK）结合，促进破骨细胞的分化和成熟，而骨保护素与核因子 κB 受体活化因子配体竞争性结合 RANK，从而阻止破骨细胞的分化及骨吸收活性，造成骨质受损，导致机体发生骨质疏松。

有研究证实镉可以通过改变核因子 κB 受体活化因子配体 / 骨保护素来调节骨代谢过程，高水平的镉暴露抑制骨骼形成，低水平的镉暴露则促进骨吸收。镉作用于破骨细胞 24 小时后，核因子 κB 受体活化因子配体 mRNA 的表达水平显著上升，也有研究表明，镉对成骨细胞具有毒性损伤作用，会造成成骨细胞形态改变、线粒体损伤、存活率下降，最终导致细胞凋亡。动物实验证明核因子 κB 受体活化因子配体基因敲除的小鼠其成骨细胞以及过度表达 OPG 的转基因小鼠会表现出典型的大理石样病变的骨病，而 RANK 过度表达则表现为成骨细胞数量的激增，使成骨细胞内胞质蛋白肿瘤坏死因子受体连接因子（TRAF）与 RANK 在胞内区结合，进一步传递 RANKL。

让破骨细胞暴露于醋酸镉中，骨保护素的蛋白表达量与暴露剂量以及作用时间存在明显的剂量反应关系，镉浓度越大骨保护素蛋白表达量越低，并且 RANK 蛋白表达量也随着镉浓度的增大而逐渐降低。结果提示镉暴露通过 RANKL/RANK/OPG 系统调控骨代谢。此外，研究显示镉染毒的大鼠股骨骺板静态软骨细胞会有异常增殖并压缩了软骨细胞核，使其骨钙化程度下降。镉致骨损伤时会引起骨钙丢失，抑制骨胶原、骨基质和 DNA 的合成和骨骼矿化，最终导致骨质疏松，即使镉暴露终止，其对成骨细胞增殖、分化及矿化能力的抑制作用仍将持续。

骨髓间充质干细胞的成骨分化是镁调节骨再生的主要途径，镁可通过直接激活骨髓间充质干细胞的成骨信号通路，上调与成骨分化相关的基因促进骨髓间充质干细胞成骨分化，同时镁离子可作用于微环境中的其他细胞，如免疫细胞、神经节细胞等，通过分泌细胞因子间接作用于干细胞，促进成骨分化。MAPK/ERK 信号通路和经典 Wnt 信号通路是调控间充质干细胞成骨分化的重要信号通路，而镁就是通过激活 Wnt 信号通路从而促进骨髓间充质干细胞分化。此外，镁可以通过调节背根神经节使骨膜干细胞成骨分化能力增强，使背根神经节分泌降钙素相关肽，并作用于骨膜干细胞受体使成骨分化基因表达上调，成骨分化增强。巨噬细胞作为骨免疫微环境中重要的分泌细胞，分泌多种细胞因子促进成骨分化，研究发现，镁通过巨噬细胞来激活骨形态发生蛋白 /SMAD 信号通路，促进成骨分化，缓解骨质疏松的症状。

近年来的一些研究表明，锶离子对骨产生有益作用。锶具有促进成骨细胞生长和抑制破骨细胞活性的双重作用。成骨细胞合成骨胶纤维和有机基质，然后由钙、磷、镁、铁、锶等构成不溶性钙 – 磷酸盐化合物，通过化合物表面吸收或结构内离子交换结合特定的化学元素等方式形成骨细胞。锶在骨矿化过程中发挥重要作用，有研究表明，小鼠短期口服锶可降低破骨细胞活性，长期补充锶会明显刺激骨形成并增加骨小梁钙化密度。锶作用于骨代谢的分子机制是激活钙敏感受体，促进成骨细胞形成，增强碱性磷酸酶、骨唾液酸糖蛋白的表达，使成骨细胞成熟，并促进破骨细胞凋亡；同时锶可以促进骨保护素表达，下调成骨细胞中的核因子 κβ 受体活化因子配体表达，从而导致破骨细胞的形成数量减少；调节 RANK/RANKL/OPG 信号通路与 NF–κβ 信号通路；此外，锶还可以激活 MAPK/ERK 和 Wnt 信号通路从而抑制骨髓间充质干细胞分化为脂肪细胞而转化为成骨细胞。此外，锶也可延缓软骨的降解，有助于治疗关节炎、关节痛。

以钙为中介的线粒体膜结构功能的变化，被认为是肌肉疲劳的原因之一。田野等认为细胞胞质内钙增多是运动性骨骼肌进行功能性活动的中枢机制之一，他们将细胞胞质钙的增高对肌肉损伤的可能性机制概括为几方面：钙能激活磷脂酶 A2（PLA2）、激活中性蛋白水解酶（CANP）、影响溶酶体功能，从而影响线粒体聚钙过程、抑制线粒体氧化磷酸化，以及肌痉挛。线粒体游离 Ca^{2+} 浓度下降可从以下三方面进行解释。首先，疲劳时线粒体 Ca^{2+} 摄取减少。连克杰等人研究了小鼠线粒体内 Ca^{2+} 浓度的净增加量，发现强迫游泳后小鼠心肌线粒体 Ca^{2+} 摄取能力下降，此时心肌线粒体对胞质 Ca^{2+} 浓度变化的敏感性也下降。其次，疲劳时线粒体 Ca^{2+} 释放增加。丁树哲团队研究观察到进行高强度运动后的大鼠心肌线粒体总钙量积累增加，非特异性钙释放增加。另外，Ca^{2+} 对肌浆网功能的影响也是肌肉疲劳产生的一个重要机制。实验观察到鼠在急性剧烈运动后肌浆网内 Ca^{2+} 初始摄取率和 Ca^{2+} 最大转运能力均有显著下降，提示肌浆网功能的变化与运动性骨骼肌疲劳密切相关。李洁等人对大鼠进行了 100 分钟耐力性运动测试，结果发现其 Ca^{2+}-Mg^{2+}-ATPase 活性显著性降低、Ca^{2+} 转运能力明显下降且骨骼肌肌浆网功能下降。由此可见 Ca^{2+} 可能是肌肉疲劳产生过程中的一个中枢机制，并发挥着重要的作用。

锌对于维持骨骼肌正常功能和提升肌肉抗疲劳能力具有重要作用。一项锌缺乏对骨骼肌影响的实验结果表明，给予大鼠含锌量极低的食物，其肌肉生长减慢，肌肉 DNA 浓度降低。

铬的补充可以促进肌肉生长和脂肪消耗。给予处于生长期猪含铬食物的研究发现，肌肉面积和最长肌的肌肉百分比都得到了提高。另有研究发现，含铬饲喂虽然不会改变畜肉成分，但可显著降低某些部位脂肪的含量并且使局部肌肉壮大。

3. 肠道微生物、金属与运动系统疾病

骨质疏松症是一种发病隐匿的骨代谢疾病，成骨细胞和破骨细胞在疾病发展过程中起重要作用。肠道微生物对骨的作用可以通过调节肠道免疫来实现，多项动物实验证实了肠道微生物的生态平衡破坏会导致肠黏膜屏障以及免疫屏障受损，使肠道内产丁酸盐相关细菌（如乳杆菌）减少、短链脂肪酸水平下降，导致肠黏膜上皮细胞黏蛋白分泌增加，病原微生物进入肠黏膜，最终破坏肠道屏障。同时，肠道对脂多糖的渗透性增加，循环

中内毒素水平升高，炎性细胞因子表达增加，从而诱发炎症反应。细胞质游离钙浓度是维持细胞稳态的关键因素，瞬时受体电位（TRP）离子通道广泛分布在人体的各种系统和组织中，其中的TRP6通道主要分布在肠道中，肠道屏障的受损，可能导致与 Ca^{2+} 参与有关的TRP6通道的损害，进而影响成骨细胞、破骨细胞的增殖分化。

一项关于绝经后妇女骨质疏松症的研究发现，雌二醇水平下降和长期高脂饮食生活习惯引起的慢性炎症状态都可以使肠道微生物处于炎性环境，其中IL-1、TNF-α等炎症因子的异常高水平表达可以导致肠道微生物群失调和肠道免疫功能改变，使骨质疏松症的发生风险增加。此外，雌二醇水平的下降一方面导致肠道微生物的多样性降低，如包括梭菌属在内的厚壁菌门细菌丰度减少；另一方面也不能使其有效与肠道上皮的雌激素受体结合，引起骨质疏松症的发生。

肌肉疲劳的产生与细胞呼吸水平下降、ATP生成减少有关，而机体生成ATP的主要场所是线粒体，因此肌肉疲劳状态下线粒体氧化代谢能力应该有所下降。其机制可能是肠道产丁酸盐细菌减少，抗氧化能力受损，引起肌细胞线粒体质量受损、线粒体损伤相关分子模式（如mtDNA、ATP）释放。线粒体钙积聚并延缓疲劳出现的同时，又通过抑制线粒体本身的氧化磷酸化过程降低呼吸水平，减少ATP生成。ATP生成减少，使得线粒体肿胀、嵴断裂，进一步抑制自身的氧化磷酸化过程，加剧 Ca^{2+} 代谢紊乱，形成恶性循环。

第七章　肠道微生物与金属在生理过程中的作用

第一节　肠道微生物、金属与生长发育

肠道微生物组成对人体健康影响重大。从出生到成年，肠道微生物会发生动态变化。

出生后婴儿体内肠道微生物的定植量显著增加，初始定植的是兼性厌氧菌，然后是专性厌氧菌。对于足月婴儿，促进早期肠道定植的因素包括分娩方式和婴儿饮食。经阴道分娩的婴儿具有母亲阴道的定植代表微生物，包括乳酸菌、普氏菌及纤毛菌。剖宫产出生的婴儿其微生物定植更符合母亲的皮肤和口腔微生物群特点，如肠杆菌、副流感嗜血杆菌、葡萄球菌等。

新生儿微生物群在出生后一年内成熟为更复杂的微生物群。婴儿期饮食也会影响微生物群的发育。母乳喂养婴儿的微生物群主要由乳酸菌、葡萄球菌和双歧杆菌组成，配方奶喂养婴儿的微生物群主要为玫瑰菌、梭菌和厌氧菌。母乳喂养的停止会引起微生物的显著改变，停止母乳喂养的一岁婴儿的微生物群开始接近成年人，由降解膳食纤维和产生短链脂肪酸的微生物组成。

肠道微生物群结构特征的改变可以影响大脑、免疫系统和肺的发育以及身体的生长发育。肠道微生物群失调与孤独症、注意缺陷与多动障碍、

哮喘和过敏等疾病密切相关。

构成儿童生长发育的基本金属元素包括钙、铁、锌、铜等多种微量元素。科学合理地摄取微量元素对儿童的生长发育有着重要的作用。在儿童时期缺乏微量元素会导致儿童发育差、身材矮小、机体功能减弱、性发育迟缓等。

1. 肠道微生物与生长发育

1.1 身体发育

肠道微生物群在调节营养物质能量获取、生长激素信号和预防病原体定植方面发挥关键作用。有研究提出，扰乱肠道微生物群的发展会影响整个生长轨迹，特别是在生命发育的最初两年。

移植肥胖个体的粪便会导致接收个体的脂肪增加。肥胖个体的微生物群善于通过发酵膳食多糖来获取能量。肠道对单糖和短链脂肪酸的吸收导致脂质在肝脏的转化增加，进而刺激脂肪细胞的沉积。肠道微生物失调与短链脂肪酸增加、肥胖和其他代谢变化有关。

早期接触抗生素已被证明会改变肠道微生物群的组成和代谢活性，并与脂肪组织、代谢激素水平和短链脂肪酸水平的增加有关。同时，有学者研究了肠道微生物组对营养不良的影响，发现单靠饮食干预并不能有效纠正营养不良者的体重。

1.2 中枢神经系统发育

肠 – 脑轴可发挥双向调控的效应。自上而下的信号来自大脑，通过迷走神经的传入纤维影响胃肠道的运动、感觉和分泌功能，进而影响大脑的功能，特别是杏仁核和下丘脑；而肠道微生物群可产生生物活性代谢物，如血清素、多巴胺、去甲肾上腺素、乙酰胆碱和 γ – 氨基丁酸（GABA），具有神经递质的功能。

肠道微生物群会影响神经元的发育轨迹。有研究发现，无菌小鼠在接种发育不良早产儿粪便时，神经元分化、少突胶质细胞分化和髓鞘形成方面表现出发育延迟。来自生长不良婴儿的微生物群也会导致神经递质通路的改变、神经炎症的增加和IGF-1水平的降低。微生物失调与神经发育障碍和神经精神疾病相关。微生物失调与儿童注意缺陷与多动障碍和孤独症谱系障碍有关。ASD儿童的微生物群中存在较高水平的拟杆菌门和较低水平的厚壁菌门，而在迟发性孤独症儿童的粪便中梭状芽孢杆菌的数量有所增加。

1.3 免疫系统发育

免疫系统负责对“自己”和“非已”抗原分子的识别和响应，肠道微生物群对这一功能的实现至关重要。婴儿期和幼儿期是培养免疫系统和建立对共生生物耐受性的关键时期，也是培养宿主抵御病原体能力的关键时期。

婴儿主要受到先天免疫系统的保护，先天免疫系统以非特异性的方式控制着宿主和微生物组的相互作用。模式识别受体（pattern recognition receptor，PRR）由宿主的先天免疫细胞如树突状细胞、巨噬细胞和自然杀伤细胞表达，并识别微生物相关分子模式（microbe-associated molecular patterns，MAMPs）。这种肠道细菌和人类的共生关系维持着体内平衡。

肠道微生物群是构建肠道相关淋巴组织（gut-associated lymphatic tissue，GALT）的关键，而GALT是肠道黏膜防御的前沿防线。GALT中的先天免疫细胞非特异性识别病原体，启动并激活下游反应，在维持对共生微生物的免疫耐受方面至关重要。肠道微生物组对刺激B细胞产生IgA和记忆B细胞在GALT内形成也是必不可少的。无菌小鼠淋巴器官发育不全，提示微生物组在免疫系统发育中的重要性。另外，肠道微生物组和发育中的胸腺之间存在由浆细胞样树突状细胞（plasmacytoid dendritic cells，pDC）介导的肠－胸腺通信轴。

此外，母乳中的免疫球蛋白、微生物和益生元为婴儿提供重要的初始免疫保护。当婴儿断奶后，微生物群会向成人演化。断奶时肠道微生物群的变化对免疫系统的发育至关重要，而此时启动对共生细菌的免疫耐受可能更为有效。

过敏和哮喘与肠道微生物群的变化有关，如果生命早期的感染受到限制，自然免疫系统就不能充分发育，从而导致过敏疾病。在无菌动物中，辅助 T 细胞的数量从负责细胞介导免疫和宿主防御细胞内病毒和细菌病原体的 Th1 到负责宿主防御蠕虫和组织修复的 Th2 发生了倾斜，导致过敏和哮喘的发展。此外，无菌小鼠产生高水平的 IgE，也与过敏反应有关。

1.4 肺发育

基于小鼠和人类模型的研究都证实了肠 – 肺轴的存在。肺部疾病可以受到肠道微生物群变化的影响，反之亦然。用脂多糖刺激小鼠肺会导致肠道内细菌数量显著增加。此外，肺炎可引起肠道损伤，减少肠道上皮细胞增殖。来自肠道微生物群的短链脂肪酸可能在肝脏介导的机制下对肺部炎症起到抑制作用。呼吸道暴露纳米氧化锌会导致肠道微生物失衡，并减少短链脂肪酸特别是丙酸的表达，从而削弱了其对肺部巨噬细胞炎症的抑制，加重肺损伤。

此外，在短链脂肪酸与人类气道炎症关系的研究中，有学者注意到 1 岁时高剂量丁酸盐和丙酸盐的儿童过敏性反应明显减少，总体上患哮喘的可能性更低。在小鼠模型中，短链脂肪酸改变基因表达，导致 Treg 数量的扩大和 IL–10 的产生，而在过敏性哮喘小鼠模型中观察到气道炎症减少。人类肠道微生物群已被证明可以产生促进或抑制炎症的其他代谢物，如生物胺或氧磷脂。与健康志愿者相比，哮喘患者的粪便样本中有更多的组胺分泌菌。最近在美国和厄瓜多尔进行的两项研究指出，真菌失调是婴儿肠道微生物群的明显特征，与儿童哮喘的发展有关。

1.5 骨骼发育

从介导影响骨骼生长到调控营养素吸收影响骨骼健康，肠道微生物不遗余力地发挥作用，及早优化肠道微生物是促进儿童骨骼生长发育的关键。

有研究表明，健康人通过补充益生菌，可改善特定细菌在肠道微生物中的丰度，影响肠道微生物。通过益生菌摄入对肠道微生物进行调节，介导营养吸收，积累或优化青春期累积的峰值骨量，将有效促进正常的骨骼生长和成熟。

2. 金属与生长发育

2.1 身体发育

铁是人体所需最多的微量元素，能够促进氧气在人体内的代谢与转运，是合成血红蛋白主要元素。几十种含铁酶及依赖铁的酶参与人体组织的重要代谢过程。从胎儿期、儿童期到成人期都需要铁元素，尤其是早产儿、低体重出生儿，由于生长发育迅速，容易出现贫血，因此需要大量的铁。

在儿童期，身高、体重会在短时期内成倍增加，缺铁会诱发缺铁性贫血，使细胞色素酶的活性降低，氧气的运输以及供应不足，氧化还原、电子传递及能量代谢的过程发生紊乱，导致生长发育不良，发生病理性改变，甚至可引起行为异常。

2.2 中枢神经系统发育

碘主要以无机碘的形式存在于人体血液中，主要生理功能是参与甲状腺素的合成。碘适量的甲状腺素可促进机体蛋白质的合成、加速生长发育、调节能量的转换及利用，并稳定中枢神经系统的结构发育与功能。儿童时期缺乏碘元素会影响儿童甲状腺发育，对儿童身体以及脑部发育产生影响。由于 3 岁之前将完成 90% 的脑部发育，因此婴幼儿时期碘缺乏对脑部造成的损伤通常是不可逆转的，同时还可导致幼儿时期患有严重的并发症。但是，碘摄入过量也会引起甲状腺功能亢进。

铅通过消化道进入到儿童机体，对儿童生长发育造成极大危害。当儿童机体中铅水平大于 100 μg/L 范围判定为高铅血症；铅水平大于 200 μg/L

时即为铅中毒。高铅血症与铅中毒会引起头痛、头晕等症状，对儿童的阅读能力、注意力等造成伤害，影响儿童的智力发育。

铜在机体生长发育以及神经、造血、骨骼等系统的成熟过程中发挥一定的作用。铜是人体中多种蛋白质的构成元素，直接影响人体的生理功能，如造血功能、中枢神经系统工程、黑色素形成以及毛发结构等。

研究发现汞宫内暴露与儿童神经发育有关，可引起儿童的神经认知缺陷和神经运动障碍。此外，母亲头发中汞浓度与儿童的认知能力存在关联。

2.3 免疫系统发育

锌能够加快细胞分离，参与能量代谢，有助于儿童生长发育，并具有组织修复、提升人体免疫力的功能。它是人体重要的微量元素，更是多种酶的主要成分，在儿童生长发育中发挥着重要作用。缺乏锌元素会导致儿童生长发育迟缓，甚至影响脑功能以及机体功能，诱发多动症、异食癖等病症。

2.4 骨骼发育

钙元素主要起调节神经、肌肉、血液、细胞膜生理功能的作用，是人体不可或缺的重要元素之一。它会影响远期人体的骨骼生长和牙齿生长。在儿童时期缺少钙元素，会造成体内钙磷代谢紊乱，导致骨骼发育不良以及神经肌肉发育较差。

相关研究表明，钙元素的补充与儿童身高呈正相关，表明补充钙元素能够促进儿童生长。因儿童处于快速生长发育阶段，极易缺乏维生素 D，再加上个别儿童户外活动量比较少，皮肤经光照合成的维生素 D 也较低，对钙吸收造成了极大影响。儿童每日所需钙量为 500 mg，钙量过多会引起钙结石。因此，补钙要适量。

此外，铅也会影响儿童机体中维生素 D 代谢，影响钙吸收，从而影响骨骼生长。摄入铅会导致部分儿童出现便秘、恶心等症状。减少铅摄入是预防高铅血症与铅中毒的主要方式，减少食用含铅量较高的食物，如爆米花、皮蛋等。

3. 肠道微生物与金属在生长发育过程中的博弈

肠道微生物群在人类的发育和持续的稳态中起着至关重要的作用，是许多不同功能轴的基础部分。有文献提出，肠道微生物组实际上是一个具有多种功能的器官系统，并存在一个微生物群调节发育的关键窗口，在此窗口之后影响最小。有研究注意到，无菌啮齿动物在不同年龄重新进入“正常”微生物群时，对无菌缺陷有不同的反应。事实上，在断奶时接触“正常”微生物群可逆转社会性缺陷，但在断奶后 4 周却不能产生类似效果。这个敏感时期假说得到了实验的进一步支持，即证明了在生命的第一年而不是之后，接触抗生素对认知发展有负面影响。微生物组的研究相对较新，目前对细菌的研究较多。然而，微生物组也包括病毒组和真菌组，随着新技术的发展和基因数据库的增加，继续研究阐明病毒组和真菌组的贡献将是至关重要的，该领域正迅速转向集成的多组学和精准医学模型。

目前对微生物组的功能以及肠道失调与儿童疾病发展之间的相互作用机制尚未充分阐明，未来需对大量健康儿童和患有不同疾病的儿童进行研究，以明确肠道微生物组变化的组成和影响。此外，还需要进一步了解各种微生物群及其成分，包括细菌、病毒和真菌之间的联系。其中，识别有损生长发育带来的偏差可能有助于微生物基础疗法的发展。

金属元素与疾病的发生、发展、预后和转归关系密切。作为酶、维生素、活性因子的重要组成部分，金属元素的获取直接影响着人体内分泌，继而对脏器、脑部、机体的生长发育产生影响。然而，金属元素并不能通过机体内部合成，只能够通过食物、药物获取。生活中往往忽视金属元素的获取，导致免疫力下降，疾病发生率继而提升。因此，应关注金属元素的摄入情况，尤其是儿童时期，使金属元素处于正常参考值范围内。

第二节 肠道微生物、金属与能量调节和营养吸收

1. 肠道微生物与能量调节和营养吸收

越来越多的证据表明，肠道微生物可通过在能量获取和营养物质供应中的调节作用来满足营养需求，从而避免营养不良和疾病，影响宿主的营养状况。同时，肠道微生物群及其代谢产物还可通过调节肠道内分泌细胞的激素分泌功能影响食欲和胰岛素的分泌。胃肠道黏膜内存在数十种内分泌细胞，分泌的激素统称为胃肠激素。胃肠激素具有调节胰岛素分泌和血糖水平的作用，且至少有 12 种胃肠激素被认为与饮食有关。该类激素既可作为循环激素起作用，也可作为旁分泌物在局部发挥作用。此外，肠道微生物群可以直接抑制厌食肽和后续途径的表达，影响能量平衡，导致肥胖发生率增加。

2. 金属与能量调节和营养吸收

锌可以广泛地参与调节能量代谢，并且有助于恢复受损细胞的生理性能量代谢。有研究表明锌可以降低 HepG2 细胞的有氧氧化水平，减少 ROS 的产生，并促进细胞的糖酵解；同时还可以通过降低细胞线粒体的基础呼吸，减少 ATP 的产生，进而对细胞能量代谢产生影响。此外，补充锌可以减少有氧氧化，增加糖酵解，表明锌改变了细胞的产能方式。由于清除活性氧可减少脂质堆积，提高胰岛素敏感性，因此，锌可能通过减少有氧氧化和活性氧的产生来减轻肥胖和肝脏脂肪变性。

砷可通过血脑屏障进入大鼠脑组织，与脑细胞线粒体上含巯基的酶结合，抑制酶活性，导致三羧酸循环过程障碍，ATP 生成减少，脑组织能量代谢紊乱。另外，砷对脑细胞能量代谢功能和超微结构的损伤具有剂量效

应和时间效应。

锰可以使线粒体能量代谢障碍、ATP 生成减少，使线粒体内自由基含量增加、脂质过氧化增强。同时，锰会损伤线粒体内的抗氧化系统，导致氧化损伤并降低 MMP，进而引发线粒体损伤导致细胞凋亡。抗氧化剂 N-乙酰半胱氨酸（NAC）预处理能有效预防锰所致大鼠脑线粒体能量代谢降低和氧化损伤，对线粒体有很好的保护作用。

镉可以通过线粒体途径改变乳酸 / 丙酮酸以及 ATP/ADP 比例、诱导细胞酸化。细胞酸化会加重线粒体功能紊乱，同时还会抑制 PFK 的活性使糖酵解受阻。糖酵解受阻不仅会使糖酵解途径中作为底物的 ATP 生成受抑制，还会减少乙酰辅酶 A 的供应而降低供氢体生成，影响氧化磷酸化，使 ATP 的生成减少，二者互为因果。继而导致酶活性和 ATP 合成持续下降，最终造成能量代谢衰竭。

在蛋白质代谢中，铬主要是通过改善细胞脂质体膜的流动性，增加细胞对胰岛素的内化作用，促进细胞对氨基酸的摄入。铬通过提高胰岛素效率促进葡萄糖的摄入，为蛋白质的合成提供能量。铬还可通过抑制磷酸烯醇式丙酮酸梭激酶的活性抑制糖异生，减少异生葡萄糖的氨基酸消耗，从而提高氨基酸的利用率，促进蛋白质的合成。从代谢试验与沉积试验来看，铬提高了肉仔鸡对日粮蛋白质的表观代谢率并提高蛋白质的沉积。在脂质代谢中，铬一方面通过提高脂肪酸合成酶的活性进而促进脂肪的合成；另一方面，铬通过提高胰岛素效率增强胰岛素对胰高血糖素的脂解作用，从而促进脂肪组织的动员。尽管铬增加了脂肪酸合成酶活性，但补铬对最终脂肪沉积没有影响，这是因为铬抑制了糖异生中的关键酶磷酸烯醇式丙酮酸羧激酶的活性，进而抑制了糖异生，促进了三羧酸循环。同时，脂肪组织中动员的游离脂肪酸经 β 氧化后进入三羧酸循环，最终彻底降解。因此，脂肪的沉积并不因为脂肪酸合成酶活性的增加而增加。相反，脂肪酸合成酶活性的增加促使能量以脂肪酸形式释放，释放的能量在数量与效率上均高于葡萄糖，从而提高了能量的利用率。在激素代谢中，铬在体内以低分子量铬结合蛋白的生理活性形式，于受体水平提高胰岛素受体磷酸酪氨酸磷酸酶活性，促进胰岛素与受体的结合及内化，提高胰岛素的效率。铬可以抑制胰岛素作用的第二信使 cAMP 水平促进体内蛋白质的合成。此外，铬还可能通过提高第二信使钙调蛋白的活性，提高胰岛素的作用效率，通过提高 IGF-I 水平促进肉仔鸡的生长，增加蛋白质的合成。

3. 肠道微生物与金属在能量调节与营养吸收过程中的博弈

有些细菌不能直接利用宿主体内的结合状态的铁，所以会分泌一种小分子物质——铁载体——用于螯合含铁蛋白质。例如，大多数革兰氏阴性菌都是采用 Feo 转运系统来转运 Fe^{2+}，如大肠杆菌、幽门螺杆菌等。此外，还发现了 Sit 转运系统、Yfe 转运系统和 Efe 转运系统；超过三分之二的革兰氏阴性菌都拥有 Ton B 转运系统以转运 Fe^{3+}。内膜上存在的 Ton B 系统是由 Ton B、Exb B、ExbD 三个蛋白质组成的复合体，该系统为 TBDTs 提供能量，完成 Fe^{3+} 的转运。Ton B 系统如何与 TBDTs 相互作用以介导铁离子 - 铁载体复合物的转运机制至今尚未揭示，其中有一种假设模型认为该复合体与外膜上的 TBDTs 的 N 端 Ton B Box 结构结合，改变或者移动旋塞结构，内膜上的电势能为这一过程提供能量，从而顺利摄取铁离子 - 铁载体复合物。

第三节　肠道微生物、金属与其他生理效应

1. 呼吸过程

1.1 呼吸过程与肠道微生物

呼吸系统是许多微生物进入机体的主要途径。传统观点认为因为呼吸

道的清理作用，正常的肺内应该是没有细菌的，但在过去的几十年中，基于直接扩增与 16S rRNA 基因分析的技术揭示了肺部微生物的存在，发现定植肺部的微生物数量与群落繁多。从上呼吸道开始，鼻孔中的微生物以厚壁菌门和放线菌门为主，口咽中普遍存在的微生物为厚壁菌门、变形杆菌门和拟杆菌门。健康肺中最常见的细菌门是拟杆菌门、厚壁菌门和变形杆菌门，优势属包括普雷沃氏菌、韦氏菌、假单胞菌、梭菌和链球菌等。

除了呼吸系统的微生物，微生物对肠道黏膜也有一定程度的影响。肠黏膜屏障包括含有各种防御因子的黏液层、柱状肠上皮细胞以及含有多种免疫细胞的固有层。肠道微生物的变化会导致黏膜的主要成分磷脂含量发生变化，使肺表面活性物质异常、肺泡表面张力升高、肺泡回缩力上升，从而增加吸气阻力与吸气做功，影响正常的生理学功能。

此外，肠道微生物还可以与肠道树突细胞（CD103+、CD11b+）之间发生相互作用，诱导肠道中的 IL–22+ ILC3 表达 CCR4 归巢受体，介导肠道 IL–22+ ILC3 选择性地进入肺部，使肺上皮细胞表达的趋化因子 CCL17 激活 CCR4 受体，从而促进 IL–22+ ILC3 进入新生小鼠的肺部，上调小鼠肺组织中 IL–22 水平并抑制病原体在机体内的增殖。研究表明，肠道微生物在肠道定植后可诱导固有层中的 B 细胞产生 IgA，并通过循环系统迁移到肺部黏膜组织，从而使免疫信息在肺与不同器官之间传递。肠道微生物也可能被模式识别受体识别，促进出生后肺部幼稚 T 细胞从 Th2 表型向 Th1 表型转化，从而避免新生儿哮喘和过敏性疾病的发生。另外，短链脂肪酸是碳原子数小于 6 的脂肪酸，包括乙酸、丙酸、丁酸和戊酸，主要来源于盲肠和结肠微生物对膳食纤维的代谢，有研究表明肠源性的 SCFA 可以对过敏性气道疾病产生保护机制。

另有研究发现，肠道微生物群可通过粒细胞 – 巨噬细胞集落刺激因子信号来防止肺炎链球菌或肺炎克雷伯菌对呼吸道的感染，肠道微生物缺失的小鼠对这些细菌的清除能力有明显缺陷；部分肠道微生物群（罗伊氏乳杆菌、粪肠球菌、卷曲乳杆菌等)中有效的Nod样受体刺激细菌通过Nod2和粒细胞-巨噬细胞集落刺激因子增强呼吸道防御功能，起到促进肺部抗感染的作用。

1.2 呼吸过程与金属

血液是运输氧气与二氧化碳的媒介，在呼吸过程中，气体会在血液中循环。经肺换气摄取的氧气通过血液循环运输到机体各器官和组织，供细胞利用；细胞代谢产生的二氧化碳经组织换气进入血液循环，运输到肺排出体外。在血液中，承担运输氧气职责的是血红蛋白，血红蛋白分子由1个珠蛋白和4个血红素组成，血红素是由卟啉中四个吡咯环上的氮原子与1个Fe^{2+}结合形成的螯合物，参与呼吸作用过程，起到运输氧气的功能。肌红蛋白也是一种含血红素的蛋白质，同样含有Fe^{2+}。在氧气分压低的地方，肌红蛋白与氧分子结合的能力比血红蛋白强，因此，与血红蛋白结合的氧气可以传递给肌红蛋白。肌红蛋白主要存在于肌肉细胞里，肌肉细胞比普通细胞更需要氧气。另外，肌红蛋白的基本功能是在肌肉组织中起转运和储存氧的作用。

肺组织由多种不同类型的细胞组成，它们共同工作以确保外界大气和机体血液之间进行有效的气体交换。与其他细胞一样，肺组织细胞也必须获得足够的铁以维持其代谢需求，从而确保正常生存和发挥气体交换的生理功能。另外，肺铁调节是一种有效的抵御呼吸病原体的内在防御策略。肺部所发挥的呼吸功能是维持生命的重要功能，但是呼吸不仅提供氧气支持生命，而且使呼吸系统暴露于外部病原体中，如果肺泡直接暴露于氧含量较高的空气中，肺部氧化应激的风险将会增加，且肺内的细胞会直接接触外来吸入颗粒中的铁，如风侵蚀土壤产生的矿物气溶胶或富含铁的空气污染颗粒等。但是呼吸系统有其自身针对金属的防御措施，例如呼吸道分泌物中含有的转铁蛋白、乳铁蛋白和糖蛋白能够结合铁，使铁被隔离或者保持惰性态。同时，呼吸道上皮细胞和巨噬细胞可通过转铁蛋白受体1和乳铁蛋白受体摄取与转铁蛋白或乳铁蛋白结合的铁，并储存于细胞中。另外，肺内巨噬细胞吞噬降解血红素铁以及呼吸道纤毛系统对肺内铁离子的排出作用，都在维持肺内铁稳态的过程中发挥着重要作用。

肺铁调节是抵抗呼吸道病原体入侵的一种强有力的内在防御生理效应，其中通过细胞内隔离来限制细胞外病原体对铁的获得是最主要的宿主防御方式。另外还有促炎细胞因子如 IL-6 等可诱导铁调素的表达，从而降解位于巨噬细胞和十二指肠上皮细胞中的转铁蛋白 FPN，减少铁向循环系统的输出。还可通过使用去铁铵增加高氧机械通气大鼠肺表面活性蛋白 D 含量，增强肺组织抗氧化酶活性，从而减轻肺损伤。由于铁在多种疾病的发展中起着至关重要的作用，因此维持肺内低铁水平不仅有利于预防氧化应激，而且对于抵御外来病原体入侵也至关重要。

线粒体会参与呼吸作用，有研究表明线粒体钙单向转运体蛋白（MCU）使线粒体内膜（IMM）中的 Ca^{2+} 选择性地进入离子通道。线粒体钙单向转运体蛋白介导的线粒体对 Ca^{2+} 的摄取是由氧化磷酸化过程中电子传输链产生的内膜电位驱动的。既往研究发现，线粒体摄取与许多生理功能相关，当 MCU 通道蛋白功能受损时，可导致线粒体内摄取功能受损，线粒体钙稳态失调，影响线粒体代谢，从而导致细胞呼吸作用异常。而 Ca^{2+} 作为一种线粒体内的多效性信号通路调节胞外 Ca^{2+} 的流入和胞内 Ca^{2+} 泵的运转。为了维持最佳状态，当 Ca^{2+} 从内质网释放时，首先通过电压依赖性阴离子通道（VDAC）传递至线粒体外膜（OMM），然后通过线粒体钙单向转运体蛋白穿过线粒体内膜（IMM）进入线粒体基质。

最近有研究证实线粒体 Ca^{2+} 的相互依赖性摄取与线粒体 - 内质网面上的释放有关，而且线粒体 - 内质网的主要接触位点——线粒体融合蛋白 2（Mfn2）是一种定位于线粒体外膜和相关膜的具有 GTP 酶活性的跨膜蛋白，可以产生高定位和高浓度 Ca^{2+} 微区，促进 Ca^{2+} 向线粒体的转运。早在 2015 年就有学者提出线粒体 - 内质网的主要接触位点——线粒体融合蛋白 2 可作为线粒体 - 内质网之间的连接介质调控细胞内 Ca^{2+} 稳态，从而产生神经元易损现象。研究发现线粒体融合蛋白2的表达负向调节线粒体－内质网连接的数量，但不影响其动力学，并且当线粒体融合蛋白2表达下调时，内质网和线粒体膜的结合增加，从而导致线粒体 Ca^{2+} 依赖性细胞死亡的敏感性增高。因此，通过靶向提高线粒体融合蛋白2的表达有助于维持线粒体功能及 Ca^{2+} 稳态。所以推测线粒体内钙稳态改变会影响线粒体功能，如通过影响线粒体参与的细胞呼吸作用，从而影响机体的呼吸功能。

还有一种金属钼对细胞厌氧呼吸也有一定的影响，硝酸盐作为终末呼吸电子受体，硝酸还原酶能使机体内细菌快速适应机体环境中变化的氧条件，提高代谢可塑性。以上硝酸代谢产物的一个共同特征是均含有一个酶活性所必需的钼辅因子，硝酸还原酶是含钼的黄素蛋白，钼对机体内细菌厌氧硝酸盐呼吸起到至关重要的作用。

1.3 肠道微生物与金属在呼吸过程中的博弈

机体内正常微生物数量最大、种类最多的场所在肠道，双歧杆菌、真杆菌、类杆菌等厌氧菌最多。其中肠道双歧杆菌大量生长、繁殖及其对乳糖不断发酵分解，肠腔内出现大量乳酸、醋酸、丁酸等会导致肠道 pH 值不断下降。而转铁蛋白在氨基酸及碳酸盐的协同作用下，于 $pH>7$ 时与铁结合。同时每个转铁蛋白有两个铁结合位点，可结合1个或2个铁离子（Fe^{3+}）。铁含量高的转铁蛋白在幼红细胞表面与转铁蛋白受体（TfR）结合，并通过胞饮作用进入细胞内。当 pH 值条件改变成酸性（$pH=5$）时，Fe^{3+} 被重新还原成 Fe^{2+} 并与转铁蛋白分离。

有理由推测，肠道微生物群结构的改变能通过机体内环境 pH 的改变影响转铁蛋白的合成与转化过程，导致机体转铁蛋白不足。转铁蛋白是机体运输铁的重要蛋白，它的缺失可能会引起机体铁摄入不足或铁代谢紊乱。因此，肠道微生物群结构的改变最终会影响血液运输氧气与二氧化碳过程，导致机体呼吸作用受损。

此外，钼离子可能通过细菌硝酸盐厌氧呼吸而导致肠道炎性微环境中微生物失调，因此可以通过干预细菌钼的代谢（包括转运和利用）来校正肠道微生物失调。

2. 神经过程

2.1 神经过程与肠道微生物

肠神经系统可直接或间接对微生物群及其代谢产物作出反应。在肠道与脑的信号交流中，肠神经系统通过腹腔神经节和交感神经节与中枢神经系统进行通信，感觉信息通过脊髓和迷走神经传入途径的外源性初级传入神经元传递，所以微生物群可以通过内在的或传入的神经通路影响肠道功能，进一步影响中枢神经系统。并且肠道微生物群可以激活识别受体，如Toll样受体（TLR2）和TLR4参与微生物分子的识别，影响肠神经系统的发育和功能。例如，TLR2缺陷小鼠的小肠运动失调，而TLR4缺陷小鼠的粪便颗粒排出量和粪便含水量减少，这可能反映肌间神经丛和黏膜下神经丛功能的改变。

2.2 神经过程与金属

钙离子作为多肽类激素和细胞因子与细胞膜上相应受体结合，产生第二信使在细胞内激活具有生理活性的酶或蛋白质，如依赖于钙的蛋白激酶C和钙调蛋白等，从而发挥多种生理功能。而且信号传导是目前研究基因表达的重要突破点，研究钙在信号传导中的作用，可以从分子水平上揭示钙离子生理作用的机制及其与人体健康的关系。当神经冲动抵达神经末梢的突触时，突触膜由于离子转移形成动作电位，使细胞膜去极化。钙离子以平衡电位差的方式内流进入细胞，促进神经小泡与突触膜接触向突触间隙释放神经递质。在这一过程中，钙离子向细胞膜内外转移是必然的。同时，神经反应的强度会随着钙浓度的变化而变化，钙浓度高时神经反应强，反之则弱。由于钙的神经调节作用对兴奋性递质（乙酰胆碱、去甲肾上腺素）

和抑制性递质（多巴胺、5- 羟色胺、γ 羟基丁酸）具有相同的作用，因此当机体缺钙时，神经递质释放受到影响，神经系统的兴奋与抑制功能均下降。

在正常心脏兴奋 - 收缩偶联的过程中，少量细胞外 Ca^{2+} 通过活化的 L- 型 Ca^{2+} 通道进入细胞内，并激活肌浆网 Ca^{2+} 释放通道 / 兰尼碱受体，导致细胞内 Ca^{2+} 大量释放，这个过程称为 Ca^{2+} 诱导的 Ca^{2+} 释放。肌浆网释放的 Ca^{2+} 通过提高细胞内 Ca^{2+} 的浓度，进一步引起肌丝细胞收缩，导致心肌细胞甚至整个心脏收缩。当心脏舒张时，L- 型 Ca^{2+} 通道及肌浆网 Ca^{2+} 释放通道 / 兰尼碱受体关闭，终止了细胞内和肌浆网 Ca^{2+} 释放；提高的 Ca^{2+} 则在肌浆网 Ca^{2+}-ATPase、细胞膜钠钙交换体、肌膜 Ca^{2+} 泵以及线粒体 Ca^{2+} 单项转运体的持续作用下将胞质 Ca^{2+} 主动摄回到肌浆网或泵出细胞外，引起 Ca^{2+} 下降并导致心脏舒张。

锌存在于所有细胞中，是大脑中含量最多的微量金属元素。人体内的锌离子起着重要的生理作用。锌具有参与调节神经系统的功能。人体大脑的海马是学习记忆的重要组织，在海马中锌的含量很高，当锌缺乏时会影响人体记忆力。锌还可以维持脑的内环境稳态。虽然锌离子参与几乎所有细胞的基本生理功能，但也具有其特殊的生理效应，如参与神经突触中神经递质的传递和突触可塑性等，这些不同的生理效应似乎对应其在生物体全身以及同一器官不同位置的分布不均的特性。

脑内大部分的锌离子以配体形式与蛋白质、核酸等大分子结合，有约 15% 以游离的形式存在。这部分游离状态的锌离子根据定位显示多在囊泡中且主要与谷氨酸共存。另外，该部分游离的锌离子可以被组织化学法标记，所以又被称为组织化学反应性锌。研究发现，大多数锌主要位于突触小泡内，神经突触囊泡中的游离锌离子可被突触前膜释放到间隙中，作用于突触前膜和突触后膜上特定受体，发挥其特殊生理功能——影响突触后蛋白调节突触可塑性，并在突触后致密物（postsynaptic density，PSD）结构的形成和维持中起到重要作用。PSD 是一种将神经递质受体连接到下游信号成分和细胞骨架的蛋白质网络。

目前，关于锌离子对离子型谷氨酸受体影响的研究较为广泛和深入。有研究为了验证锌对细胞反应能力和神经元生存能力的影响，使大鼠皮层神经元暴露在不同浓度的锌原始培养液中。结果发现，高浓度的锌培养液使细胞对锌的摄入更多，并引起了更多谷胱甘肽和ATP的消耗，从而导致了部分神经元的死亡。低浓度的锌则使这种神经元死亡现象有所减弱。另有研究证明，锌离子会抑制突触后谷氨酸受体的开放，从功能上讲，锌离子的这种抑制作用会有效避免突触后谷氨酸受体的过度开放，起到保护神经元免受过度兴奋毒害的作用。一旦打破锌离子稳态，导致突触功能被破坏，就很可能引起神经元坏死等不良后果，成为神经退行性疾病的诱因之一。另外，由于脑功能的一个重要机制是微管聚合作用。微管是微管蛋白和许多微管相关蛋白组成的多聚体，是神经元细胞骨架的重要成分之一。研究发现，锌缺乏时会引起脑组织微管组装作用下降，使脑功能损伤。

铜是脑中铜蛋白的重要成分，包括铜硫蛋白、细胞色素氧化酶、多巴胺β-单氧酶、神经铜蛋白、赖氨酰氧化酶等。中枢神经系统的发育与人体内铜的含量密切相关。单胺氧化酶可以说明铜在神经递质与神经肽调节方面的作用，铜在儿茶酚胺代谢中控制去甲肾上腺素的合成以及影响神经键的降解代谢。

锰是生物体内最重要的金属元素，参与了体内多种金属酶的合成，如赖氨酸酶、丙酮酸羟化酶、谷氨酰胺合成酶、超氧化物歧化酶、RNA多聚酶等。锰在细胞和组织中，尤其是在脑细胞和组织的氧化还原和磷酸化过程中起着重要作用。锰参与合成及激活的多种酶与脑代谢密切相关，锰离子还能和其他离子一同参与中枢神经系统内神经递质的传递，因此，锰是维持脑神经功能必不可少的微量元素。锰在人脑中的位置大多数分布在大脑皮层、海马、苍白球及神经核中。动物实验表明，脑部锰含量的高浓度部位主要在黑质的黑色素细胞内。锰被机体吸收后，主要通过与β-球蛋白-

锰传递蛋白结合成转锰素分布全身，由于其在中枢神经系统的滞留时间长于其他器官，所以锰对大脑发挥有益作用存在一个严格的适宜浓度范围，摄取不足及摄入过量均会导致脑生物学功能紊乱。

2.3 肠道微生物与金属在神经过程中的博弈

有研究报道，短期锰暴露即可导致原代皮质神经元发生氧化损伤，而长期锰暴露或是锰过度暴露会通过氧化应激影响肠道微生物，导致神经退行性疾病的发生。研究发现，在细胞水平上，锰会优先积累在线粒体中，破坏氧化磷酸化，进一步诱导细胞产生活性氧簇，并诱导星形胶质细胞中多巴胺严重减少。研究发现 α- 生育酚和 γ- 生育酚等抗氧化剂在锰暴露小鼠的粪便代谢物中减少，提示锰可能通过氧化应激影响肠道微生物，进而干扰神经系统的正常生理功能。

肠道微生物可以分泌产生神经活性代谢物 γ- 氨基丁酸（GABA）和色氨酸，例如，短乳杆菌和双歧杆菌是最高效的 GABA 生产者。GABA 是中枢神经系统主要的抑制性神经递质，中枢 GABA 受体表达的改变与焦虑和抑郁的发病机制有关。有研究表明，大鼠脑中的腐胺也可以合成 GABA，它可以激活肠神经系统，通过迷走神经传入中枢神经系统。锰暴露后，涉及腐胺合成和运输的基因水平均发生显著改变。色氨酸是血清素（5-HT）的中心前体，由肠道微生物调节肠嗜铬细胞释放产生。5-HT 作为一种生物胺，在大脑和中枢神经系统中起到神经递质的作用，它可以激活内源性和外源性初级传入神经元，启动肠蠕动和分泌反射，并将信息传入中枢神经系统。在锰暴露下，雌性小鼠体内涉及合成色氨酸的多个基因水平都有增加。

金属钙是细胞内广泛存在的离子，在细胞行为中起信号传递的介质作用，包括细胞增殖、分化和死亡等。细胞内钙稳态对维持细胞的正常功能至关重要。而镉是一种有效的 Ca^{2+} 通道阻断剂，它会使细胞质中 Ca^{2+} 快速升高，破坏细胞内钙稳态。人体中的钙主要来自食物，钙在离子状态下通过肠黏膜转运或扩散作用被人体吸收，再通过血液循环系统进入到人体中包括脑在内的各个组织。镉暴露会影响小鼠小脑颗粒神经元和星形胶质细胞中的钙稳态，钙紊乱会诱导肠道中二价金属转运蛋白 1 和钙转运蛋白 1 的表达，进而刺激肠道内钙的吸收，导致钙缺乏，最终改变皮层神经元形态并诱导原代神经元等多种类型的细胞凋亡。另外，肠道上皮离子迁移作为人胃肠道中关键的生理过程，也可通过 Ca^{2+} 依赖性途径间接参与调控中枢神经系统。

金属砷发挥毒性作用的主要特征是诱导氧化应激，诱导多种参与氧化应激反应过程中的关键酶含量水平显著增加，包括细胞色素 C、羟酰基谷胱甘肽水解酶、超氧化物歧化酶、过氧化氢酶和过氧化物酶的表达。有研究证明，宿主维生素的一个重要来源是肠道微生物，其中双歧杆菌是维生素的主要生产者，维生素 B6、维生素 B12 以及维生素 K2 在氧化应激中起抗氧化作用。砷暴露后，维生素 B6、维生素 B12 以及维生素 K2 生物合成基因的丰度发生显著改变。

3. 血液循环过程

3.1 血液循环过程与肠道微生物

研究显示，双歧杆菌以及大肠杆菌可移位进入血液循环，激活单核巨噬细胞系统，并促使 IL-12 分泌，诱导免疫向 Th1 型发展，增强吞噬功能的同时又促进具有杀伤活性的前炎性因子分泌，从而清除病原微生物。这表明双歧杆菌以及大肠杆菌作为益生菌对机体是有益无害的，也说明这类细菌能够作为新生儿的免疫佐剂，诱导其血液细胞免疫功能活化，增强抗感染能力。

有学者对肠道微生物相关文献进行了回顾性调查，发现肠道微生物组的生态失调或不平衡与抑制人类造血有关。同时在接受抗生素治疗的患者中，可以观察到微生物生态失调与造血改变之间的更为直接的联系。有报告显示患者在接受青霉素治疗时发生中性粒细胞减少症。此外，使用抗生素破坏肠道微生物组可能对造血系统产生重大影响。

也有动物实验表明，抗生素诱导的微生物群消耗和骨髓抑制是由于缺乏热稳定的微生物产物，这些微生物产物可以在血液中循环并通过基础炎症信号传导促进造血。例如，研究发现血清中大肠杆菌的耐热成分可以恢复GF小鼠的骨髓细胞群。核苷酸结合的含结构域的蛋白质1配体（NOD1L），它是大肠杆菌肽聚糖结构的一种热稳定组分，能增殖造血干细胞（HSPC）并刺激细胞因子（如干细胞因子和血小板生成素）的全身水平，使其提高到SPF小鼠中发现的水平。而肠道微生物群的产物（如NOD1L）则可以进入血液甚至骨髓，并促进支持正常造血的细胞生长因子的产生。

宿主通过肠道微生物调节造血机制，该机制由细菌代谢产物通过血液进入骨髓激活MyD88依赖性TLR途径和NOD1途径，两者共享下游的信号分子TRAF3，并向IRF3发出信号诱导骨髓间充质干细胞产生干扰素；干扰素激活STAT1信号通路，作用于HSPC，或通过代谢产物中的脂多糖直接作用于HSPC，以两种方式共同抑制造血。

另一研究发现，肠道微生物的代谢产物短链脂肪酸可通过嗅觉受体78（Olfr78）和特异性短链脂肪酸受体（GPR41，G蛋白偶联受体）在调控血压方面起重要作用。短链脂肪酸尤其是丙酸盐可刺激肾脏表达Olfr78并介导肾素分泌。

3.2 血液循环过程与金属

铁对人体健康的重要性在于它是血红蛋白必不可少的组成部分，是造血过程中必需的元素之一。人体内的大部分铁与血红蛋白有关，其余部分储存在巨噬细胞和肝细胞中，或活跃于其他血红素组或Fe-S簇中。红细胞生成除要求骨髓造血功能正常外，还要有足够的造血原料。制造红细胞的主要原料为蛋白质和二价铁，红细胞中含铁约占机体总铁的2/3，铁在骨髓造血细胞中与卟啉结合形成高铁血红素，再与珠蛋白合成血红蛋白。

铁对血红素加氧酶有一定影响，血红素加氧酶（heme oxygenase，HO）是一种有两种形式存在的酶，包括诱导型 HO-1 和组成型 HO-2。这两种类型都参与体内铁的传递和调节以及血红素从血蛋白中释放，同时铁的缺乏又会反作用影响 HO。

铁在人体中广泛存在，在人的大脑中，铁与血红素和非血红素结合成铁蛋白，脑血红素铁蛋白参与氧化磷酸化、碱基去饱和作用、过氧化还原作用和氨基酸的分解代谢等作用；脑中非血红素铁蛋白参与醛氧化酶、琥珀酸脱氢酶、黄嘌呤氧化酶酪氨酸 3- 羟化酶等催化作用。铁进入大脑的方式是其与转铁蛋白偶联，再与转铁蛋白受体结合后被转运入脑，脑中多数铁与髓鞘和脂质有关，少数的铁与神经元有关。研究表明脑黑质中铁含量最高，黑质中含有黑质纹状体多巴胺神经元的细胞体，参与外锥神经回路的形成。当铁的浓度改变时，会改变脂质过氧化及神经元膜损害，导致多巴胺神经元死亡，从而引起行为改变，造成智力低下。

参与体内铁、铜代谢过程的还有血浆铜蓝蛋白（ceruloplasmin，CP），血浆铜蓝蛋白由肝脏细胞制造，核心位置包含六个铜离子。它的主要作用是进行铁和铜的氧化还原反应，反应时二价铜离子还原成一价，同时铁离子由二价氧化成三价，并协助转铁蛋白运输铁，属于亚铁氧化酶。血浆铜蓝蛋白 - 转铁蛋白系统是细胞内铁的主要输出途径，血浆中的血浆铜蓝蛋白可以利用其亚铁氧化酶活性将 Fe^{2+} 氧化成能与转铁蛋白结合的 Fe^{3+}。Fe^{3+} 结合转铁蛋白后被转运至靶细胞，经内吞后进行代谢或者储存。当铜蓝蛋白缺乏，或由于基因突变导致其亚铁氧化酶活性丧失，如遗传性铜蓝蛋白缺乏症，会使 Fe^{2+} 无法氧化成 Fe^{3+}，进而不能与铁转运蛋白结合而进行铁输出，引发缺铁性贫血。

另外还有铜锌超氧化物歧化酶（CuZn-SOD），CuZn-SOD 是生物体内存在的一种抗氧化金属酶，能够催化超氧化物阴离子自由基歧化为过氧化氢（H_2O_2）与氧气（O_2）。超氧化物歧化酶（superoxide dismutase，SOD）

的金属中心含有锌和铜两种金属离子，其中锌主要起结构稳定的作用，而铜主要起催化作用。由于人体内在或外界因素，会产生机体、皮肤组织的自由基导致皮肤衰老。SOD 可以消除氧自由基，从而抑制或缓解机体衰老。此外，氧自由基会导致脂质过氧化物积累，引起动脉粥样硬化等疾病，因此 SOD 对高血脂引起的心脑血管疾病有预防作用。

镁离子在维持心脏功能中起重要作用。镁对心肌缺血再灌注损伤有保护作用，有利于改善心肌细胞代谢及心肌功能恢复。另外，镁离子可以竞争拮抗平滑肌内非特异性钙离子结合位点，抵消高钾诱导的血管平滑肌收缩。镁对心脏具有保护功能，镁能调节血脂代谢和预防动脉粥样硬化。有研究表明，硫酸镁对缺血再灌注损伤有保护作用，这一过程部分是通过保护内皮细胞和抑制血小板活化实现的。

3.3 肠道微生物与金属在血液循环过程中的博弈

金属铁的浓度也会对生物机体产生影响，低浓度的铁导致红细胞生成受限，从而导致贫血，表现为红细胞生成减少和血红蛋白水平降低；高浓度的铁可能对细胞和器官造成损害。因此，铁对机体的影响犹如一把“双刃剑”，需要严格调节其细胞水平以及铁储存和运输之间的精确平衡，而肠道恰巧是体内铁浓度调节的关键部位。铁的吸收是一个动态过程，主要取决于食物消化吸收。肠道微生物和人体有着密不可分的互利共生关系，直接影响着人体健康。肠道微生物能促进营养食物消化吸收、产生有益营养物质，因此推测肠道微生物参与维持铁稳态的过程。

此外，铁作为基本代谢途径的辅助因子对肠道微生物和宿主来说都是必不可少的。例如，大肠埃希菌或沙门菌有铁离子介导的铁吸收系统，其特点是对铁离子具有极高的亲和力。低铁条件下，该系统可以与不饱和转铁蛋白竞争铁。脑膜炎奈瑟菌或流感嗜血杆菌表达转铁蛋白或乳铁蛋白受体，可直接从铁结合蛋白中吸收铁。许多病原菌，如耶尔森菌、大肠埃希菌、奈瑟菌和弧菌，也可以竞争利用血红素中的铁。大肠埃希菌、淋病奈瑟菌、脑膜炎奈瑟菌、斑疹伤寒沙门菌、霍乱弧菌、小肠结肠炎耶尔森菌、铜绿假单胞菌以及白假丝酵母菌等，在有效铁的作用下毒力增强。

在肠道内，微生物可以生成丙酮酸，丙酮酸产生乙酰辅酶A必须经过铁氧化还原酶和氢化酶的催化，这两种酶的活性依赖铁。另外，结肠内微生物发酵碳水化合物产生短链脂肪酸。在体外模拟儿童肠道发酵模型中发现，铁对肠道短链脂肪酸产物产丁酸盐的微生物具有很强的调节作用。另有体内外模型和人体试验发现，低铁条件下乙酸盐、丙酸盐和丁酸盐的产量明显减少，其中对丁酸盐的影响最大；还存在甲酸盐和乳酸的累积现象。此外，肠道微生物的代谢产物短链脂肪酸可通过嗅觉受体78（Olfr78）和特异性短链脂肪酸受体(GPR41,G蛋白偶联受体)在调控血压方面发挥作用。

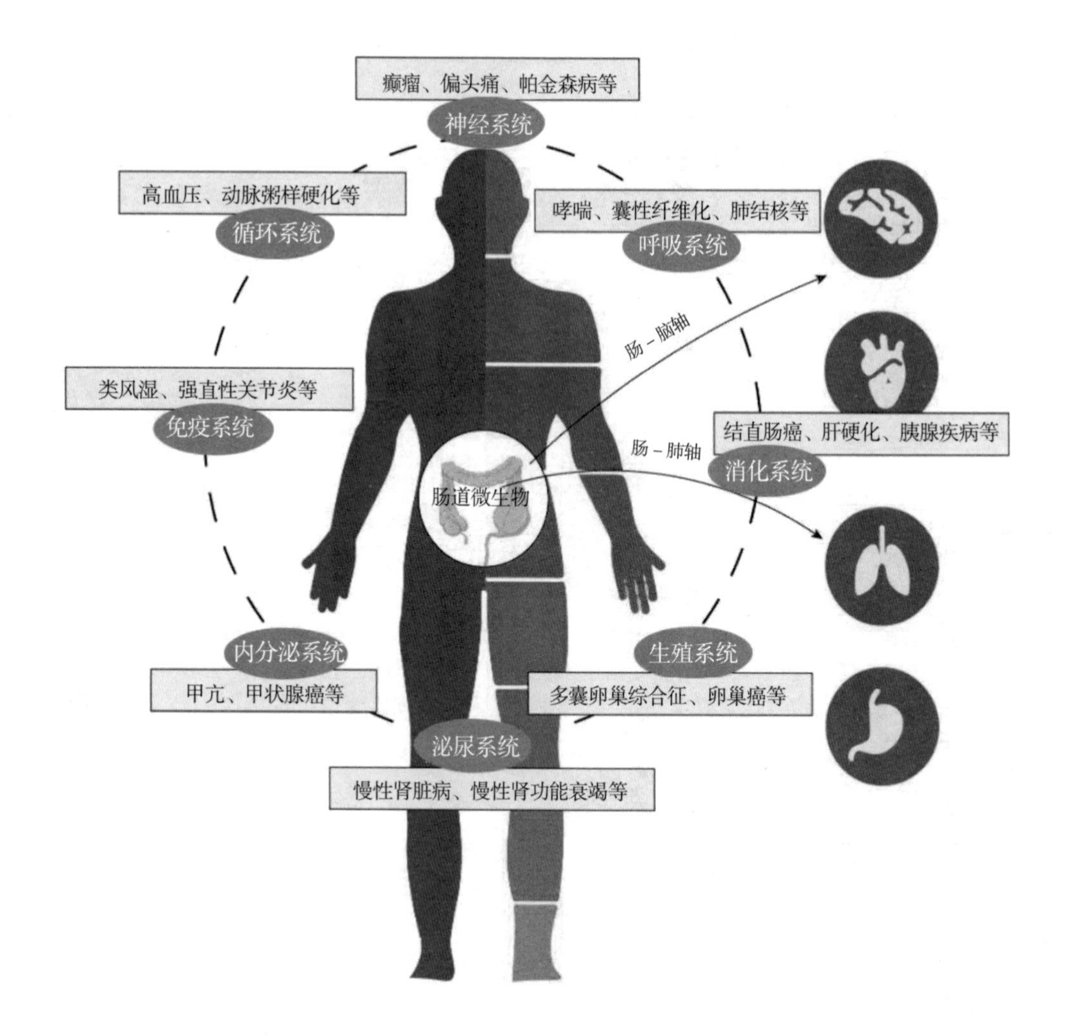
癫痫、偏头痛、帕金森病等
神经系统
高血压、动脉粥样硬化等
循环系统
哮喘、囊性纤维化、肺结核等
呼吸系统
肠 - 脑轴
类风湿、强直性关节炎等
免疫系统
结直肠癌、肝硬化、胰腺疾病等
肠 - 肺轴
消化系统
肠道微生物
内分泌系统
甲亢、甲状腺癌等
生殖系统
多囊卵巢综合征、卵巢癌等
泌尿系统
慢性肾脏病、慢性肾功能衰竭等

第八章　肠道微生物与人体金属酶

第一节　概述

人类肠道拥有一个独特而复杂的微生物系统，由数万亿细菌、真菌和古菌组成。这些微生物栖息于肠道，维持人体生长发育、提供营养、防止病原体入侵。它们也与多种疾病息息相关，如结直肠癌、炎症性肠病、克罗恩病和溃疡性结肠炎。此外，肠道微生物还与系统性疾病（如肥胖和糖尿病）和远端器官疾病（如神经和心血管疾病）有关。人体肠道微生物的代谢潜力大大超过宿主，因为其基因含量超过人类基因组的150倍。肠道微生物产生大量的小分子代谢物，这些代谢物的性质及丰度在个体之间有很大差异，这取决于肠道微生物的组成和饮食摄入，以及肠道微生物和人体产生的代谢物交换。

金属酶（metalloenzyme）是人体中一种重要的酶，以一个或几个金属离子作为辅因子。金属离子可直接参加催化作用或对保持酶的活性构象起稳定作用。金属酶种类很多，以含锌、铁、铜的酶为主，另有含钼、锰等其他金属离子的酶。在人类肠道的缺氧环境中，厌氧菌利用金属酶执行许多代谢功能，其依赖于金属的转化使肠道微生物获取营养或能量，或产生对人体有重要作用的分子。

第二节　含锌金属酶对肠道微生物的影响

人类有多达 3 000 余种含锌蛋白，并至少有 1 000 种含有与锌结合的蛋白结构域。人体肠道内重要的含锌金属酶有碳酸酐酶和羧肽酶等，其他含锌金属酶，如碱性磷酸酶、乳酸脱氢酶、丙酮酸氧化酶、苹果酸脱氢酶等在蛋白质、脂肪和糖代谢中有重要作用。

1. 碳酸酐酶

碳酸酐酶（carbonic anhydrases，CAs）是一类以锌为活性中心的金属酶。碳酸酐酶于 1940 年被发现，是最重要的锌酶。

1.1 碳酸酐酶的分类

碳酸酐酶在进化上分为八个不同的家族，包括 α、β、γ、δ、ζ、η、θ 和 ι。目前已发现有 12 种 α-CA 的同工酶在人体内表达，它们之间的氨基酸序列无明显的同源性，结构、分布和性质也各异。肠道中存在 CA1、CA2、CA4、CA6、CA9、CA12、CA13、CA14 等。CA1 和 CA2 中的锌原子以单体的形式存在，CA4、CA12 和 CA14 锚定于质膜，CA6 和 CA13 分布在胞质溶液中，CA9 分布在细胞膜和细胞核。

1.2 碳酸酐酶的结构与功能

碳酸酐酶广泛分布于人体的胃肠道黏膜、胰腺、红细胞和中枢神经等组织细胞中。该酶是已知金属酶中催化转换系数最高的酶之一，可以在极短时间内高效催化碳酸分解的可逆反应，生成二氧化碳和水（$H_2CO_3 \rightleftharpoons CO_2+H_2O$）。该酶在 pH 值为 4.0 到 9.0 之间且温度低于 65℃时保持较高的活性和稳定性，可调节细胞离子转运与 pH 稳态，在维持内环境的稳定方面发挥重要作用。

人碳酸酐酶的分子质量约为 30 kDa，由单一碳链组成，包含约 260 个氨基酸残基，每个酶分子含一个锌离子。晶体结构显示，人碳酸酐酶整个蛋白链折合成呈椭圆球形，二级结构主要为 β 折叠和部分 α 螺旋。肽链组氨酸（His-94、His-96、His-119）3 个咪唑氮原子配位，第四个配位位点被水分子或羟基占据，近似四面体。锌离子是碳酸酐酶活性中心；配位原子附近的苏氨酸（Thr-199）和谷氨酸（Glu-106）构成一个氢键网络稳定的 His3Zn-OH 结构，由两个缬氨酸（Val-121、Val-143）、一个色氨酸（Trp-209）和一个亮氨酸（Leu-198）构成一个疏水口袋，将 CO_2 固定在该疏水腔内；His3Zn-OH 对 CO_2 进行亲核攻击，催化并循环产生 HCO_3^- 和 H^+ 以维持化学平衡。

1.3 碳酸酐酶与肠道微生物

研究表明，肠道微生物参与调节肠上皮代谢和内环境稳定，因此肠道微生物失调可能与多种疾病的发生发展有关。研究人员在探索柴油机排气颗粒物（DEPs）对胃肠道的影响时发现，在 DEPs 暴露后肠道上皮细胞的 CA9 表达水平上调，并进一步证实口服益生菌可保护小鼠免受 DEPs 诱导的结肠上皮损伤，提示益生菌干预可能是预防 DEPs 诱导结肠上皮损伤的潜在途径。该项研究首先将小鼠连续 28 天暴露于 DEPs 中造模，通过观察小鼠结肠组织的病理学变化，证实吸入 DEPs 可导致结肠上皮损伤。接着，利用暴露第 7 天收集的小鼠粪便进行 16S rDNA 测序，检查粪便微生物群的变化，证明吸入 DEPs 导致了小鼠肠道微生物失调，表现为乳酸杆菌增加等。之后，研究人员采用粪便微生物移植（fecal microbiota transplantation，FMT）实验证明结肠上皮损伤是由肠道微生物的改变引起的。为了进一步研究乳酸杆菌对 DEPs 暴露后结肠上皮细胞的影响，研究人员对乳酸杆菌与结肠上皮细胞体外共培养模型进行转录组测序技术（RNA sequencing，RNA-seq）分析。结果显示，与乳酸杆菌处理组相比，CA9 在 DEPs 刺激后显著上调，说明乳酸杆菌数量的减少与结肠上皮损伤之间存在关联。小鼠补充乳酸杆菌后，能够改善 DEPs 诱导的结肠损伤，同时，CA9 的表达量也明显降低。这些研究结果说明，益生菌对 DEPs 诱导的肠上皮损伤有保护作用，其中 CA9 发挥了关键作用。

但 CA9 参与调控的分子机制尚不清楚。作为催化二氧化碳可逆水合反应的碳酸酐酶，CA9 被低氧诱导因子（hypoxia-inducible factors，HIF）控制。因此，DEPs 诱导 CA9 的表达增加从侧面反映了肠道微环境发生了改变，例如诱导缺氧。此外，几项关于肠道的研究显示，CA9 表达增加与结直肠癌的发生有关，暗示了 CA9 长期表达升高对肠道和人体的影响。

益生菌越来越多地用于预防或治疗各种肠道疾病，包括炎症性肠病（IBD）、急性感染性腹泻和抗生素相关性腹泻。乳酸杆菌是商业中最常用的益生菌之一。由于乳酸杆菌有效地抑制了 CA9 的表达，保护了 DEPs 刺激后的小鼠结肠组织。进一步证实了口服益生菌可以恢复肠道上皮屏障完整性和结肠的生理功能，并减少黏膜炎症因子释放。因此，在日常饮食中补充益生菌可能会对 DEPs 引起的结肠损伤提供保护。

肠道微生物的代谢产物也可以对 CA 产生影响。人体内的胆碱、甜菜碱和左旋肉碱等生物碱在肠道微生物的作用下转化为三甲胺（TMA），三甲胺在肝脏中与黄素单氧化酶 3（FMO3）反应生成三甲胺氮氧化物（TMAO），并在血液中积累。在有机阳离子转运体 2（OCT2）的帮助下，TMAO 被细胞和组织进一步吸收。TMAO 的存在将导致蛋白质错误折叠（特别是在具有缓慢折叠动力学的蛋白质中），可能形成有毒有害的蛋白质内含物。内质网中大量积累此类未折叠或错误折叠蛋白会启动未折叠蛋白反应（unfolded protein response，UPR）。

TMAO 影响脯氨酸的顺反异构，从而抑制蛋白的折叠过程。CA 包含 15 个反式和 2 个顺式脯氨酰键，涉及缓慢的 Us-Uf 和快速的 N-Uf 折叠过程，如 N ← Uf ⇌ Us 所示。为了研究 TMAO 对 CA 的影响，有研究者在 TMAO 存在的情况下对 CA 蛋白进行了展开和复性研究。结果证实，TMAO 不影响 CA 二级结构和三级结构的稳定性。等温滴定量热法（ITC）结果表明，

TMAO不与CA结合。分子对接实验也显示TMAO不与CA的活性位点结合。上述结果说明，TMAO对CA的天然构象没有显著影响，但复性后酶功能的丧失表明TMAO通过影响CA的折叠过程来抑制酶活性。最终发现TMAO通过影响CA脯氨酰的顺反异构，抑制Uf过程，使CA最终折叠为无效状态。在细胞模型中用TMAO刺激HeLa细胞使细胞周期阻滞在S期，且细胞活性降低。另一个研究团队证明TMAO通过直接与PERK结合激活UPR信号通路。事实上，PERK也是一种富含脯氨酸的蛋白，由67个脯氨酸残基组成。TMAO可能会破坏PERK的折叠，从而破坏该蛋白与GRP78的结合。

2. 羧肽酶

羧肽酶（carboxypeptidases，CPs）是一种从肽链的游离C端逐个降解、释放游离氨基酸的肽链外切酶，根据其催化机制可分为丝氨酸羧肽酶、金属羧肽酶和半胱氨酸羧肽酶。其中，金属羧肽酶A/B的催化需要锌离子参与，羧肽酶A是动力学、结构和光谱方法等方面研究最为透彻的水解酶，为其他锌酶的研究奠定了的基础。

2.1 金属羧肽酶的分类

金属羧肽酶存在于细胞外，帮助蛋白质消化，在中性或弱碱性条件下具有极高的酶活性，包括羧肽酶A、羧肽酶B、赖氨酸羧肽酶、甘氨酸羧肽酶和谷氨酸羧肽酶等。羧肽酶A可以切割C端赖氨酸（Lys）、精氨酸（Arg）、脯氨酸（Pro）以外的氨基酸，对具有芳香族侧链和脂肪侧链的羧基端氨基酸具有很强的水解能力。羧肽酶B切割C端的Lys或Arg（碱性氨基酸），有时也能切断其他疏水性氨基酸残基，其余大部分特性与羧肽酶A很相似。pH为8.0时羧肽酶B的活性达到最高，pH大于12.0时则完全失活。赖氨酸羧肽酶能降解蛋白末端的基本氨基酸，但对Lys的活性最强，可用于调节乙肝病毒核心的启动子表达活性研究。甘氨酸羧肽酶能降解倒数第二位由甘氨酸形成的肽键。谷氨酸羧肽酶又名羧肽酶 G，作用于含 N- 酰化底物的 C 末端，释放谷氨酸，能用于甲氨蝶呤的解毒及抗体导向酶疗法。镉、锰、锌、镍、钴等金属离子能提高金属羧肽酶的活性，而金属离子如铜、汞等则抑制其活性。

2.2 金属羧肽酶的结构与功能

羧肽酶 A 的分子质量约为 47 kDa，由 419 个氨基酸残基组成单一的多肽链。1~16 位氨基酸为信号肽、17~110 位氨基酸为前肽、111~419 位氨基酸为成熟肽，锌离子结合位点位于第 114、117、248 位。X 射线结构测定结果显示，羧肽酶 A 的外形紧密，呈 5.5 nm × 4.2 nm × 3.8 nm 的椭圆球体。

羧肽酶 A 的活性中心为羧基，Arg-145 和 C 端氨基酸侧链疏水口袋的锌离子对酶的活性也很重要。锌离子在没有底物时为五个配位价，且第五个配体为一个水分子。当与底物结合时，被切割的肽键羰基氧与锌离子形成第六个配位锌离子，附近的口袋正好容纳底物羧基末端的侧链对底物结合。其作用机制有两种，第一种为亲核途径，即羧肽酶 A 活性中心的 Glu-270 与底物形成共价乙酰化酶，从而更易水解；另一种作用机制为水促进途径，这种机制认为羧肽酶 A 中的锌离子是典型的亲电催化剂。在锌离子及底物的协同作用下，水分子直接进攻底物的肽键。

由于金属羧肽酶广泛参与机体的生化反应，在人体组织中发挥着重要的生理功能，如羧肽酶 A 和羧肽酶 B 可用于消化食物，因此可通过检测体内金属羧肽酶以达到诊断和治疗疾病的目的。此外，金属羧肽酶还可用于体内毒素等不良物质的降解，因此被广泛应用于医药和食品领域。在食品领域，金属羧肽酶可用于制备高 F 值寡肽、去除食品和饲料中的赭曲霉素，用作脱苦味剂等。在生物技术领域，金属羧肽酶可用于合成多肽及测定多肽氨基酸序列，也可作为模式酶，为其他酶的研究提供帮助。动物来源的金属羧肽酶主要存在于猪、牛等的胰脏中，如羧肽酶 A 和羧肽酶 B，因其数量有限、价格昂贵，导致其应用受到限制。微生物来源的羧肽酶存在于酵母、曲霉等真菌的液泡中，具有广阔的应用前景。因此，借助基因工程生产大量重组金属羧肽酶有望克服羧肽酶生产过程中的来源限制，进一步降低生产成本、提高产品质量、深化酶学性质研究、扩展应用范围。

2.3 金属羧肽酶与肠道微生物

肠道的每个部分都有不同的解剖位置和生理功能。几乎所有食物中营养物质的消化和吸收都发生在小肠中。胆汁和胰腺分泌物进入十二指肠，在那里大多数消化都是通过酶进行的。空肠有一层富含长绒毛的黏膜，提供了较大的表面积来吸收营养。小肠的最后一部分是回肠，主要负责吸收维生素 B_{12} 和胆汁酸。空肠不能吸收任何的消化产物。相比之下，大肠的主要功能是促进水分和营养吸收，合成维生素 B 和维生素 K。

肠道微生物表达大量的酶，这些酶能够消化和降解不易消化的营养物质、产生维生素、形成胆汁酸以及异源代谢。肠道微生物长期以来被认为是药物（如强心苷地高辛、抗癌药物伊立替康）和环境物质（如多环芳烃、汞、砷）的代谢产物。肠道微生物对外源性物质的代谢进入肠肝循环也很重要。最近研究发现，肠道微生物的中间代谢产物及几种微生物代谢物、共代谢物和成分（如次生胆汁酸、短链脂肪酸、脂多糖和吲哚衍生物）与许多重要的生理功能有关，如肥胖、糖尿病、炎症和脂质沉积。肠道微生物还可以影响肠上皮中的肠道 Toll 样受体感应，并影响肠道形态，这有助于消化养分的重新吸收和利用。此外，肠道微生物调节剂长期被用于疾病的治疗。抗生素用于治疗各种传染病，而益生菌已成为许多与胃肠道和其他器官相关疾病新的治疗方式。

为了确定肠道内共生微生物群诱导的宿主反应，有学者使用 RNA-Seq 比较了无菌小鼠（germ-free，GF）和常规小鼠（conventional，CV）肠道四个部分的转录组。在空肠中无菌和常规小鼠差异表达基因超过 2 000 个，数量最多；其次是大肠、十二指肠和回肠。在无菌小鼠的十二指肠中，前 10 个上调基因的 mRNA 表达增加了 30~50 倍。值得注意的是，这些基因都与肠内营养物质的消化和吸收有关，包括对蛋白质消化非常重要的羧肽酶A1、羧肽酶A2和羧肽酶B1。其中，羧肽酶A1在十二指肠（53倍）和大肠（142倍）中上调最明显。研究结果揭示了无菌小鼠部分特异性宿主基因转录组的变化，强调了肠道微生物在促进宿主肠道生理和药理反应中的重要性。

3. 锌指蛋白

锌指蛋白（zinc finger protein，ZFP）是一种蛋白质结构模体，其特征在于蛋白质区域围绕一个或多个锌离子折叠。这类蛋白是对基因调控起重要作用的转录因子，具有手指状的结构域，参与细胞分化、胚胎发育，并且与多种疾病的发生发展密切相关。锌指蛋白最初于1983年在非洲爪蟾的卵母细胞中被发现，该蛋白需要金属才能发挥正常生理功能，这是第一个被报道锌参与蛋白功能调节的研究。锌指蛋白广泛分布在动物、植物和微生物中，人类基因组有接近3%的基因编码含有锌指结构的蛋白质。锌指蛋白在各种治疗和研究方面已取得很多突破，研究人员设计出特殊的锌指蛋白，使其具有不同的亲和性，如各种锌指核酸酶和锌指转录因子。

3.1 锌指蛋白的分类

锌指蛋白根据其保守结构域的不同，主要分为C2H2型、C4型和C6型。C2H2型锌指蛋白最普遍，作为重要的转录调控因子参与许多生理过程。大多数的超二级结构，如希腊钥匙、β发夹都已清楚定义，但每个锌指结构都有特殊的三级结构；锌离子的一级结构也可以辨认配体。虽然锌指蛋白之间有很大的差异，但大多数都是与靶分子DNA或RNA的序列特异性结合，以及与自身或其他锌指蛋白结合，在转录和翻译水平上调控基因的表达。

3.2 锌指蛋白的结构与功能

锌指蛋白的共同特征是通过肽链中氨基酸的特征基团与锌离子结合来稳定一种短的、可自我折叠成“手指”形状的多肽空间构型。在这些蛋白中，锌离子通常由半胱氨酸与组氨酸侧链对配位。锌离子不直接接触这些蛋白质结合的DNA，但作为辅因子的锌离子对紧密折叠的蛋白稳定性至关重要。通常锌指蛋白含锌指的数目与它选择结合的能力成正比。

3.3 锌指蛋白与肠道微生物

近年来国内外学者对锌指蛋白的结构、功能做了大量的研究，并不断发现锌对肠道的影响。其中，锌指蛋白转录因子 Gata4 和 Gata6 参与肠上皮细胞分化并促进肠内分泌细胞分化。另外，锌依赖性转录抑制因子 BLIMP1 加速了潘氏细胞的发育。

Phelan-McDermid 综合征源于 SHANK3 基因突变，这个突变与智力障碍和孤独症密切相关。研究表明，SHANK3 的缺乏与肠细胞锌转运蛋白 ZIP2 和 ZIP4 的表达存在关联，并发现 Phelan-McDermid 综合征患者的锌水平较低。因此，SHANK 家族与锌的关系可能不仅在大脑中，还可通过改变锌的吸收进一步加重锌失调。

ZFP90 是一种锌指蛋白，它的失调已被证明与多种疾病有关，包括肥胖、心功能不全和智力迟钝。上海交通大学的一个科研团队发现，ZFP90 可能是调节与结肠炎有关并最终形成结直肠癌（CAC）的关键基因。他们观察到条件性敲除 ZFP90 基因后在小鼠结肠上皮细胞中减少了由 AOM-DSS 诱导形成的 CAC，表现出更好的肠道屏障功能和更温和的炎症反应。对 CAC 小鼠粪便样本进行 16S rDNA 序列分析，推测普氏菌可能参与了 ZFP90 在 CAC 中的致癌作用。机制研究表明 ZFP90 加速形成 CAC 是通过 TLR4-PI3K-AKT-NF-κB 通路。总的来说，研究结果揭示了 ZFP90—肠道微生物—NF-κB 轴在创造促肿瘤环境中的关键作用，并找到了防治 CAC 的靶点。

4. 基质金属蛋白酶

基质金属蛋白酶（matrix metalloproteinases，MMPs）是一类锌依赖性

内肽酶，属于metzincins超家族，可降解各种细胞外基质(extracellular matrix，ECM)，也可以降解一些生物活性分子。目前已知这些酶类参与细胞表面一些受体的分解、释放细胞凋亡配体以及趋化因子、细胞因子的去活化。MMPs在许多细胞行为中扮演着重要角色，如细胞增殖、细胞迁移、细胞黏附、细胞分化、血管新生、细胞凋亡及免疫系统等。

4.1 基质金属蛋白酶的分类

在脊椎动物中，MMPs家族已鉴定出28个成员，分别为MMP-1~MMP-28，其中至少有23个在人体组织中表达。根据其底物和其结构域的组织结构，将MMPs分为5大类，分别为胶原酶（collagenases）、明胶酶（gelatinases）、溶血素（stromelysins）、基质溶素（matrilysins）、膜型MMPs（membrane-type，MT-MMPs）和其他MMPs。MMPs家族有一个共同的核心结构。典型的MMPs由大约80个氨基酸的前肽、170个氨基酸的金属蛋白酶催化结构域、可变长度的连接肽或铰链区和约200个氨基酸的血红素蛋白结构域组成。膜型MMPs通常具有跨膜结构域和胞质结构域。MMP-17和MMP-25有一个糖基磷脂酰肌醇（glycosylphosphatidylinositol，GPI）锚。MMP-23可通过其Ⅱ型信号锚处于潜在的非活性形式，并且具有富含半胱氨酸和免疫球蛋白样脯氨酸的区域。

4.2 基质金属蛋白酶的结构与功能

MMPs家族成员具有相似的结构，一般由5个功能不同的结构域组成：①疏水信号肽序列；②前肽区，主要作用是保持酶原的稳定。当该区域被外源性酶切断后，MMPs酶原被激活；③催化活性区，有锌离子结合位点，对酶催化作用的发挥至关重要；④富含脯氨酸的铰链区；⑤羧基末端区，与酶的底物特异性有关。其中酶催化活性区和前肽区具有高度保守性。MMPs家族成员的上述结构各有特点。不同的MMPs具有一定的底物特异性，但不是绝对的。同一种MMPs可降解多种细胞外基质成分，而某一种细胞外基质成分又可被多种MMPs降解，但不同酶的降解效率有所不同。

4.3 基质金属蛋白酶与肠道微生物

肠道干细胞（intestinal stem cell，ISC）对肠组织损伤的修复至关重要。有研究以果蝇为模型，发现肠内分泌细胞响应肠道损伤，进而协助 ISC 向损伤处定向迁移，促进损伤修复，该研究揭示了相关分子机制和非经典 Wnt 信号在该过程中的介导作用。同时，果蝇中肠道干细胞在肠道病原体感染和激光消融引起的肠道局部损伤后迅速向损伤处迁移。机制上，局部损伤诱导肠内分泌细胞上调基质金属蛋白酶表达，引起跨膜蛋白 Otk 的胞外 N 端结构域的切割和释放，反过来激活 ISC 的非经典 Wnt 信号，促进了依赖于肌动蛋白的板状伪足形成，促使 ISC 向损伤处迁移。敲低 ISC 迁移所需基因则阻碍 ISC 的增殖以及肠组织损伤后的再生，使果蝇感染肠道病原体后生存率降低。

平滑肌是肠道的一个重要组成部分，能够维持肠道结构和产生肠道蠕动。研究发现，肠道平滑肌表达的基质金属蛋白酶 MMP-17 是肠上皮再生和肠干细胞巢的调节因子。体外实验表明，平滑肌衍生因子通过活化 YAP，赋予上皮细胞修复性和胎儿样表型，促进肠道类器官生长。平滑肌细胞特异性表达膜结合的基质金属蛋白酶 MMP-17，调控隐窝 BMP 信号和隐窝形成，并介导肠上皮损伤的修复。MMP-17 通过切割平滑肌衍生的可扩散因子，间接影响损伤后的肠上皮修复。

第三节　含铁金属酶对肠道微生物的影响

1. 铁蛋白

铁蛋白（ferritin）是一种常见的球状蛋白，由 24 个蛋白亚基构成，几乎在所有类型的细胞中表达，是人体用于储存铁离子的主要蛋白质。铁蛋白的主要功能是使铁离子的储存维持在溶解状态并且对细胞无害。没有铁离子的储铁蛋白称为原储铁蛋白。

1.1 铁蛋白的结构

铁蛋白的相对分子质量约为 450 kDa。人体每分子铁蛋白由相对分子质量分别为 19 kDa 和 21 kDa 的铁蛋白轻链（L）和铁蛋白重链（H）两种亚基复合构成，这两种蛋白质亚基的序列同源性约为 50%。

铁蛋白具有 24 个亚基环绕成空心的球状结构，包含 8 条亲水性和 6 条疏水性离子通道，各物种间序列保守性高。在形成的球壳之中，铁离子和磷酸盐、氢氧根离子一同形成结晶，与矿物中的水合氧化铁（ferrihydrite）具有类似的化学性质，每个储铁蛋白可以储存约 4 500 个三价铁离子。

哺乳动物的铁蛋白有轻链（L）与重链（H）之分，尽管这两种单体高度同源，但其质量与等电点皆不相同，只有重链铁蛋白才有利用氧气将二价铁离子转为三价铁离子的能力，使铁离子能顺利进入铁蛋白。所以增加重链单体，能增加该细胞利用铁的能力；而重链单体在含量较多的情况下能提高储存的效率。

1.2 铁蛋白的功能

影响铁离子释放的因子与铁蛋白的大小和成熟度有关，而与铁蛋白中铁含量无关。储存的铁离子若要释放，需要 FMNH2、NADH 或者维生素 C 的帮助，使三价铁离子还原成二价铁离子，以还原态与转铁蛋白结合，其后再氧化成三价铁离子运输。血清铁蛋白的参考范围，一般取男性 30~300 ng/mL（μg/L），女性 30~160 ng/mL（μg/L）；若人体血清铁蛋白 <50 ng/mL，可视为缺铁，严重缺铁会导致贫血。

铁在体内的运输需要靠铁蛋白，但必须要从二价离子氧化成三价才能与铁蛋白结合。在人体内，由两种蛋白质完成这项工作，分别是在小肠细胞中发现的希菲斯特蛋白和全身都有的血浆铜蓝蛋白。铁蛋白与三价铁离子的结合力非常强，但当 pH 值下降时，亲和力就会降低。因此当带有两个铁离子的铁蛋白与细胞膜上的铁蛋白受体结合后，细胞膜形成囊泡以胞饮作用送到细胞质中，囊泡膜上氢离子泵以主动运输方式将氢离子输入，使胞内 pH 值降到 5.5，以利于铁离子脱离铁蛋白；再经由囊泡膜上的 DMT1 运输蛋白与铁离子运输刺激因子送出到细胞质中，暂时储存于储铁蛋白中以供利用。

细胞上转铁蛋白受体及胞内储铁蛋白的数量，会受细胞内含铁量的调控。当铁含量减少时，转铁蛋白受体的数量增多，自细胞外运入更多的铁离子。同时储铁蛋白的数量降低，减少细胞内铁的储存。含铁量需通过铁调节蛋白（iron regulatory protein，IRP）发生作用来调控转铁蛋白受体及储铁蛋白的数量。细胞内含铁量会影响铁反应蛋白的功能，使其可参与不同的生理作用。当含铁量高时，铁反应蛋白具有作为柠檬酸循环中乌头酸酶的活性；但当含铁量低时，铁反应蛋白便会和铁反应原件（ironresponsive element，IRE）结合。

1.3 铁蛋白与肠道微生物

小肠有三种负责吸收铁的分子：①原红素携带蛋白（heme carrier protein1），主要在小肠前段，越往末端含量越少，负责吸收食物中的血基质铁。食物中的血红蛋白（hemoglobin）、肌红蛋白（myoglobin）在肠道中经蛋白质酶分解释出血红素铁，经由原血红素携带蛋白进入小肠细胞后，会被酵素水解成无机铁离子与原卟啉，无机铁离子便可与其他蛋白质结合进入循环。② DMT-1 位于小肠的肠上皮细胞膜上，是小肠吸收铁的运输蛋白，由 561 个氨基酸组成，含有 12 个跨膜区域。由于 DMT-1 只接受二价金属离子，所以肠道内游离的 Fe^{3+} 须经细胞色素 b 还原酶（duodenal cytochrome breductase，Dcytb）还原成 Fe^{2+}，才能够被 DMT-1 运输到肠上皮细胞内。DMT-1 不只对铁有专一性，也对 Zn^{2+}、Mn^{2+}、Cu^{2+}、Co^{2+}、Ni^{2+} 有活性，甚至包括对人体有毒的 Pb^{2+} 和 Cd^{2+}。由于 Zn^{2+} 和 Fe^{2+} 使用同一种运输蛋白，故在肠道内两者会竞争，影响铁吸收。③穿膜蛋白（intergrin），在小肠绒毛细胞上的一种穿膜蛋白可与肠道内游离的铁离子结合而运送到绒毛细胞内，然后铁离子被多种还原剂还原成亚铁离子，再和多种配体结合增加其稳定性，这些配体可能是氨基酸（组氨酸或半胱氨酸）与蛋白质结合。

肠道内的铁竞争对于维持自身微生物种群和宿主健康至关重要。目前尚不清楚宿主和原生微生物之间的共生关系在铁限制时是如何维持的。有研究证明肠道细菌具有抑制宿主铁运输和储存的铁依赖机制。通过对微生物代谢物的高通量筛选，发现肠道微生物群产生的代谢物可抑制低氧诱导因子（HIF-2α），低氧诱导因子是肠道铁吸收的主要转录因子，并增加铁存储蛋白——铁蛋白，导致宿主肠道铁吸收减少。

HIF-2α 的抑制剂可有效改善系统性铁超载，表明肠道微生物群代谢串扰对系统性铁稳态至关重要。铁蛋白（FTN）是细胞铁储存的主要蛋白质，在细胞缺铁和铁过量的情况下分别作为生物可利用铁的来源和解毒剂。此外，十二指肠 FTN 调节铁流出进入循环。肝脏激素铁调素（hepcidin）被称为铁稳态的主要调节因子，通过降解铁泵蛋白（FPN）来调节外周组织中的铁流量。最近的研究发现，铁需求增加后，hepcidin/FPN 轴对于肠道 HIF-2α 的激活至关重要。

一项针对贫血幼儿的研究中使用了多营养强化乳制品饮料，发现补充三种剂量的乳制品饮料分别将贫血患病率降低到 47%、27% 和 18%。肠杆菌科随着时间的推移而减少，双歧杆菌科和致病性大肠杆菌没有明显变化。该项研究表明这种多营养强化乳制品饮料以剂量依赖的方式减少贫血，且不会刺激肠道潜在的致病菌，因此在治疗幼儿贫血方面是安全有效的。

2. 氢化酶

氢化酶（hydrogenase）是自然界厌氧微生物体内存在的一种金属酶，它能够催化氢气的氧化或者质子的还原这一可逆化学反应。

2.1 氢化酶的分类

根据氢化酶活性中心的金属组成，可以分为镍铁氢化酶、铁铁氢化酶和单铁氢化酶等。目前受到广泛关注的是单铁氢化酶，因为它主要催化质子的还原生成氢气。氢气是一种清洁、高效无污染的可再生能源，在从微生物体内提取的氢化酶晶体结构被报道以后，合成化学家们希望通过模拟单铁氢化酶的结构来人工地实现它的功能，从而为氢能的产生找到一种更加经济环保的新途径。

2.2 氢化酶的结构与功能

单铁氢化酶曾被误认为是不含金属中心的。后来有研究表明，这种“无金属”酶的活性中心含有一个铁原子。与铁铁氢化酶不同的是，单铁氢化酶的活性中心只包含一个铁原子，而且没有铁 - 硫簇结构。镍铁氢化酶和铁铁氢化酶有一些共同点，如每个酶都只有一个活性中心，每个活性中心都有铁 - 硫簇结构，它们的金属活性中心都有一氧化碳（CO）和氰根离子（CN^-）配体。

2.3 氢化酶与肠道微生物

产氢和用氢的微生物在肠道内形成了庞大的氢交换市场，因此肠道是氢化酶作为能量代谢调节分子发挥功能的重要器官。微生物发酵会产生氢气，产氢微生物包括产甲烷古菌、硫酸盐还原菌（SRB）等。在产氢途径中，最主要的是 [FeFe]- 氢化酶催化的铁氧还蛋白（ferredoxin，Fd）依赖的氢气释放，也存在 [NiFe]- 氢化酶催化的 NADPH 或甲酸盐（format）依赖的氢气释放。生成的氢气被特定微生物利用而产生营养。大部分氢气是通过 [FeFe]- 氢化酶（A3 组）与铁氧还蛋白的呼吸耦合而被再次氧化，这是迄今为止在肠道中发现的最丰富的以氢为营养的氢化酶，能够可逆地将电子从氢气传递给铁氧还蛋白和 NAD，生成的还原剂可用于维持合成代谢过程、固定 CO 为乙酸、甲烷，还原硫酸盐为硫化氢等。

氢化酶与肠道内微生物的代谢平衡密切相关，由氢化酶介导的产氢和用氢代谢是肠道微生物能量代谢的重要媒介。整个肠道微生物的代谢能力和人类一个器官的代谢能力基本相当，对健康影响巨大。摄入氢气对肠道微生物结构会有怎样的影响，又是如何通过肠道微生物影响健康的，这方面的内容值得深入研究。

主要参考文献

[1] 周爱儒 . 生物化学 [M]. 6 版 . 北京 : 人民卫生出版社 ,2004.

[2] 杨维东 , 刘洁生 , 彭喜春 . 微量元素与健康 [M]. 武汉 : 华中科技大学出版社 ,2007.

[3] 张彦 , 张双庆 . 肠道微生物组与健康 [M]. 北京 : 中国轻工业出版社 ,2021.

[4] Prasad A S. Trace metals in growth and sexual maturation. In metabolism of trace metals in man Volume I (1984): developmental aspects[M].New York: CRC Press, 2017.

[5] Josh A. Eat dirt: why leaky gut may be the root cause of your health problems and 5 surprising steps to cure it[M]. New York: Harper Wave, 2016.

[6] Rob D, Susan L P, Patricia J W. Welcome to the microbiome - getting to know the trillions of bacteria and other microbes in, on, and around you[M].New Haven: Yale University Press, 2016.

[7] Adriano D C. Biogeochemistry of trace metals: advances in trace substances research[M]. New York: CRC Press, 2019.

[8] Muckenthaler M U, Rivella S, Hentze M W, et al. A red carpet for iron metabolism[J]. Cell, 2017, 168(3): 344–361.

[9] Fern á ndez–Real J M, Manco M. Effects of iron overload on chronic metabolic diseases[J]. Lancet Diabetes Endocrinol, 2014, 2(6): 513–526.

[10] McKie A T, Barrow D, Latunde–Dada G O, et al. An iron–regulated ferric reductase associated with the absorption of dietary iron[J]. Science, 2001, 291(5509): 1755–1759.

[11] Sartor R B, Wu G D. Roles for intestinal bacteria, viruses, and fungi in pathogenesis of inflammatory bowel diseases and therapeutic approaches[J]. Gastroenterology, 2017, 152(2): 327–339.e4.

[12] Anderson E R, Shah Y M. Iron homeostasis in the liver[J]. Compr Physiol, 2013, 3(1): 315–330.

[13] Hentze M W, Muckenthaler M U, Galy B, et al. Two to tango: regulation of mammalian iron metabolism[J]. Cell, 2010, 142(1): 24–38.

[14] Abbaspour N, Hurrell R, Kelishadi R. Review on iron and its importance for human health[J]. Journal of Research in Medical Sciences, 2014, 19(2): 164–174.

[15] Kamada N, Seo S U, Chen G Y, et al. Role of the gut microbiota in immunity and inflammatory disease[J]. Nat Rev Immunol, 2013, 13(5): 321–35.

[16] Werner T, Wagner S J, Martínez I, et al. Depletion of luminal iron alters the gut microbiota and prevents Crohn's disease–like ileitis[J]. Gut, 2011, 60(3): 325–333.

[17] Jaeggi T, Kortman G A, Moretti D, et al. Iron fortification adversely affects the gut microbiome, increases pathogen abundance and induces intestinal inflammation in Kenyan infants[J]. Gut, 2015, 64(5):731–742.

[18] Kramer J, Özkaya Ö, K ü mmerli R. Bacterial siderophores in community and host interactions[J]. Nat Rev Microbiol, 2020, 18(3):152–163.

[19] Schaible U E, Kaufmann S H. Iron and microbial infection[J]. Nat Rev Microbiol, 2004, 2(12): 946–953.

[20] Paganini D, Uyoga M A, Kortman G A M, et al. Prebiotic galacto–oligosaccharides mitigate the adverse effects of iron fortification on the gut microbiome: a randomised controlled study in Kenyan infants[J]. Gut, 2017,66(11): 1956–1967.

[21] Das N K, Schwartz A J, Barthel G, et al. Microbial metabolite signaling is required for systemic iron homeostasis[J]. Cell Metab, 2020, 31(1): 115–130.e6.

[22] Simonyt é Sjödin K, Domellöf M, Lagerqvist C, et al. Administration of ferrous sulfate drops has significant effects on the gut microbiota of iron–sufficient infants: a randomised controlled study[J]. Gut, 2019, 68(11): 2095–2097.

[23] Jia W, Xie G, Jia W. Bile acid–microbiota crosstalk in gastrointestinal inflammation and carcinogenesis[J]. Nat Rev Gastroenterol Hepatol, 2018, 15(2): 111–128.

[24] Gevers D, Kugathasan S, Denson L A, et al. The treatment–naive microbiome in new–onset Crohn's disease[J]. Cell Host Microbe, 2014, 15(3): 382–392.

[25] Tremaroli V, Bäckhed F. Functional interactions between the gut microbiota and host metabolism[J]. Nature, 2012, 489(7415): 242–249.

[26] Cotillard A, Kennedy S P, Kong L C, et al. Dietary intervention impact on gut microbial gene richness[J]. Nature, 2013, 500(7464): 585–588.

[27] Fang S, Suh J M, Reilly S M, et al. Intestinal FXR agonism promotes adipose tissue browning and reduces obesity and insulin resistance[J]. Nat Med, 2015, 21(2): 159–165.

[28] Kahn S E, Cooper M E, Del Prato S. Pathophysiology and treatment of type 2 diabetes: perspectives on the past, present, and future[J]. Lancet, 2014, 383(9922): 1068–1083.

[29] Agus A, Planchais J, Sokol H. Gut microbiota regulation of tryptophan metabolism in health and disease[J]. Cell Host Microbe, 2018, 23(6): 716–724.

[30] Song M, Chan A T. Environmental factors, gut microbiota, and colorectal cancer prevention[J]. Clin Gastroenterol Hepatol, 2019, 17(2): 275–289.

[31] Arumugam M, Raes J, Pelletier E, et al. Enterotypes of the human gut microbiome[J]. Nature, 2011, 473(7346): 174–180.

[32] Zackular J P, Moore J L, Jordan A T, et al. Dietary zinc alters the microbiota and decreases resistance to Clostridium difficile infection[J]. Nat Med, 2016, 22(11): 1330–1334.

[33] Singer M, Deutschman C S, Seymour C W, et al. The third international consensus definitions for sepsis and septic shock (Sepsis–3)[J]. JAMA, 2016, 315(8): 801–810.

[34] Cao X, Han Y, Gu M, et al. Foodborne titanium dioxide nanoparticles induce stronger adverse effects in obese mice than non–obese mice: gut microbiota dysbiosis, colonic inflammation, and proteome alterations[J]. Small, 2020, 16(36): e2001858.

[35] McKenney P T, Pamer E G. From hype to hope: the gut microbiota in enteric infectious disease[J]. Cell, 163(6): 1326–1332.